소화약제 화학

김명수 지음

도서출판 동화기술

머리말

매일매일 접하는 사건 사고 중에서 하루도 빠짐없이 발생하는 화재, 특히 화학적 작용에 의한 화재가 너무 많이 발생하고 있고 그에 따른 경제적 손실 그리고 인명의 소중함을 다시 한 번 더 느낍니다.

본 교재는 소화약제와 관련된 화학적 기초로부터 소화설비 적용에 이르기까지 폭 넓은 전문영역을 알기 쉽게 서술했으며, 또한 소방기술자가 갈망하는 소방의 꽃인 소방특급기술자로서 28년 이상 소방현장실무와 11년 동안 대학에서 학생들에게 가르침을 통해 서술한 교재입니다.

본서는 5개의 Chapter와 부록으로 구성하였으며, Chapter 1과 2는 소화 약제를 일반적으로 이해하는 것으로 서술하였으며, Chapter 3, 4 그리고 Chapter 5는 소화약제에 관한 전문적인 지식이 요구되는 부분으로서 현장에서 바로 적용할 수 있도록 소화약제의 상태와 종류에 대해서 상세히 서술했습니다. 또한 부록 부분에는 대부분 화재 시 연기에 의해서 사망하기 때문에 초기 화재 시 독성 연기를 최소화를 위해 MDF 혹은 목재 등 이에 대한 방염이 필수이기 때문에 방염성능기준의 내용을 넣었습니다.

소방기계시스템공학 책을 집필한지가 벌써 5년 이상이 되었습니다. 본 교재가 저희 현장 경험과 이론 지식이 소방에 대해 배우고자하는 지식인 그리고 현장 경험에 참고 교재로 쓰고자 한다면 정말 감사하고 고맙게 생각합니다.

본 교재를 집필하면서 사실 필독서가 되기를 바라는 마음이 없는 바 아니나 어느 부분에는 오류나 문제점이 있을 것이라고 사료되고 여러분의 여러 의견을 경청해서 수정 보완해나갈 것을 약속드립니다.

책의 재판까지 변함없이 도움을 주는 도서출판 동화기술 임직원 여러분께 마음 깊은 감사를 드립니다.

저자 **김명수** 교수

목차

Chapter 01 **소화약제화학** 7

01 소화약제화학 기초 이론 8

1.1 물질의 상태 / 1.2 물질의 형태 / 1.3 물질의 상태 / 1.4 물질의 성질과 화학 반응 / 1.5 화학의 기초법칙 / 1.6 산, 염기, 염 및 수소이온지수 / 1.7 용액, 용해도 및 용액의 농도 / 1.8 산화, 환원 / 1.9 화학반응과 화학평형 / 1.10 무기화합물 / 1.11 유기 화합물

Chapter 02 **연소와 소화** 119

01 연소의 정의 120

02 연소의 3요소 및 4요소 121

2.1 연소의 3요소 / 2.2 연소의 4요소

03 가연물 점화원 산소공급원 123

3.1 가연물(연소가 가능한 물질) / 3.2 점화원(불을 붙여주는 물질) / 3.3 산소 공급원

04 소화의 원리 128

05 연쇄반응 131

06 소화약제의 분류 134

Chapter 03 수계소화약제 137

01 물 소화약제 138

1.1 소화약제로서의 물 / 1.2 소화제로서의 주수방법 / 1.3 미분무수 소화설비 / 1.4 냉각소화작용 / 1.5 제거소화작용 / 1.6 질식소화작용 / 1.7 유화소화작용 / 1.8 희석소화작용 / 1.9 물소화약제의 첨가물 / 1.10 방호구역

02 포소화약제 148

Chapter 04 가스계소화약제 171

01 기체의 일반적인 성질 172

1.1 일반적인 개념 / 1.2 확장 개념

02 가스계 소화약제의 저장과 방출 180

2.1 충전비와 충전밀도 / 2.2 방호공간 / 2.3 가스계 소화약제의 방출방식 / 2.4 표면화재 및 심부화재

03 가스계 소화약제의 농도와 위험성 184

3.1 소화농도 / 3.2 설계농도 / 3.3 소화약제 허용농도 / 3.4 소화약제 환경지수

04 이산화탄소 소화약제 188

4.1 개요 / 4.2 기동원리 및 계통도 / 4.3 용어의 정의 / 4.4 저장용기 / 4.5 소화약제 / 4.6 기동장치 / 4.7 제어반 등 / 4.8 배관 등 / 4.9 선택밸브 / 4.10 분사헤드 / 4.11 분사헤드 설치제외 / 4.12 자동식 기동장치의 화재감지기 / 4.13 음향경보장치 / 4.14 자동폐쇄장치 / 4.15 비상전원 / 4.16 배출설비 / 4.17 이산화탄소의 소화약제의 특성 / 4.18 이산화탄소 소화설비의 장·단점 / 4.19 이산화탄소소화설비의 법적 설치 대상물 / 4.20 이산화탄소소화 저장방식 / 4.21 이산화탄소의 주요설비

05 할로겐화합물 소화약제 222

5.1 개요 / 5.2 장점과 단점

06 청정소화약제 243

6.1 개요 / 6.2 용어의 정의 / 6.3 소화약제량의 산정 / 6.4 자동식 기동장치의 화재감지기 / 6.5 음향경보장치 / 6.6 자동폐쇄장치 / 6.7 비상전원 / 6.8 과압배출구 / 6.9 설계프로그램 / 6.10 설치·유지기준의 특례 / 6.11 재검토기한

Chapter 05 분말소화약제 257

01 개요 258

02 설치기준 259

2.1 소화약제 / 2.2 분사헤드 / 2.3 소화약제 저장용기 / 2.4 배관

03 분말소화설비부분 265

Appendix 부록 275

소방방염 276

방염성능기준 279

Chapter 01

소화약제화학

소화약제화학 기초 이론 01

1.1 물질의 상태

1.1.1 물질

우리 주위의 물체는 물질로 이루어져 있다. 크기나 겉모습에 중점을 둘 때는 물체로, 그 물체를 이루는 재료에 중점을 둘 때는 물질로 말한다. 예를 들어, 플라스틱으로 만들어진 자(ruler)는 물체라고 하며, 그 재료가 되는 플라스틱은 물질이 된다. 물질이란 사전적 의미로 일정한 공간을 점유하고 질량을 갖는 것을 의미하지만 화학에서는 화합물을 포함한 순물질과 혼합물을 합한 것을 말한다. 물질의 성분인 원소의 본성이 질량임을 실험적인 결과를 통해 입증하여 화학의 기본적인 법칙을 세운 사람은 화학자 라부아지에로 질량을 측정하여 화학 변화가 일어나도 물질이 없어지지 않고 보존된다는 '질량 보존의 법칙'을 세웠으며 원소관을 확립하였다.

1.1.2 물체

물질로 이루어져 있으며, 구체적인 형태를 가지고 있는 것. 우리 눈에 보이고 만질 수 있는 것들은 모두 물체이다. 모든 물체는 하나 또는 그 이상의 물질로 이루어져 있다. 예를 들어, 책상이라는 물체는 나무, 금속, 플라스틱 등의 물질로 이루어져 있다.

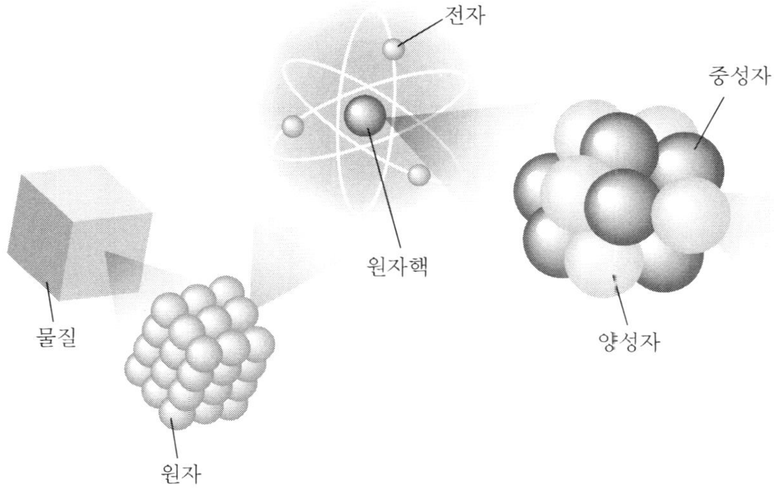

▲ 그림 1.1 물질을 구성하는 입자

1.2 물질의 형태

물질은 크게 순물질과 혼합물로 나눌 수 있다. '순물질'은 한 가지 물질로 이루어진 것으로, 얻은 장소에 관계없이 그 성질은 항상 같다. 다시 말해 한강을 흐르는 물이나 아프리카 또는 유럽의 강을 흐르는 물이나 순수한 물은 모두 물 분자로만 되어 있기 때문에 그 성질이 같다는 의미이다. 또한 고대 그리스의 데모크리토스가 호흡하던 산소와 지금 우리가 호흡하는 산소도 같다.

소금·순금반지·연필심·물 등은 모두 순물질이다. 이 중 순금은 금, 연필심은 탄소라는 한 종류의 원자로만 이루어져 있다. 이와 같이 한 종류의 원자로만 이루어진 순물질을 '홑원소 물질'이라고 한다. 반면 소금은 나트륨과 염소, 물은 수소와 산소가 각각 화학적으로 결합하여 만들어진 물질이다. 이처럼 두 종류 이상의 원소가 화학적으로 결합하여 이루어진 물질을 '화합물'이라고 한다.

화합물의 성질은 구성 성분 원소의 성질과 전혀 다르다. 예를 들어, 수소는 이 세상에서 가장 가벼우면서 폭발성이 강한 기체이고, 산소는 물질을 태우거나 생명체가 호흡하는데 꼭 필요한 기체이다. 그러나 수소와 산소가 결합하면 우리가 마시는 무색투명한 물이 된다. 즉, 2가지 이상의 원소가 화학적으로 결합하여 성분 원소의 성질과는 전혀 다른 새로운 순수한 물질이 되는 것이다.

우리가 자연계에서 얻는 물질은 순물질보다 혼합물인 경우가 더 많다. '혼합물'은 2가지 이상의 순물질이 서로 화학 결합을 하지 않고 섞여 있는 것을 말한다. 혼합물을 만드는 각각의 물질을 성분이라고 하는데, 이 성분은 단순히 섞여만 있을 뿐 각각의 고유한 성질을 그대로 가진다. 예를 들어, 공기는 질소·산소·이산화탄소 등의 기체 물질들이 섞인 혼합물이고, 우유는 물에 단백질·지방·당분 등의 영양 물질이 각각의 성질을 그대로 가진 채 섞여 있는 혼합물이다.

Point

균일 혼합물 2가지 이상의 순수한 물질이 전체적으로 고르게 섞인 혼합물. 물질 내의 어느 부분이나 성분 조성의 비율이 같기 때문에 겉으로는 한 가지 물질로만 이루어진 것처럼 보인다. 설탕물이나 소금물 등의 액체용액, 놋쇠나 스테인리스 등의 합금이 여기에 속한다.

불균일 혼합물 구성 성분의 입자들이 전체적으로 고르지 않게 섞인 혼합물. 우유·암석·콘크리트 등이 그 예이다. 액체 상태의 불균일 혼합물은 오랜 시간 그대로 두면 섞여 있지 않고 밀도차에 의해 분리된다.
원소의 화합물 원소는 순수한 물질이면서 가장 단순한 물질이기 때문에 가열이나 다른 화학적인 방법으로 더 이상 분해될 수 없다. 반면 화합물은 화학적인 방법에 의해 다시 그것을 구성하는 성분 원소로 분해될 수 있다.

물질	순물질	원소	Ex) He, Ne, Ar
		단체	Ex) O_2, CI_2, S_8
		화합물	Ex) H_2O, CO_2, CCI_4
	혼합물	균일혼합물	Ex) 우유, 대기, 황동
		불균일혼합물	Ex) 흙탕물, 햄버거

1.3 물질의 상태

1.3.1 물질의 상태

우리 주변에 있는 대부분의 물질은 고체, 액체, 기체의 세 가지 상태로 존재한다. 물질은 상태에 따라 모양과 부피가 다르므로 모양과 부피의 변화는 물질의 상태를 구분하는 중요한 기준이 된다.

(1) 물질의 3상태

▌고체

① 모양 : 일정하다.
② 부피 : 일정하다.
③ 모양과 부피 변화 : 담는 그릇이 바뀌어도 모양과 부피는 변하지 않는다.
④ 성질 : 단단하다.
⑤ 예 : 철, 소금, 얼음, 금, 나무, 돌, 설탕 등

▌액체

① 모양 : 일정하지 않다.
② 부피 : 일정하다.
③ 모양과 부피 변화 : 담는 그릇에 따라 모양은 변하지만 부피는 변하지 않는다.
④ 성질 : 흐르는 성질이 있다.
⑤ 예 : 물, 식초, 메탄올, 에탄올, 식용유, 아세톤, 수은[상온(15～25℃)에서 유일하게 액체 상태인 금속] 등

▌기체

① 모양 : 일정하지 않다.
② 부피 : 일정하지 않다.

③ 모양과 부피 변화 : 담는 그릇에 따라 모양과 부피가 모두 변한다.
④ 성질 : 흐르는 성질이 있으며, 퍼져나가 공간을 채운다.
⑤ 예 : 공기, 수소, 산소, 수증기, 질소, 헬륨, 이산화탄소 등

1.3.2 물질의 상태와 분자 배열

물질의 세 가지 상태인 고체, 액체, 기체의 특징은 각 상태에 따른 분자 배열이 다르기 때문에 나타난다.

▌고체

① 분자 배열 : 규칙적이다.
② 분자 사이의 거리 : 매우 가깝다.
③ 압축할 때 : 압축되지 않는다(물질을 이루는 분자 사이의 거리가 가깝기 때문).
④ 분자 사이의 인력 : 매우 강하다.
⑤ 분자 운동 : 제자리에서 진동 운동한다.

▌액체

① 분자 배열 : 고체보다 불규칙적이다.
② 분자 사이의 거리 : 비교적 가깝다.
③ 압축할 때 : 거의 압축되지 않는다.
④ 분자 사이의 인력 : 고체보다 약하다.
⑤ 분자 운동 : 비교적 활발하게 운동한다.

▌기체

① 분자 배열 : 매우 불규칙적이다.
② 분자 사이의 거리 : 매우 멀다.
③ 압축할 때 : 압축된다(물질을 이루는 분자 사이의 거리가 멀어 분자 사이에 빈 공간이 있기 때문).
④ 분자 사이의 인력 : 거의 작용하지 않는다.
⑤ 분자 운동 : 매우 활발하게 운동한다.

1.3.3 물질의 상태 변화

대부분의 물질은 고체 상태일 때 입자 사이의 간격이 좁고 규칙적으로 배열되어 있다. 입자들 사이에는 강한 인력이 작용하므로 개개의 입자들은 자유롭게 움직일 수 없고, 단지 제자리에서 진동만 할 뿐이다. 따라서 고체 상태의 물질은 일정한 겉모양을 가지고 있으며, 겉모양과 크기가 쉽게 변하지 않는다. 그러나 고체 물질을 가열하면 각각의 입자들은 운동이 활발해져 주변 입자들 사이의 인력을 끊고 액체 상태가 된다.

액체 상태의 입자들은 고체 상태일 때보다는 입자들 사이의 거리가 멀고, 불규칙적으로 배열되어 있어 서로 자리를 바꾸는 정도로 움직일 수 있다. 또한 흐르는 성질이 있어 담긴 그릇의 모양에 따라 모습이 쉽게 변하지만 부피는 일정하다. 액체 상태의 물질에 계속 열을 가하면 입자들은 기체 상태로 변한다. 기체 상태의 입자들은 고체나 액체에 비해 서로 멀리 떨어져 있고 활발하게 운동하기 때문에 부피가 크게 늘어난다. 따라서 어떤 그릇에 담아도 그릇 전체의 부피를 차지하려고 할 뿐 아니라 쉽게 변한다.

예를 들어, $10m\ell$의 병에 가득 담겨 있는 기체를 $100m\ell$의 병에 옮겨 담더라도 개개의 기체 분자들이 매우 활발하게 운동하기 때문에 이내 100 $m\ell$ 병 전체를 가득 채운다. 이때 기체를 이루는 분자 개수는 그대로이지만, 분자들 사이의 거리가 그만큼 멀어지기 때문에 병 전체의 부피를 차지하게 되는 것이다. 이와 같이 물질을 가열하거나 냉각시키면 물질의 상태가 변한다.

고체 물질을 가열하면 액체 상태가 되고 계속 더 가열하면 기체 상태가 되는 것에서 알 수 있듯이, 물질은 상태에 따라 열에너지의 양이 다르다. 즉, 기체는 액체보다, 액체는 고체보다 많은 열에너지를 가지고 있다. 따라서 물질을 구성하는 입자들은 주위에서 열을 흡수하거나 주위에 열을 방출하면서 상태가 변할 수 있다. 그러나 물질의 상태가 변해도 각 상태의 물질을 구성하는 입자들 사이의 거리나 인력 등만 변하는 것일 뿐 입자 자체가 변하는 것은 아니기 때문에 그 성질은 변하지 않는다. 그렇기 때문에 가열이나 냉각에 의해 물질을 다시 원래의 상태로 되돌릴 수 있다.

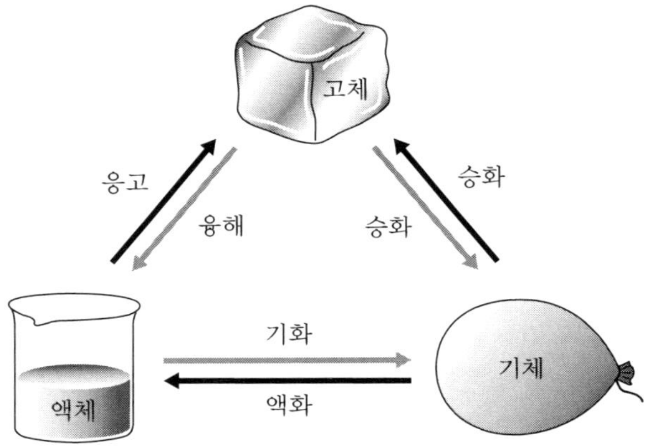

▲ 그림 1.2 물질의 상태변화

Point

비결정성 고체(amorphous) 입자 배열이 규칙적인 고체를 결정성(crystalline)고체라고 한다. 하지만 몇몇 고체들은 겉모양이 단단하나 내부를 들여다보면 입자가 규칙적으로 배열되지 않은 것도 있다. 이러한 고체들은 천천히 액체처럼 겉모양이 변할 수 있는데, 이들을 비결정성 고체라고 한다. 양초·유리·엿 등이 비결정성 고체에 속한다.

1.3.4 물질의 성질 및 변화

(1) 물질의 성질

▌물리적 성질

물질 자체가 갖고 있는 특유한 상태. 따라서 그 물질을 동일한 외적 조건에 두면 항상 동일한 성질을 나타내며, 시료의 크기나 분할 방법에는 별로 영향을 받지 않는다. 물리적 성질로서의 밀도, 녹는점, 끓는점, 전도율, 열전도율, 점성도, 결정의 쪼개짐 면 등은 상세하게 조사되어 높은 정밀도로 측정할 수 있다. 또 물질의 색과 빛의 흡수 스펙트럼, 자기적 성질도 중요한 물리적 성질이다. 그러나 물질의 경도, 전성, 연성 등은 앞에 기술한 것과 비교하여 내용이 약간 복잡하고 측정 방법도 일의적으로 정하기 어려운 성질이다. 이들 물리적 성질은 물론 순물질에 대해서 처음으로 엄밀한 측정값을 얻을 수 있다. 물질의 냄새와 맛도 아주 중요한 성질이지만, 이것은 화학 반응과 관련되어 있으므로 오히려 화학적 성질이라 부르는 편이 좋다. 예) 융점, 색, 비점, 밀도, 경도, 결정형, 전기전도성 등

▌화학적 성질

물질에 고유한 성질 중 화학반응에서 본 성질로, 산성·알칼리성·가연성·폭발성·산화성·환원성 등이 있는데, 분자인 경우 구성하고 있는 원자 또는 원자단(基)의 성질이나 배치·결합상태를 반영하고, 원자인 경우는 주로 전자껍질의 모양에 의한다.

산성·알칼리성·가연성·폭발성·산화성·환원성 등이 있다. 이것에 대하여 물리적 성질은 끓는점이나 비열(比熱) 등과 같이 열적인 성질이나, 굳기(硬度) 등 역학적 또는 기계적인 성질과 같이 물리적인 측정에 의하여 관측되는 성질을 말한다. 이 밖에 용해도와 같이 물리적 성질인지 화학적 성질인지 확실하게 구별할 수 없는 성질도 있다. 화학적 성질은 분자인 경우 구성하고 있는 원자 또는 원자단(基)의 성질이나 배치·결합상태를 반영한다. 원자인 경우는 주로 전자껍질의 모양과 양성자 수에 의한다. 분자가 다수 집합해 있는 물질에서는 그 분자의 배열 등 구조상의 인자도 화학적 성질에 반영된다. 화학적 성질이 이용되는 전형적인 것이 화학분석(化學分析)이다. 비중선광법(比重選鑛法)이나 원심분리법 등은 물리적 성질을 이용한 분리법이고, 용액 중에 적당한 시약을 가하여 목적성분만을 침전으로 꺼내는 것은 화학적 성질을 이용한 분리법이다. 화학적 성질이 물질의 화학조성에 의하는 것은 당연하지만, 물리적 성질이 화학조성에 관계하는 것도 있다. 예) 화합, 분해, 치환, 복분해

(2) 물질의 변화

▌물리적 변화

화학 변화에 대응한 개념. 물질 변화 중에서 분자종이 변화하는 것은 화학적 변화이며, 분자종이 변화하지 않는 것은 물리적 변화이다. 그러나 분자가 변화했다고 보아야 할지, 변화하지 않았다고 보아야 할지 명확하지 않을 경우는 화학적 변화와 물리적 변화의 구별도 애매해진다. 벤젠의 용

융은 물리적 변화이지만, 황의 용융은 동소체간의 변화이기 때문에 화학적 변화이다. 용해는 두 종류 물질의 상호 작용의 결과 일어나는 것이므로, 넓은 의미의 화학적 변화라고도 할 수 있지만, 설탕물로의 용해는 보통 물리적 변화이다. 이산화탄소의 물에 대한 용해는 명백히 화학적 변화를 수반한다.

① 설탕이 물에 녹아 설탕물이 되는 현상
② 철이 녹아 쇳물이 되는 현상
③ 소금이 물에 녹아 소금물이 되는 현상
④ 얼음이 녹아 물이 되는 현상

▌화학적 변화

물질을 구성하는 원자들의 결합이 에너지를 받아 분해되거나 재결합하여 처음의 물질과 다른 물질을 생성하는 변화이다. 그 결과 물질의 화학적 성질이 달라진다.

물질을 이루는 원자나 이온 사이에 화학결합이 끊어지거나 재배열이 일어나 처음의 상태와 전혀 다른 화학적 성질을 갖는 물질로 변화하는 것을 화학변화라고 한다. 이것은 원자나 분자 조성의 변화 없이 고유의 성질을 유지하면서 그 상태만 변화하는 물리변화와 대응된다.

① 화합 : 두 가지 이상의 물질이 결합하여 하나의 새로운 물질이 되는 현상

$$A + B \rightarrow AB$$

예) $2H_2 + O_2 \rightarrow 2H_2O$ $C + O_2 \rightarrow CO_2$

② 분해 : 하나의 물질이 둘 이상의 물질로 되는 현상

$$AB \rightarrow A + B$$

예) $2H_2O \rightarrow 2H_2 + O_2$ $CO_2 \rightarrow C + O_2$

③ 치환 : 화합물 하나의 원소가 다른 원소와 교체되는 현상

$$A + BC \rightarrow AC + B$$

예) $Mg + H_2SO_4 \rightarrow MgSO_4 + H_2$

$Zn + H_2SO_4 \rightarrow ZnSO_4 + H_2$

④ 복분해 : 두 가지 이상의 성분이 서로 교체되는 현상

$AB + CD \rightarrow AD + BC$

예) $AgNO_3 + NaCl \rightarrow AgCl + NaNO_3$

$NaOH + HCl \rightarrow Nacl + H_2O$

1.4 물질의 성질과 화학 반응

1.4.1 원자

(1) 원자의 구조

원자의 구조원자는 원자핵과 전자로 이루어져 있다.

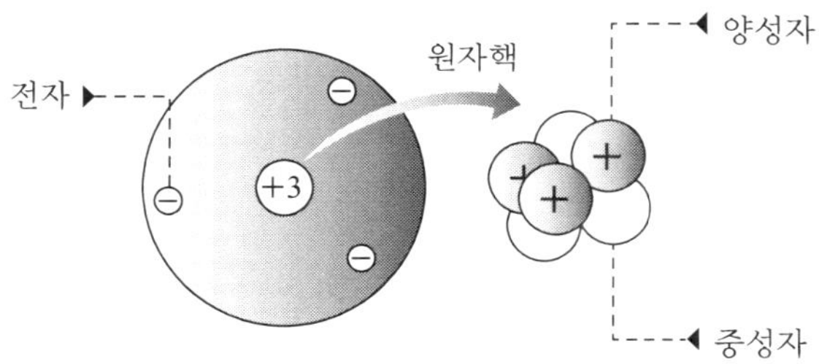

▌원자

물질을 구성하는 기본 입자를 원자라고 한다. 원자의 중심에 (+)전하를 띠는 원자핵이 있고, 그 주위를 (−)전하를 띠는 전자가 움직이고 있다.

① 원자핵

- (+)전하를 띤다.
- 원자의 중심에 위치한다.
- 양성자와 중성자로 이루어진다.
  - 양성자 : (+)전하를 띤다.
  - 중성자 : 전하를 띠지 않는다.
- 원자 질량의 대부분을 차지한다.

② 전자

- (−)전하를 띤다.
- 원자핵 주위를 움직이고 있다.

▌원자량

화학원소 원자의 평균질량을 일정 기준에 따라 정한 비율이다.

원자의 질량은 그 값이 매우 작으므로 한 원소의 원자를 특정한 수로 기준을 삼아, 나머지는 이 기준에 대한 상대적인 값으로 표시한다. 현재 사용하는 국제원자량은 탄소의 동위원소 중 탄소12(12C)를 기준으로 하여 이것을 원자량 12.00000으로 정한다.

탄소 원자가 1몰(mol), 즉 6.02×10^{23}개 모이면 그 질량은 12.01115g이고, 수소 원자·산소 원자가 6.02×10^{23}개 모이면 각각 1.00797g, 15.9994g인 질량을 가진다.

▌양성자(양자)

중성자와 함께 원자핵을 구성하는 입자이며, 양의 전하를 가지고 있다.

양성자의 전하량은 전자의 전하량과 비교했을 때 그 크기는 같으나 부호는 반대이고, 전자 질량의 약 1,836배에 해당하는 질량을 지닌 입자이며 양성자의 질량은 1.67×10^{-24}[g]이다.

▌중성자

원자를 구성하고 있는 입자의 한 종류로 전하를 띠지 않는다.

중성자는 그 질량이 1.67×10^{-27}[g]으로 양성자보다 약간 무겁다.

▌원자번호와 질량수

① 원자번호 : 원자핵 속의 양성자 수 또는 원자핵 주위의 전자 수

② 질량수 : 원자핵을 이루는 핵자의 총수

동위원소와 동중원소 그리고 동소체

① 동위원소 : 원자번호는 같지만 질량수가 일치하지 않는 원소
특징 : 화학적 성질은 같으나 물리적인 성질이 다르다. 즉, 원자번호는 같지만 중성자 수가 증가하므로 질량의 차이가 생긴다. 예) 수소의 동위원소 : 경수소(1g), 중수소(2g), 삼중수소(3g)

② 동중원소 : 원자번호는 다르지만 질량수(즉, 원자량)가 같은 원소
특징 : 원자번호가 다르기 때문에(물질 자체가 다르다!) 화학적, 물리적 성질이 다르다. 예) 산의 질량이 14g, 질소의 질량이 14g일 경우

③ 동소체 : 같은 원소이지만 원자배열이 다른 원소
특징 : 연소생성물이 일정하므로 연소 생성물로 동소체를 확인할 수 있다.

예)

원소	동소체	연소생성물
탄소(C)	다이아몬드, 흑연	이산화탄소(CO_2)
황(S)	사방황, 단사황, 고무상황	이산화황(SO_2)
인(P)	적린(붉은인), 황린(흰인)	오산화린(P_2O_5)
산소(O)	산소, 오존	–

당량

① 화학 반응에 있어서 물질의 양 관계에 따른 각 원소 또는 화합물에 할당한 일정량. 원소 당량, 산 및 염기 당량, 산화제 및 환원제 당량이 있다. 원소 당량은 산소원자 1/2몰과 화합하는 다른 원소의 그램수, 즉 원소의 원자량을 원자가로 나눈 것이다.

② g당량 : 당량에 g을 붙인 것

- $\text{산·알칼리 당량} = \dfrac{\text{산·알칼리의 분자량}}{\text{H(OH)의 수}}$
- $\text{당량} = \dfrac{\text{원자량}}{\text{원자가}} \rightarrow \text{원자량} = \text{당량} \times \text{원자가}$
- $\text{산화제(환원제)의 당량} = \dfrac{\text{산화제(환원제)의 분자량}}{\text{산화수의 변화}}$

- 산소 16g일 때 g 당량 = $\frac{16g}{8}$ = 2g 당량

- 산소(O_2) 1g 당량 = 1g = $\frac{1}{2}$mol = 11.2l

- 황산(H_2SO_4) 1g 당량 = $\frac{98}{2}$ = 49g

(2) 전자껍질 및 전자배열

▌전자껍질

전자들이 취하는 에너지상태를 간단히 구별하기 위해서 원자핵을 중심으로 한 전자들이 이루는 여러 층의 껍질을 말하며 전자각이라고도 한다. 원자 내의 전자는 에너지가 낮은 껍질부터 차례로 들어가 주기율이 성립된다.

전자각(電子殼)이라고도 한다. 원자 안에 있는 전자가 취하는 에너지상태를 간단히 구별하기 위해서, 이들 껍질에 전자가 들어 있는 것으로 생각하고, 이 껍질들을 전자껍질이라 한다. 전자껍질은 핵에 가까운 안쪽부터 K껍질 · L껍질 · M껍질 … 이라 한다. 일반적으로 안쪽 껍질에 있는 전자일수록 에너지가 낮아 안정하며, 바깥쪽 껍질에 있는 전자는 에너지를 광파(光波) 등으로 방출하고 안쪽 껍질로 이동하기 쉽다.

그러나 전자는 스핀 1/2인 페르미온이므로, 파울리의 배타원리에 따라 동일한 상태에 2개 이상의 전자가 들어갈 수 없다. 따라서 각 껍질에는 정원(定員)이 있어, K껍질에는 2개, L껍질에는 8개, M껍질에는 18개의 전자밖에 수용할 수 없으므로, 바깥쪽 껍질의 전자는 안쪽 껍질에 정원이 모

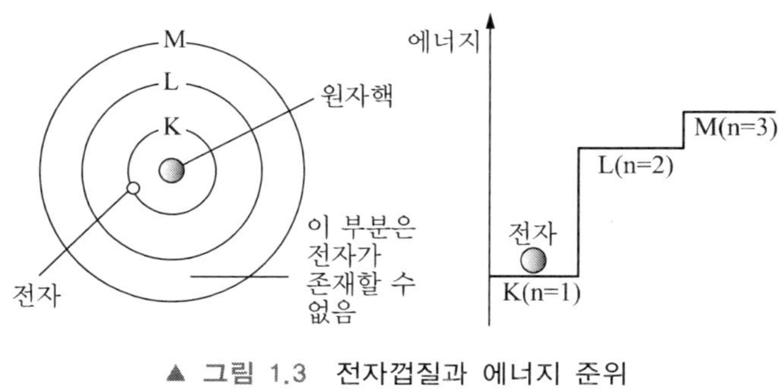

▲ 그림 1.3 전자껍질과 에너지 준위

자라는 경우가 아니면 이동할 수 없다. 원자 내의 전자수는 그 원자번호와 일치하며, 원자번호의 증가에 따라 늘어나는 원자 내의 전자는 에너지가 낮은 껍질부터 차례로 들어가서 주기율(週期律)이 성립된다.

▌에너지 준위

원자핵의 주위를 회전하고 있는 전자가 가질 수 있는 에너지 수준을 이르며, 이 수준이 외적 조건에 따라 변동하기 때문에 전자의 흐름(전류)이 생긴다.

원자가 다만 1개만 존재하고 있을 때는 그 주위를 회전하고 있는 복수의 전자는 각각 어느 범위 내의 에너지 수준(에너지 준위)을 충족하면서 정연하게 돌고 있다. 예를 들면, 나트륨의 경우는 주위에 11개의 전자가 돌고 있는데 이들 전자는 그림과 같이 3종류의 에너지 준위를 충족하면서 회전하고 있고, 원자핵에서 먼 전자일수록 에너지를 많이 가지고 있으며 높은 에너지 준위에 있다. 그림에서 가장 높은 에너지 준위를 자유전자의 에너지 기준으로 하여 제로로 하고 있다.

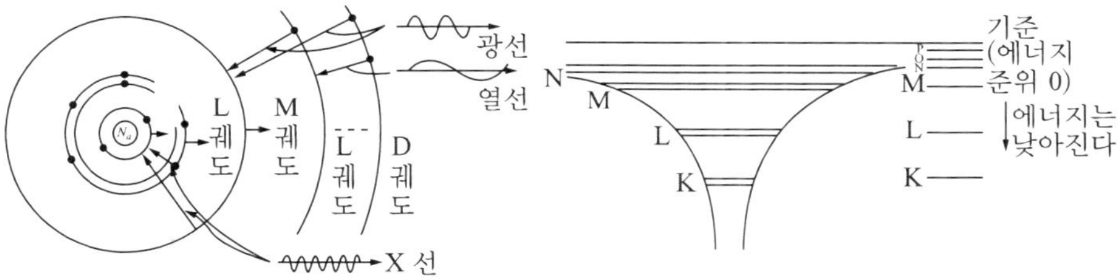

바깥쪽의 전자일수록 큰 에너지를 가지고 있지만 외부에서 빛·열 등의 에너지를 받으면 전자의 에너지는 커지기 때문에 바깥쪽 궤도를 벗어나서 전자의 에너지 준위는 높아진다. 이 경우는 원자는 여기 되었다고 하고 외부로부터의 에너지가 대단히 커서 전자가 떨어지는 상태를 전리(또는 이온화)되었다고 한다.

반대로 여기 또는 전리 상태에서 전자의 에너지 준위가 떨어지고 한 안쪽 궤도로 옮기는 경우에는 그 에너지 준위의 차만큼의 에너지를 방출한다. 이 에너지의 방출이 방사선으로서 열, 빛 X선, γ선 등이 포함된다. 예를 들면, 외부 궤도에서 M궤도로 준위가 떨어질 때는 일반적으로 빛이 방출된다.

▮ 다전자 원자의 에너지 준위

전자가 2개 이상인 다전자 원자들의 경우에는 주양자수 뿐만 아니라 오비탈의 종류에 따라서도 에너지 준위가 달라진다. 즉, 주양자수(n)와 부양자수(l)에 의해 에너지가 결정이 된다.

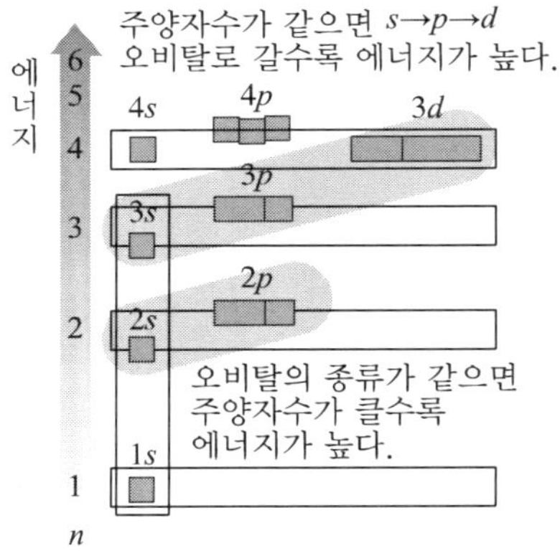

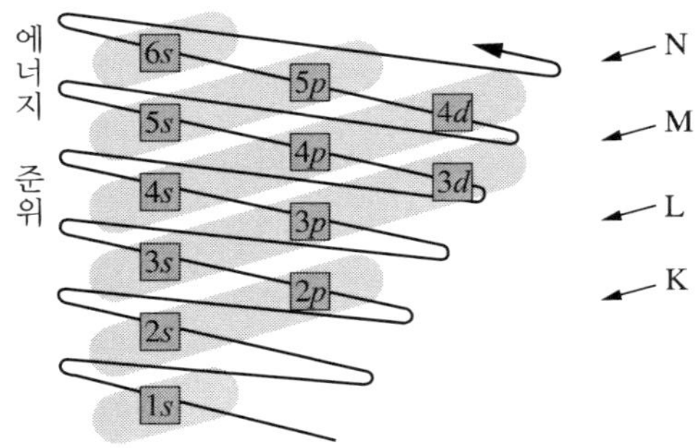

- 에너지 준위의 순서 $1s < 2s < 2p < 3s < 3p < 4s < 3d < 4p < 5s$
- Ar(원자번호 18)의 전자배치 $1s^2, 2s^2, 2p^6, 3s^2, 3p^6$

1.4.2 분자

(1) 분자

원자의 결합체 중 독립 입자로서 작용하는 단위체. 독립된 입자로 행동한다고 볼 수 있는 원자의 결합체이다. 고체, 액체, 기체 상태로 존재할 수 있으며 분자간의 거리가 변화하면서 상태가 변한다. 분자는 쪼개져 다시 원자로 될 수 있으며 원자 조성의 변화에 따라 수많은 물질을 만들어 낼 수 있는 분자의 수도 증가하고 있다.

(2) 분자의 구분

분자를 이루는 구성원자의 수에 따라 단원자 분자(He, Ne, Ar), 2원자분자(H_2, O_2, HCl), 3원자분자(H_2O, CO_2), 다원자분자($H_2\ SO_4$, $H_2\ CO_3$), 고분자(녹말, 단백질, DNA)로 분류한다. 불활성기체인 단원자분자의 경우

분자를 구성하지 않고 원자 그대로 존재하여 원칙적으로 분자로 보기 어렵지만 안정된 기체로 다른 화합물과 잘 반응하지 않고 기체 특유의 성질을 가지므로 일반적으로 분자로 분류하여 사용한다.

물질	수소	산소	질소	물
분자식	H_2	O_2	N_2	H_2O
분자모형				

(3) 분자량

분자의 질량을 나타내는 양으로 분자를 구성하는 모든 원자들의 원자량 값을 더해서 계산한다.

원자와 분자의 질량은 매우 작기 때문에 이를 일반적인 질량 단위인 g을 써서 나타내면 불편하다. 때문에 원자와 분자의 질량은 ^{12}C원자의 원자량 12를 기준으로 정하는 단위를 바탕으로 나타낸다. 이 단위로 나타내는 원자의 질량을 원자량이라 하고, 분자의 질량은 분자량이라 한다.

분자량은 분자를 구성하는 모든 원자들의 원자량을 합하여 구한다. 따라서 어떤 분자의 분자식을 알고 구성 원자의 원자량을 알면 그 분자의 분자량을 구할 수 있다.

이 같은 방법으로 산소 분자의 분자량을 구하면, 산소 분자의 화학식이 O_2라는 것과 산소 원자의 원자량이 16라는 것을 알고 있으므로 산소의 분자량은 32가 됨을 알 수 있다. 마찬가지로 물(H_2O) 분자는 원자량 1인 수소 두 개와 16인 산소 하나로 구성되므로 18의 분자량을 가지게 된다.

원자량은 상대적 질량을 나타내므로 단위를 가지지 않는다. 분자량 역시 원자량을 기준으로 구하는 값이므로 단위가 없다. 약자로는 Mr 또는 MW로 나타낸다.

(4) 화학식

원소 기호를 사용하여 화합물을 나타낸 것을 화학식이라고 하며, 화학식에는 분자식, 실험식, 시성식, 구조식 등이 있다. 화합물을 분석하면 가장 먼저 얻을 수 있는 정보는 화합물을 구성하는 성분 원소의 종류이다.

다음으로 얻을 수 있는 정보는 구성 원소의 질량이며, 이 질량을 각각의 원소의 원자량으로 나누면 몰비를 얻을 수 있다. 구성 원소의 몰비를 화학식으로 나타낸 것이 실험식이다. 아세트산을 구성하는 원소는 C, H, O이며 몰비는 1 : 2 : 1이다. 이러한 정보를 화학식으로 표시하면 CH_2O이다.

▌분자식

원소 기호를 사용하여 분자를 구성하고 있는 원자의 종류와 수를 나타낸 식을 분자식이라고 한다. 포도당 분자는 C 원자 6개, H 원자 12개, O 원자 6개로 이루어진 분자이므로 분자식을 $C_6H_{12}O_6$로 쓴다.

▌실험식

화합물 속의 원자의 조성을 나타내는 가장 간단한 화학식으로, 물질을 이루는 원자나 이온의 종류와 수를 가장 간단한 정수비로 나타낸 것이다. 화합물 속에 포함된 원소를 분석하면 구성 원소간의 간단한 질량비를 얻을 수 있다. 각각의 질량을 구성 원소의 원자량으로 나누면 구성 원소의 몰 비가 얻어진다. 이렇게 얻은 구성 원소의 몰 비를 바탕으로 화합물 속의 구성 원소의 몰 비를 나타낸 화학식이 실험식이다. 실험식의 예로는 NaCl, H_2O, CH_2 등을 들 수 있다.

▌시성식

화학식 중의 하나로, 분자가 가지는 특성을 알 수 있도록 작용기를 써서 나타낸 식이다.

탄소 화합물의 성질은 몇 개의 원자가 결합한 원자단에 의해 결정되는데, 이러한 원자단을 작용기라고 한다. 비슷한 작용기를 가지는 화합물들은 공통적인 화학 성질을 공유하므로 작용기를 따로 쓰는 방법으로 화학식을 나타내면 이 물질의 간략한 성질을 쉽게 알 수 있다.

메탄올의 분자식은 CH_4O로 나타낸다. 하지만 CH_3 OH의 형태로 표시하면 −OH 작용기(하이드록시기)를 가지며, C_2H_6O의 분자식을 가지는 에탄올 또한 C_2H_5 OH로 표시하면 −OH 작용기를 가짐을 알 수 있다.

CH_3 OH나 C_2H_5 OH의 형태로 작용기를 써서 나타내는 화학식을 시성식이라 한다. 분자식으로 표시하면 두 물질의 특성에 관한 정보는 잘 알 수 없지만, 시성식으로 표시하면 −OH를 통해서 이 물질들이 극성의 알코올이라는 것을 알 수 있게 된다.

▌구조식

화합물의 분자 속에서 원자 또는 원자단의 결합 관계를 한 개의 선으로 연결시켜 표시한 것으로, 이 선을 가표라고 한다. 예를 들어, 메탄(CH_4), 에틸렌(C_2H_4)의 구조식을 나타내면 그림과 같다. 1개의 선은 1중 결합, 2개의 선은 2중 결합을 나타낸다.

▌화학반응식

화학반응이 일어날 때 반응하는 물질과 생성되는 물질을 화학식으로 나타낸 것을 말하는데, 화살표(→)를 경계로 왼쪽은 반응물, 오른쪽은 생성물을 의미하며, 특히 양방향 화살표(↔)는 가역반응을 나타낸 것으로 화학평형을 설명할 때에 이용된다.

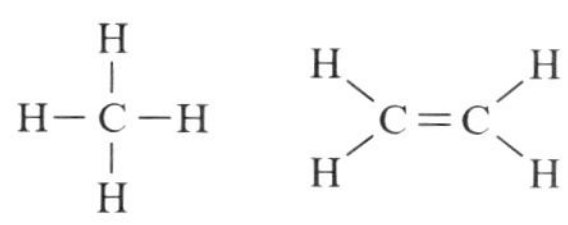

메탄　　　　에틸렌

화학반응식이란 화학반응을 식으로 써서 나타낸 것으로 이를 통해 물질이 반응하는 정보를 쉽게 알아낼 수 있다. 반응하기 전의 물질(반응물질)은 식의 왼편에, 반응 결과 생성된 물질(생성물질)은 식의 오른편에 +부호를 연결해서 나타낸다. 화학반응식에서 가장 중요한 것은 화살표(→)로 이를 경계로 왼쪽은 반응물, 오른쪽은 생성물을 의미하며, 특히 양방향 화살표(↔)는 가역반응을 나타낸 것으로 화학평형을 설명할 때에 이용된다. 화학반응식의 화살표 좌, 우를 보면 반응 전후의 질량이나 전하가 보존된다는 것을 알 수 있으며 양쪽의 원자수가 일치하게 나타난다. 즉, 화학반응식을 보면 생성되는 물질의 종류 및 양을 예측할 수 있으며, 질량보존의 법칙, 기체반응의 법칙에 의거하여 각 물질의 분자수, 질량, 부피 등 양적 관계도 알 수 있다.

예를 들어, 다음과 같이 수소와 산소가 반응하여 물이 생기는 화학반응식을 살펴보자.

$$2H_2 + O_2 \rightarrow 2H_2O$$

이 반응식으로 수소 2분자와 산소 1분자가 반응하여 물 2분자가 만들어

졌음을 알 수 있고, 이를 몰(mole)로 나타내어 수소 2몰(4g)과 산소 1몰(32g)이 반응하여 물 2몰(36g)이 생성된다는 것을 통해 질량보존의 법칙을 설명할 수 있다. 또한 표준상태(0℃, 1기압)에서 수소 44.8ℓ와 산소 22.4ℓ가 반응하여 수증기 44.8ℓ가 생성되는 기체반응의 법칙을 설명할 수 있다.

한편, 화학반응식에 상태를 표현하기도 하는데 기체는 *g*(gas), 액체는 *ℓ*(liquid), 고체는 *s*(solid), 수용액은 *aq*(aqueous solution)로 표현하여 괄호 안에 표시한다. 예를 들어, 마그네슘이 염산과 반응하여 염화마그네슘이라는 염과 수소기체가 생기는 화학반응식을 다음과 같이 나타낼 수 있다.

$$\mathrm{Mg}(s) + 2\mathrm{HCI}(aq) \rightarrow \mathrm{MgCl_2}(aq) + \mathrm{H_2}(g)$$

이때 생성되는 염화마그네슘이 물에 잘 용해되는 염이란 것을 예측할 수 있다. 질산납 수용액과 아이오딘화칼륨 수용액의 반응식을 다음과 같이 쓸 수 있다.

$$\mathrm{Pb(NO_3)_2}(aq) + 2\mathrm{Kl}(aq) \rightarrow \mathrm{PbI_2}(s) + 2\mathrm{KNO_3}(aq)$$

여기에서 $Pb(NO_3)_2$, Kl, KNO_3은 수용액에서 양이온과 음이온으로 나뉘어 용해된 상태를, PbI_2는 앙금으로 존재한다는 것을 나타낸다. 이 밖에도 화학반응식과 함께 출입하는 열을 나타내는 열화학반응식(thermochemical equation)이 있다.

1.4.3 원소의 주기율표

(1) 주기율표

원소를 양성자의 수에 따라 배열한 표. 주기성을 나타내는 원소를 원자번호의 순서대로 배열하면서 물리적·화학적 성질이 비슷한 원소들이 같은 족으로 배열되도록 분류한 표를 말한다. 주기율표는 8개 원소를 가지는 2주기·3주기 원소를 기준으로 작성된 단주기형(멘델레예프형)과 18개 원소를 가지는 4주기·5주기 원소를 기준으로 작성된 장주기형이 있다.

MAIN GROUP ELEMENTS

Periodic Table of the Elements

MAIN GROUP ELEMENTS

- Metals (main-group)
- Metals (transition)
- Metals (inner transition)
- Metalloids
- Nonmetals
  비금속

TRANSITION ELEMENTS

Period	IA (1)	IIA (2)	IIIB (3)	IVB (4)	VB (5)	VIB (6)	VIIB (7)	VIIIB (8)	(9)	(10)	IB (11)	IIB (12)	II A (13)	IVA (14)	VA (15)	VIA (16)	VIIA (17)	VIIIA (18)
1	1 H 1.008																	2 He 4.003
2	3 Li 6.941	4 Be 9.012											5 B 10.81	6 C 12.01	7 N 14.01	8 O 16.00	9 F 19.00	10 Ne 20.18
3	11 Na 22.99	12 Mg 24.31											13 Al 26.98	14 Si 28.09	15 P 30.97	16 S 32.07	17 Cl 35.45	18 Ar 39.95
4	19 K 39.10	20 Ca 40.08	21 Sc 44.96	22 Ti 47.88	23 V 50.94	24 Cr 52.00	25 Mn 54.94	26 Fe 55.85	27 Co 58.93	28 Ni 58.69	29 Cu 63.55	30 Zn 65.39	31 Ga 69.72	32 Ge 72.61	33 As 74.92	34 Se 78.96	35 Br 79.90	36 Kr 83.80
5	37 Rb 85.47	38 Sr 87.62	39 Y 88.91	40 Zr 91.22	41 Nb 92.91	42 Mo 95.94	43 Tc (98)	44 Ru 101.1	45 Rh 102.9	46 Pd 106.4	47 Ag 107.9	48 Cd 112.4	49 In 114.8	50 Sn 118.7	51 Sb 121.8	52 Te 127.6	53 I 126.9	54 Xe 131.3
6	55 Cs 132.9	56 Ba 137.3	57 La 138.9	72 Hf 178.5	73 Ta 180.9	74 W 183.9	75 Re 186.2	76 Os 190.2	77 Ir 192.2	78 Pt 195.1	79 Au 197.0	80 Hg 200.6	81 Tl 204.4	82 Pb 207.2	83 Bi 209.0	84 Po (209)	85 At (210)	86 Rn (222)
7	87 Fr (223)	88 Ra (226)	89 Ac (227)	104 Rf (261)	105 Db (262)	106 Sg (266)	107 Bh (262)	108 Hs (265)	109 Mt (266)	110 Ds (269)	111 Rg (272)	112 Cn (285)	113 Nh (286)	114 Fl (289)	115 Mc (290)	116 Lv (293)	117 Ts (294)	118 Og (294)

INNER TRANSITION ELEMENTS

Period															
6	Lanthanides	58 Ce 140.1	59 Pr 140.9	60 Nd 144.2	61 Pm (145)	62 Sm 150.4	63 Eu 152.0	64 Gd 157.3	65 Tb 158.9	66 Dy 162.5	67 Ho 164.9	68 Er 167.3	69 Tm 168.9	70 Yb 173.0	71 Lu 175.0
7	Actinides	90 Th 232.0	91 Pa (231)	92 U 238.0	93 Np (237)	94 Pu (244)	95 Am (243)	96 Cm (247)	97 Bk (247)	98 Cf (251)	99 Es (252)	100 Fm (257)	101 Md (258)	102 No (259)	103 Lr (266)

(2) 주기율표의 변천

원소를 분류하는 방법은 비슷한 성질의 원소가 존재하는 알칼리 금속[리튬, 소듐(나트륨), 포타슘(칼륨)]과 할로젠 원소(염소, 브로민, 아이오딘)로 구분한 되베라이너의 세 쌍 원소 분류법에서 시작하였다. 이후 주기율표는 원소들을 원자량의 순으로 배열할 경우 8번째 원소마다 비슷한 성질의 원소가 나타나는 뉴런즈의 옥타브 법칙을 기반으로 하여, 원자량의 증가 순서에 따라 배열할 경우 주기를 가지고 나타나는 성질이 있음을 발견하고, 그에 따라 배열한 표로 1869년 멘델레예프가 처음 제안하였다. 1913년 헨리 모즐리의 개량에 따라 현대의 주기율표와 유사한 모습을 지니게 됐다. 현재는 국제순수응용화학연맹(IUPAC : International Union of Pure and Applied Chemistry)에서 고안한 장주기형 주기율표가 사용되는데 이는 총 118개의 원소를 18족으로 분류한 것이다.

(3) 주기율표의 구성

현재까지 발견된 원소들은 주기율표상에서 2·8·8·18·18·32·32 간격으로 7주기로 분류되어 있다. 동일 주기에 배치된 원소들은 같은 수의 전자껍질을 가지고, 동일 족에 있는 원소들은 최외각 전자수가 주기적으로 같기 때문에 비슷한 물리적·화학적 성질을 나타낸다. 주기율표상에서 원소번호 95번부터는 합성에 의해 만들어진 인공원소이다.

주기율표상의 원소들은 크게 전형원소·전이원소 또는 금속 원소·비금속 원소로 분류된다. 전형원소는 전이원소를 제외한 모든 원소를 말하며, 이들 원소는 안쪽 껍질에 전자가 모든 채워진 원소들이다. s 또는 p 오비탈(전자껍질, 궤도)에 최외각 전자가 채워지는 전형원소와 달리, 전이원소는 d 또는 f 오비탈에 최외각 전자가 채워지는 원소들이다. 전이원소는 모두 금속이어서 전이금속이라고도 한다. 전이원소 중에서 f 오비탈에 전자가 채워지는 원소를 내부 전이원소라 하는데, 이들은 별도로 표시하며, 여기에는 란타넘족·악티늄족이 있다.

그리고 금속 원소는 1～3개의 원자가전자수를 가지고 있어 전자를 버리고 양이온이 되기 쉬운 원소, 비금속 원소는 4개 이상의 원자가전자수를 가지고 있어 전자를 얻어 음이온이 되기 쉬운 원소를 말한다.

(4) 이온화 에너지 및 이온화 경향

▮ 이온화 에너지

모든 원자들은 음(−)과 양(+)이 균형을 이루는 중성상태이다. 하지만 외부에서 전자를 떼어내기 충분한 에너지가 주어지게 되면 원자들은 이온화된다. 이것을 이온화 에너지(ionization energy)라고 하는데, 1차이온화에너지는 원자들로부터 전자를 1개 떼어내는데 필요한 에너지이다.

이온화 에너지는 금속에서 전자를 떼어내는 일함수(work function)와 비슷한 개념이다. 하지만 일함수와 차이점이 있다면, 일함수는 금속으로부터 전자를 떼어내는데 필요한 에너지가 금속의 한계진동수(threshold frequency)와 관련되어 있지만, 이온화 에너지는 금속뿐만 아니라 비금속 원소들의 결합에너지(bond energy)와 관련되어 있다. 이온화 에너지나 일함수가 빛 또는 전자를 이용하여 이온화되었을 때 나타나는 파장(스펙트럼)과 에너지(질량분석계)에서 최저치를 측정하는 원리는 비슷하지만 개념은 차이가 있다. 일함수보다도 결합에너지가 더 큰 이온화 에너지가 더 많이 에너지가 필요하게 되는데, 구리의 일함수는 약 4.7eV이지만, 구리의 이온화 에너지는 7.7eV가 된다.

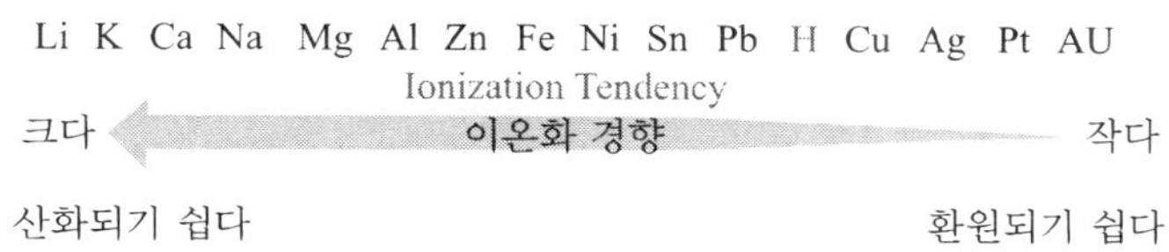

▲ 그림 1.4 이온화 경향, 수소가 기준 원소

이온화 에너지가 기체 중에 이온쌍이 생기게 하기 위해 전리시키는 에너지라면, 이온화 경향(ionization tendency)은 물 또는 수용액상태에서 전자를 떼어내서 이온이 되려는 성질을 나타낸다. 이온화 경향은 금속의 경우에 해당되며, 이온화 경향이 클수록 산화되기 쉽다.

▌이온화 경향

양(陽, +)의 성질이 강하여 전자를 쉽게 잃는다. 이온화 경향이 클수록 전자를 빨리 잃고 산화되기 쉽다. 상대적으로 이온화 경향이 작은 쪽은 환원된다.

$$\mathrm{Fe}(s) + \mathrm{CuSO_4}(aq) \rightarrow \mathrm{FeSO_4}(aq) + \mathrm{Cu}(s)$$

이온화 경향을 통해 산화·환원반응의 조건을 알 수 있다. 이온화 경향이 크면 산화되기 쉬운데, 철은 구리보다 이온화 경향이 크므로 치환이 일어나, 철이 전자를 잃고 양이온이 되어 산화가 된다. 반면에 구리는 환원이 된다. 따라서 철은 양이온이 되어 용액 상태로 되었고, 구리는 양이온에서 구리가 되어 침전이 되었다.

▌전기음성도

원자가 전자를 끌어당기는 힘이라고 할 수 있다. 좀 더 엄밀히 말하자면 원자가 공유 결합을 할 때 공유 전자쌍을 잡아당겨 부분 음전하를 띠는 성향을 말한다.

이 전기음성도라는 것을 라이너스 폴링이라는 사람이 엄밀하게 정했는데, 플루오린의 전기음성도를 가장 센 4.0으로 잡고 나머지 원자들의 전기

음성도를 상대적으로 정한 것이다. 전기음성도는 주기율표의 오른쪽 방향, 즉 같은 주기일 때 원자 번호가 클수록 전기 음성도가 커지고, 주기율표의 위쪽 방향, 즉 낮은 주기일수록 전기 음성도가 커진다. 같은 주기일 때 원자 번호가 클수록 유효 핵전하가 크니 전자쌍을 잡아당기는 힘도 큰 것이다. 같은 족일 때 낮은 주기일수록 전기 음성도가 센 것도 유효 핵전하로 설명할 수 있다. 주기가 낮아지면 핵과 최외각 전자와의 거리도 짧아지니까 공유 전자쌍을 더 세게 끌어당길 수 있다.

다시 정리하면

같은 주기일 때 족과 전기 음성도는 비례 관계

같은 족일 때 주기와 전기 음성도는 반비례 관계

특히 **2주기 원자들은 족이 커질수록 전기 음성도가 0.5씩 증가**한다.

플루오린이 4.0이면 산소는 3.5, 질소가 3.0, 탄소가 2.5, 붕소가 2.0, 베릴륨이 1.5, 리튬이 1.0이라고 한다.

다만 수소는 2.1이다.

그래서 전기 음성도의 순서를 **F > O > N > C > H,** 즉 폰치/펀치 등으로 암기하기도 한다.

1.4.4 화학결합

(1) 이온결합과 공유결합

	이온 결합	공유 결합
원소의 종류	금속 원소와 비금속 원소	비금속 원소와 비금속 원소
물질 형성	이온들이 규칙적으로 배열되어 물질 형성	원자들이 공유 결합하여 형성된 분자들이 규칙적으로 모여 물질 형성
물질의 상태	이온 결합이 강해 상온(25℃)에서 고체로 존재한다.	원자 간 공유 결합은 강하나 분자 간의 힘이 약해 상온(25℃)에서 액체나 기체로 존재한다.
예	염화칼슘 $CaCl_2$ 염화마그네슘 $MgCl_2$	산소 O_2 에탄올 C_2H_5OH

(2) 배위결합

결합에 관여하는 2개의 원자 중 한쪽 원자만을 중심으로 생각할 때, 결합에 관여하는 전자가 형식적으로 한쪽 원자로부터만 제공되어 있는 경우의 결합을 말한다.

예를 들면, $[Co(NH_3)_6]^{3+}$에서는 Co^{3+}의 둘레에 6개의 NH_3가 정팔면체의 6개의 꼭짓점을 차지하며, Co^{3+}와 6개의 암모니아의 N과는 공유결합에 의하여 결합되어 있다. 형식적으로는 암모니아분자의 N원자의 결합에 관여하지 않는 두 전자, 즉 고립전자쌍(lone pair)이 Co^{3+}와 결합하고 있다고 생각할 수 있다. 따라서 이들 6개의 Co^{3+}와 N과의 결합은 배위결합이다.

(3) 금속결합

금속 원소의 원자가 집합하여 금속결정을 만드는 경우의 화학결합. 전형적인 금속, 예를 들면, 알칼리 금속에서는 금속 내부의 각 원자에 속하는 원자가전자의 일부는 이웃한 특정 원자의 전자와 상호작용을 가지지 않고, 결정 내를 자유롭게 움직이는 이른바 자유전자가 되어 있는 것으로 생각된다. 따라서 금속이란 고른 밀도로 퍼진 전자의 바다 속에 원자가전자를 잃은 그 금속원자의 양이온이 떠있는 것과 같은 것으로, 이들 모든 자유전자와 양이온 사이의 정전기적 인력이 전체를 결합시키는 힘이 된다. 이것이 금속결합의 주요한 힘이라고 생각되는데, 정확히는 여기에 양자론적인 생각이 덧붙여져 있다. 즉, 분자궤도함수론의 입장에서는 E.P.위그너, F.자이츠, J.C.슬레이터에 의해 설명되었고, 또한 하이틀러－런던 이론의 입장에서는 금속원자 사이의 공유결합에 상당하는 여러 결합구조의 공명에 의해서 설명되었다.

(4) 수소결합

O·N·F 등 전기음성도가 강한 2개의 원자 사이에 수소원자가 들어감으로써 생기는 강한 분자 간 인력으로, X－H…Y와 같이 표시되는데, 그 존재는 X－H기(基)의 신축진동(伸縮振動)의 변화를 적외선흡수스펙트럼에 의하여 확인할 수가 있다.

예를 들면 물의 결정인 얼음에서는 물분자 H_2O가 단독으로 존재하여 결정격자를 만드는 것이 아니라, 1개의 물분자를 볼 때, 그 안의 산소원자를 중심으로 하여 4개의 물분자가 정사면체 꼴로 둘러싸고, 이것이 무한히 연결된 결정으로 되어 있다. 이 경우 O－H로 나타낸 부분은 보통의 화학결합이지만, H…O의 부분 또는 그것을 포함하는 O－H…O와 같은 결합을 수소결합이라 한다.

1.5 화학의 기초법칙

1.5.1 원자에 관한 법칙

(1) 일정성분비의 법칙(프루스트)

화합물을 구성하는 성분 원소 사이에는 일정한 질량비가 성립한다. 즉, 두 물질이 화합하여 화합물을 만들 때 반응하는 물질 사이의 질량비도 일정하다.

$$2H_2 + O_2 \rightarrow 2H_2O$$

$$4g + 32g = 36g$$

따라서 H와 O 사이의 4 : 32＝1 : 8의 중량비가 성립한다.

(2) 배수비례의 법칙(돌턴)

2종류의 원소가 화합하여 2종 이상의 화합물을 만들 때, 한 원소의 일정량과 결합하는 다른 원소의 질량비는 항상 간단한 정수비(整數比)를 나타낸다는 법칙이다. CO(일산화탄소)와 CO_2(이산화탄소)에서

$$(A)\ C + \underset{16g}{\frac{1}{2}O_2} \rightarrow CO, \quad (B)\ C + \underset{32g}{O_2} \rightarrow CO_2$$

따라서 (A)와 (B)의 산소는 $O : O_2 = 16g : 32g = 1 : 2$의 정수비가 성립한다.

(3) 질량보존의 법칙(라보아제)

화학반응의 전후에서 반응물질의 전질량(全質量)과 생성물질의 전질량은 같다고 하는 법칙이다.

항목 \ 반응식	$2H_2$ +	O_2 →	$2H_2O$	관련법칙
상태	기체	기체	기체(수증기)	−
몰수(계수)	2몰	1몰	2몰	−
질 량	2×2g	32g	2×18g	질량보존의 법칙
질량비	1	8	9	일정성분비의 법칙
분자수	2분자	1분자	2분자	아보가드로의 법칙
부피비	2부피	1부피	2부피	기체반응의 법칙

1.5.2 보일-샤를의 법칙

(1) 보일 법칙

온도가 일정할 때 기체의 부피는 압력에 반비례한다.

$$PV = k \text{ (일정하다)}$$

여기서, P : 기체의 압력
V : 기체의 부피
k : 비례 상수 = 일정

따라서 기체의 온도를 일정하게 유지하면서 압력이 P_1이고 부피가 V_1인 기체의 압력을 P_2로 변화시켰을 때 부피가 V_2로 변화되었다면 $P_1V_1 = P_2V_2$(즉, PV = 일정)의 관계가 성립하는데, 이것을 보일의 법칙이라고 한다.

(2) 샤를의 법칙

압력이 일정할 때 기체의 부피는 종류에 관계없이 온도가 1℃ 올라갈 때마다 0℃일 때 부피의 1/273씩 증가한다는 법칙이다.

$$\frac{V_1}{T_1} = \frac{V_2}{T_2}$$

$$V_t = V_0 + V_0 \times \frac{t}{273} = V_0\left(1 + \frac{t}{273}\right)$$

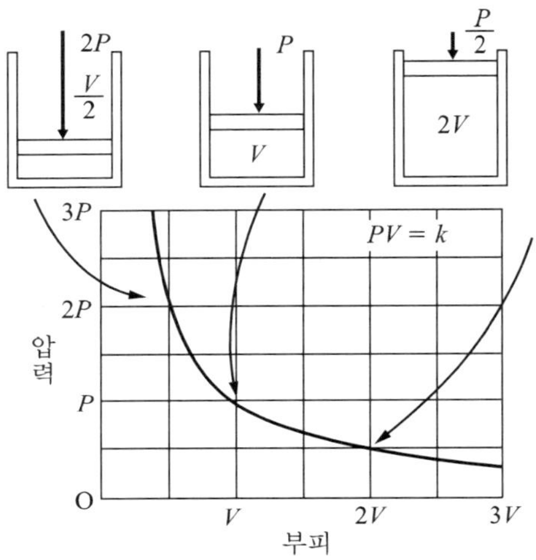

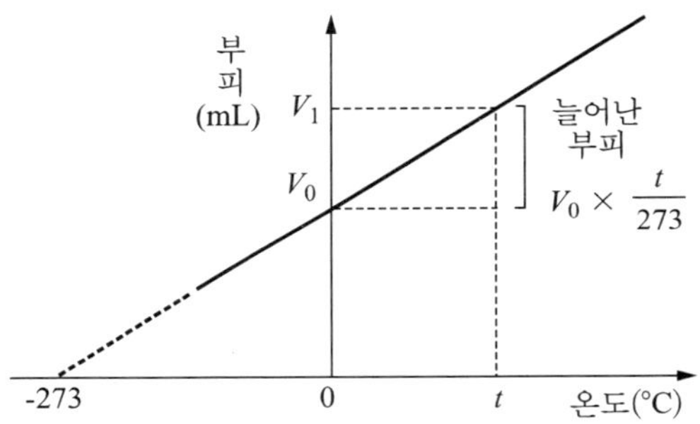

(3) 보일 – 샤를의 법칙

온도가 일정할 때 기체의 압력은 부피에 반비례한다는 보일의 법칙과 압력이 일정할 때 기체의 부피는 온도의 증가에 비례한다는 샤를의 법칙을 조합하여 만든 법칙으로 온도, 압력, 부피가 동시에 변화할 때 이들 사이의 관계를 나타낸다. 일정량의 기체의 압력, 부피, 온도변화에 대해서 아래와 같은 그래프로 나타낼 수 있다.

압력과 부피 및 온도가 동시에 변화하여 보일 – 샤를의 법칙 본문 이미지 5의 부피, 보일 – 샤를의 법칙 본문 이미지 6의 압력, 보일 – 샤를의 법칙 본문 이미지 7의 온도를 갖는 최종상태(C점)에 도달한다고 할 때 이를 온도를 일정하게 하였을 때의 과정(A → B)과 압력을 일정하게 할 경우의 과정(B → C)으로 나눌 수 있다. A점에서 B점까지의 등온변화의 경우 보일의 법칙에 의해 다음의 관계를 만족한다.

$$P_0 V_0 = P V^t$$

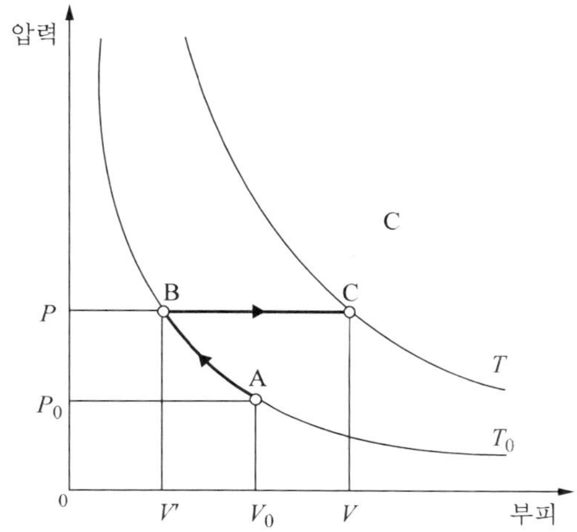

또한 B점에서 C점까지의 등압변화의 경우 샤를의 법칙에 의해 다음의 관계가 성립한다.

$$\frac{V^t}{T_0} = \frac{V}{T}$$

두 관계식을 합치면(A → C) 일정량의 기체의 상태가 A점에서 C점으로 변화할 때 성립하는 보일－샤를의 법칙을 다음 식과 같이 얻을 수 있다.

$$\frac{P_0 V_0}{T_0} = \frac{PV}{T} = \text{일정}$$

1.5.3 분자량 측정법

(1) 공기의 평균분자량

① 공기의 주성분은 질소(78%), 산소(21%), 아르곤(1%)

② 공기의 평균분자량 $= (32\times0.21)+(28\times0.78)+(40\times0.01)$

$$= 28.96 \fallingdotseq 29$$

③ 증기비중 $= \dfrac{\text{분자량}}{29}$

(2) 기체의 밀도

① 질량이나 부피만으로는 그 물질이 무엇인지 구별할 수 없다. 그러나 질량을 부피로 나눈 값은 물질마다 다르므로 이 값으로 물질을 구별할 수 있다. 이렇게 어떤 물질의 질량을 부피로 나눈 값, 즉 단위 부피당 질량을 밀도라고 한다.

$$\text{밀도} = \frac{\text{질량}}{\text{부피}} (\text{단위 : g/cm}^3,\ \text{g/ml, kg/m}^3\ \text{등})$$

$$PV = nRT = \frac{W}{M}RT$$

$$PM = \frac{W}{V}RT = nRT$$

$$M(\text{분자량}) = \frac{nRT}{P}$$

여기서, P : 압력[atm]
V : 부피[ℓ]
n : mol 수
M : 분자량
W : 무게[g]
R : 기체상수(0.082ℓ · atm/g-mol · K)
T : 절대온도(273 + ℃ = K)

(3) 기체의 비중

$$M_B = M_A \times \frac{W_B}{W_A}$$

여기서, M_B : B 기체의 분자량

M_A : A 기체의 분자량
W_B : B 기체의 무게
W_A : A 기체의 무게

(4) 그레이엄의 확산속도법칙

확산속도는 분자량의 제곱근에 반비례, 밀도의 제곱근에 반비례한다.

$$\frac{U_B}{U_A} = \sqrt{\frac{M_A}{M_B}} = \sqrt{\frac{d_A}{d_B}}$$

여기서, U_B : B 기체의 확산속도
U_A : A 기체의 확산속도
M_B : B 기체의 분자량
M_A : A 기체의 분자량
d_B : B 기체의 밀도
d_A : A 기체의 밀도

1.5.4 돌턴의 분압법칙

① 일정 용기 내에서 혼합 기체의 전체압력(전압 = P)은 각 성분기체의 분압의 합과 같다.

$$P = P_a + P_b + \cdots\cdots + P_n$$

이처럼 전체 압력은 수소와 산소의 각 기체가 나타내는 압력의 합이 된다. 즉, 혼합 기체의 전체압력은 각 성분기체의 부분압력의 합이며 이를 돌턴의 부분 압력의 법칙(Dalton's iaw partal pressuer)이라 한다.

② 부피 V인 용기에 A, B 기체가 혼합되어 있고 총 mol수가 n mol이면

$$P(\text{전압}) = nRT/V \quad ①$$

③ A와 B의 mol수를 각각 nA, nB라 하면

$$P_a(\text{A의 분압}) = \frac{n_A RT}{V},\ P_b(\text{B의 분압}) = \frac{n_B RT}{V} \quad ②$$

$$\because P = \frac{nRT}{V} = \frac{(n_A + n_B)RT}{V} \quad (*n = n_A + n_B) \quad ③$$

$$\therefore P = P_A + P_B \quad ④$$

④ P_a와 P_b 및 P의 관계(②식/③식)

$$\frac{P_a}{P} = \frac{n_A}{n_A + n_B},\ \frac{n_B}{P} = \frac{n_B}{n_A + n_B}$$

$$P_a = \frac{Pn_A}{n_A + n_B},\ P_B = \frac{Pn_B}{n_A + n_B} \quad ⑤$$

A의 몰분율 　　 B의 몰분율

※ mol분율 = 성분기체의 mol수/총 mol수 = $\frac{n_A(n_B)}{n_A + n_B}$

1.5.5 패러데이 법칙

M.패러데이가 발견한 법칙으로 1833년 발견한 전기분해 법칙과 1831년에 발견한 전자기유도 법칙이 이에 해당한다.

1833년 발견한 전기분해 법칙과 이보다 2년 전에 발견한 전자기유도(電磁氣誘導) 법칙이 있다. 전기분해 법칙에 의해 물질의 원자구조와 관련해서 전기량에도 최소 단위(기본 전하량)가 존재한다는 것이 처음으로 예측되었고, 전자기유도법칙은 전자기유도가 일어나는 방식을 밝혀냈다.

① 전기분해

전기분해를 하는 동안 전극에 흐르는 전하량(전류×시간)과 전기분해로 인해 생긴 화학변화의 양 사이의 정량적인 관계를 나타내는 법칙이다. 1833년 패러데이가 논문을 발표하였으며, 전기화학의 가장 기본적인 법칙이다.

- 제1법칙 : 전해질용액을 전기분해할 때 전극에서 석출되는 물질의 질량은 그 전극을 통과한 전자의 몰수에 비례한다. 즉, 전류가 더

많이 흐를수록 시간이 지날수록 석출되는 물질의 질량은 많아진다.

- 제2법칙 : 같은 전기량에 의해 석출되는 물질의 질량은 물질의 종류에 관계없이 각 물질의 화학 당량에 비례한다. 즉, 1그램당량의 물질량을 전기분해하여 석출하는데 필요한 전기량은 물질의 종류에 관계없이 96,485.3383C으로 항상 일정하다.

제1법칙에 의해 석출되는 물질의 양은 전류와 시간의 곱에 비례한다. 그리고 공급되는 전자가 전해질 속의 이온을 원자가 되게 하여 석출되므로, 석출되는 물질의 질량은 원자량에 비례한다. 또한 원자가가 곧 이온 한 개가 원자로 될 때 필요한 전자개수이므로, 석출되는 물질의 질량은 원자가에 반비례한다.

물질 1그램당량을 전기분해로 얻는데 필요한 전하량, 곧 전자 1몰의 전하량을 패러데이 상수라고 한다. 보통 기호 F로 표시하며, F= 96,485.3383C/mole^{-}이다. 이 법칙에 의해 물질의 원자구조와 관련해서 전기량에도 최소 단위(기본 전하량)가 존재한다는 것이 처음으로 예측되었다. 즉, 1F은 전자의 기본전하량(1.602×10^{-19}C/e^{-})과 아보가드로수(6.02×10^{23}mol^{-1})의 곱과 같다. 전하량 1C으로 석출되는 물질의 양은 은 1.118mg, 수소기체 0.010446mg이다. 1C의 전기량에 의해 석출되는 물질의 양을 그 물질의 전기화학당량이라 한다.

1.6 산, 염기, 염 및 수소이온지수

1.6.1 산, 염기, 염

(1) 산과 염기의 성질

▌산의 성질

① 신맛

② 어떤 금속과 반응하면 수소기체가 발생한다.

③ 어떤 유기 염료의 색을 변화시킨다.
④ 석회석과 반응하면 이산화탄소가 발생한다.
⑤ 염기와 반응하면 염과 물이 생성된다.

▌염기의 성질

① 쓴맛
② 미끌미끌한 느낌
③ 기름과 그리스(유지)를 녹인다.
④ 어떤 염료의 색을 변화시킨다.
⑤ 산과 반응하면 염과 물이 생성된다.

(2) Arrhenius 산과 염기

산은 H^+이온을 내놓고 염기는 OH^-이온을 내놓는 물질이다.

▌수용액에서 강산

산의 화학종을 H^+ 대신에 H_3O^+로 나타내는데, 이것을 하이드로늄 이온이라고 한다. 이들은 수용액 내에서 동일한 화학종임을 기억하자.

▌수용액에서 강염기

염기는 수용액에서 OH^-이온을 내놓고 염기성 용액을 만드는데, 이용액을 알칼리용액 또는 가성 용액이라고 부르기도 한다. 일반적으로 알려진 역미에는 수산화소듐, 수산화포타슘, 수산화칼슘, 암모니아가 있다. 암모니아를 제외하고 나머지 화합물은 모두 고체 이온 결합 화합물이다.

물에 녹으면 OH^-이온을 수용성 매질에 내놓는다. 염기로서 암모니아의 작용은 이온 결합성 수산화물과는 다르다.

(3) Bronsted-Lowry 산과 염기

Bronsted-Lowry 정의에 따르면 산은 양성자(H^+)를 줄 수 있는 물질이다.

(4) 염

산과 염기가 반응을 일으킬 때 물과 함께 생성되는 물질로서 산의 음이

온과 염기의 양이온으로 만들어지는 화합물이다

산과 염기가 만나면 산의 H^+와 염기의 OH^-가 반응하면서 물을 만든다. 이때 산에서 H^+가 떨어져 나가고 만들어진 음이온과 염기에서 OH^-가 떨어져 나가면서 만들어진 양이온이 반응하여 염을 만든다. 즉, 염은 산의 음이온과 염기의 양이온에 의해 만들어지는 화합물이다. 조금 바꿔 말하면 산의 H^+가 다른 양이온으로 치환된 물질, 혹은 염기의 OH^-가 다른 음이온으로 치환된 물질을 말한다.

염은 보통 산성염, 염기성염, 정염 등으로 구분한다. 산성염은 다양성자산의 수소이온(H^+) 일부가 금속이나 NH_4^+와 같은 양이온으로 치환되고, 나머지 H^+는 아직 남아 있는 상태의 염을 말한다. 염기성염은 염기의 수산화이온(OH^-)의 일부가 음이온으로 치환되고 나머지 OH^-는 아직 남아 있는 상태를 말한다. 정염은 산의 수소이온이나 염기성의 수산화이온이 모두 치환되어 남아 있는 수소이온이나 수산화이온이 없는 염을 말한다. 그런데 이때 주의해야 할 점은 염의 종류가 염이 물에 녹았을 때의 pH를 알려주는 것은 아니라는 점이다. 즉, 산성염이라고 해서 물에 녹아 산성을 띠는 것은 아니다. 산성염이어도 종류에 따라 물에 녹아 산성을 나타낼 수도 있고 중성이나 염기성을 나타낼 수도 있다.

▼ 표 1.1 일상생활에서 볼 수 있는 염과 용도

염	화학식	용도
황산암모늄	$(NH_4)_2SO_4$	질소비료
황산바륨	$BaSO_4$	위와 장 검사, 흰색 안료
염화칼슘	$CaCI_2$	도로의 결빙 방지
황산마그네슘	$MgSO_4 \cdot 2H_2O$	석고보드
염화칼륨	KCI	소금 대용
탄산수소나트륨	$Na_2CO_3 \cdot 10H_2O$	유리 제조, 단물화
염화나트륨	NaCI	염소 제조
황산나트륨	$Na_2SO_4 \cdot 10H_2O$	유리, 황화나트륨 제조
염화암모늄	NH_4CI	거담제
플루오르화나트륨	NaF	치아 부식 방지
아질산나트륨	$NaNo_2$	방부제, 염료
인산칼슘	$Ca_3(PO_4)_2$	뼈, 치아의 주성분

1.6.2 수소이온지수(PH)

(1) 수소이온농도

수소이온농도는 용액 1L 속에 존재하는 수소 이온의 몰수를 의미하며, 용액의 산성, 알칼리성의 정도를 나타내는 수치를 말한다.

일반적으로 수소이온농도는 매우 작은 단위로 측정이 되기 때문에 상용 로그를 이용해 표기하며 다음 식과 같이 정의된다.

$$pH = -\log_{10}[H^{+}], \quad 즉 \ [H^{+}] = 10^{-pH}$$

수소이온농도(potential of hydrogen, pH)는 자연수(natural water)의 화학적 성질을 지배하는 주요 요인이다.

또한 물에 녹아있는 광물, 유기물 등 용존물질(dissolved solid, DO)과 온도에 따라 매우 민감하게 변화한다. 수소이온농도가 급변하거나 장기간에 걸쳐 물의 산성화를 유발하는 경우 인체, 환경 또는 주변서식 동식물에게 큰 영향을 미칠 수 있어 정기적인 관측이 필요하다.

수소이온농도는 온도 25℃, pH 7을 기준으로 산성(acid), 중성(neutral), 염기성(basic)으로 구분할 수 있다.

산성인 경우 pH는 7 이하, 중성인 경우 pH는 7, 염기성인 경우 pH는 7 이상으로 구분된다. 수소이온농도는 0에서 14까지 범위로 나타낸다. 일반적으로 pH가 낮은 경우 산성이 강한 것을 의미하며 pH가 높은 경우 염기성 또는 알칼리성이 강한 것을 의미한다. 수소이온농도에서 pH 1의 차이는 실제 수소이온의 수가 10배 차이를 보이는 것이다. 산성비의 pH는 약 1～5의 범위로 나타나며 일반 강우의 pH 5～6과 큰 차이를 보인다. 레몬주스의 pH는 2, 소화제의 pH는 10～11로 높은 산성과 염기성을 나타내기도 한다[그림 1.5]. 자연수는 강우, 지표수, 지하수, 해수로 구분할 수 있다.

일반 강우의 pH는 5～6 범위를 보이며 산성비의 pH는 5.6 이하이다. 산성비는 인공 활동 및 자연(화산)활동으로 인해 발생할 수 있다. 일반적으로 지표수의 pH는 6.5～8.5이며 지하수의 pH는 6.0～8.5로 나타난다.

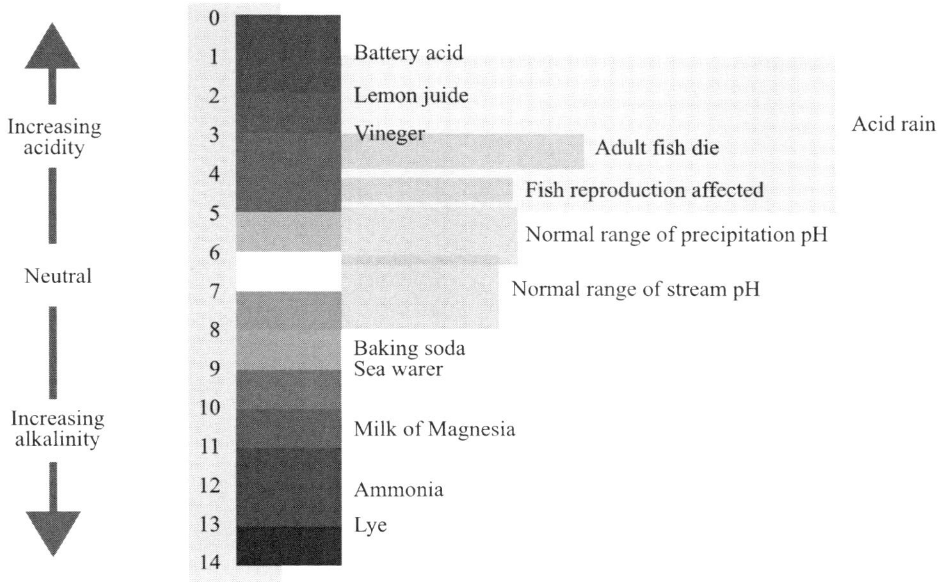

▲ 그림 1.5 Diagram of pH

2005년 기준 전 지구 해표수의 pH는 7.9~8.2 범위를 보이고 적도지역에서 상대적으로 낮은 pH를 보인다. 대부분 동식물은 pH 6.5~8.5 범위의 환경조건에 적응되어 있다. 하지만 산성 환경으로 인해 동식물과 신체에 악영향을 미칠 수 있고 환경과 석재 및 석회석 건축물이 손상되어 경제적인 피해를 야기할 수 있다.

수소이온은 물의 가수분해를 근원으로 하며 물의 화학적 성질을 지배하는 주요 요인으로서 부식성(corrosive), 경도(hardness), 산화환원전위(oxidation-reduction potential), 전기전도도(electric conductivity) 등 다양한 화학적 성질에 영향을 미친다.

수소이온농도는 환원환경에서 증가하며 산화환경에서 감소한다. 또한 pH가 낮을수록 부식성을 증가시키고 높을수록 경도가 높아지는 것을 보인다. 수소이온농도는 전기전도도를 이용하여 계산될 수 있다.

산화 또는 환원 이온이 pH에 따라 용해도 차이가 뚜렷한 경우 이온이 동과 무관하게 전기전도도 값에 영향을 미칠 수 있다. 수소이온농도 측정방법은 pH 지시약을 이용한 방법과 pH meter를 이용한 방법으로 구분할 수 있다. pH 지시약은 페놀프탈레인(phenolphthalein), 메틸오렌지(methyl orange) 등이 있으며 중화적정(neutralization titration)시험이 활용된다. pH meter는 다양한 모델이 있으며 일반적으로 감지 전극이 물 시료에 잠길 때 형성되는 전압으로 인하여 수소이온농도가 측정된다.[1)]

(2) 물의 자동 이온화

① 순수한 물에서 매우 적은 양의 물 분자들끼리 수소 이온(H^+)을 주고 받아 이온화하는 현상

$$H_2O(l) + H_2O(l) \leftrightarrow H_3O^+(aq) + OH^-(aq)\ (\text{평형})$$

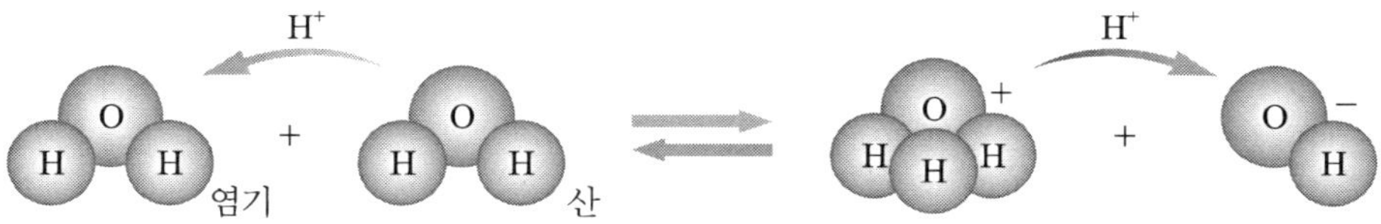

② 물의 이온곱 상수(K_w)

순수한 물이 자동 이온화하여 평형 상태를 이룰 때 이온 농도의 곱 물의 자동 이온화 반응에서 평형 상수는 다음과 같다.

$$H_2O(l) + H_2O(l) \leftrightarrow H_3O^+(aq) + OH^-(aq)\ (\text{평형})$$

$$K = \frac{[H_3O^+][OH^-]}{[H_2O]^2}$$

물은 극히 일부만 이온화하므로 물의 농도는 거의 일정하다. $K[H_2O]^2 = [H_3O^+][OH^-] = K_w$로 나타낼 수 있으며, 이때 K_w를 물의 이온곱 상수라고 한다.

$$K_w = [H_3O^+][OH^-]$$

- **물의 이온곱 상수(K_w)는 온도가 높을수록 커짐** → 물의 이온화 과정은 **흡열 반응**

---

1) 수소이온농도 측정 이전에 보정을 해야 하며 앞서 설명한 방법에 비해 효율적이고 넓은 범위의 수소이온농도를 정확하게 측정할 수 있다.

- 25℃에서 $K_w = [H_3O^+][OH^-] = 1.0 \times 10^{-14}$이므로, 25℃의 순수한 물에서 $[H_3O^+] = [OH^-] = 1.0 \times 10^{-7}M$로 일정

(3) 수소이온지수(pH)

▌수소 이온 지수(pH)

수용액 중의 $[H_3O^+]$를 간단히 나타내기 위해 사용한 것으로, 수용액 중 $[H_3O^+]$의 역수의 상용로그 값

$$pH = \log\frac{1}{[H_3O^+]} = -\log[H_3O^+] \Rightarrow [H_3O^+] = 10^{-pH}$$

- 25℃순수한 물의 $pH = -\log(1.0 \times 10^{-7}) = 7$

▌수산화 이온 지수(pOH)

수용액 중의 $[OH^-]$를 간단히 나타내기 위해 사용한 것으로, 수용액 중 $[OH^-]$의 역수의 상용로그 값

$$pOH = \log\frac{1}{[OH^-]} = -\log[OH^-] \Rightarrow [OH^-] = 10^{-pOH}$$

- 25℃ 순수한 물의 $pOH = -\log(1.0 \times 10^{-7}) = 7$

▌pH와 pOH의 관계

25℃의 순수한 물에서 $[H_3O^+][OH^-] = 1.0 \times 10^{-14}$이므로, 25℃물에서 $pH + pOH = 14$

Chapter 1 연습 문제

1. 다음 중 0.01M 산 HA 수용액의 pH와 이온화 상수(K_{α})를 옳게 짝지은 것은? (단, HA의 이온화도는 0.01이다.)

	pH	K_{α}
①	3	1.0×10^{-4}
②	3	1.0×10^{-6}
③	4	1.0×10^{-4}
④	4	1.0×10^{-6}
⑤	5	1.0×10^{-4}

Solution $[H^{+}] = C_{\alpha} = 0.01 \times 0.01 = 10^{-4}M$이므로 pH=4이며, 이온화 상수 $K_{\alpha} = C_{\alpha}^{2} = 0.01 \times 0.01 = 1.0 \times 1.0^{-6}$이다.

정답 ④

2. 다음 중 25℃에서 순수한 물과 같은 온도의 어떤 수용액에 대한 설명으로 옳지 않은 것은?

① K_w 값은 순수한 물과 수용액이 같다.

② $[H^+]$는 순수한 물과 중성인 수용액이 같다.

③ pH$^+$pOH의 값은 순수한 물과 수용액이 같다.

④ 염기성 수용액의 pH는 순수한 물의 pH보다 크다.

⑤ 같은 부피의 순수한 물과 강산 수용액을 혼합하면, 수용액의 pH는 혼합 전의 2배가 된다.

Solution 강산 수용액의 농도를 1/2로 묽히면 수용액의 pH는 묽히기 전 수용액의 2배가 되는 것은 아니다.

① 물의 이온곱 상수(K_w)는 평형 상수의 일종으로 온도가 같으면 물과 수용액에서 모두 동일하다. 즉, 25℃서 이온곱 상수 $K_w = 1.0 \times 10^{-14}$이다.

② 25℃에서 순수한 물과 중성인 수용액의 $[H^+] = [OH^-] = 1.0 \times 10^{-7}M$이다.

③ 25℃에서 물의 이온곱 상수 $K_w = [H^+][OH^-] = 1.0 \times 10^{-14}$이므로 pH$^+$pOH=14로 같다.

④ 25℃에서 순수한 물의 pH는 7이고, 염기성 수용액의 pH는 7보다 크다.
⑤ $[H^+] = 10 - pH$이며, $pH = -\log[H^+]$이다. 따라서 순수한 물을 넣어 강산 수용액의 농도를 1/2배로 묽히면 $[H^+]$의 농도가 1/2배가 되고, 용액의 pH(나중) = pH(처음) + log2가 된다.

정답 ⑤

1.6.3 중화 반응

(1) 중화 반응

산과 염기가 반응하여 물과 염이 생성되는 반응을 **중화 반응**이라고 한다. 예) 묽은 염산과 수산화나트륨 수용액의 중화 반응

산 + 염기 → 물 + 염산

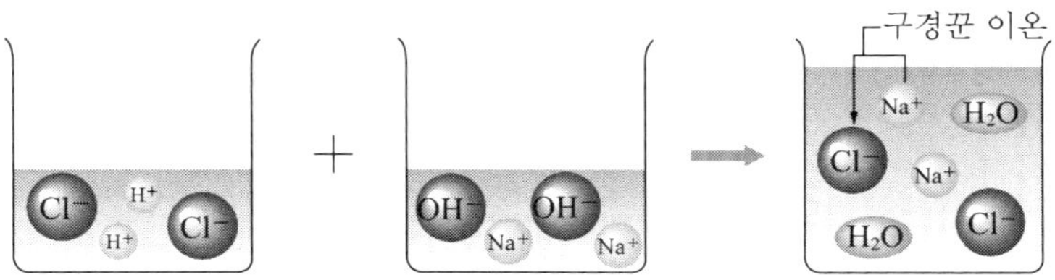

염산 수산화 나트륨 수용액 혼합 용액

		HCl	⟶	H^+	+	Cl^-		
		NaOH	⟶	OH^-	+	Na^+		
HCl	+	NaOH	⟶	H_2O	+	Na^+	+	Cl^-
염산		수산화 나트륨		물		염화 나트륨(이온 상태)		

수소 이온(H^+)과 수산화 이온(OH^-)은 1 : 1의 개수비로 반응하여 물을 생성한다. → 같은 농도의 염산과 수산화나트륨 수용액이 같은 부피로 반응하면 H^+과 OH^-은 모두 물로 된다.

① 중화 반응에서는 수소 이온(H^+)과 수산화 이온(OH^-)이 항상 1 : 1의 개수비로 반응하여 물을 생성한다.

② **알짜 이온 반응식** : 실제 반응에 참여한 이온만으로 나타낸 화학 반응식

- 중화 반응의 알짜 이온 반응식 : $H^+ + OH^- \rightarrow H_2O$

③ **구경꾼 이온** : 화학 반응에서 반응에 참여하지 않고 용액 속에 그대로 남아 있는 이온

- 묽은 염산과 수산화나트륨 수용액의 중화 반응에서 구경꾼 이온 : Na^+, Cl^-

④ 생성된 염의 확인

묽은 염산과 수산화나트륨 수용액을 완전히 중화시킨 후 물을 증발시키면 흰색 고체인 염화나트륨(NaCl)이 남는다.

- 생성된 고체의 불꽃색은 노란색이다. → Na^+ 확인
- 생성된 고체를 물에 녹인 후 질산 은 수용액을 떨어뜨리면 흰색 앙금(염화 은 : AgCl)이 생긴다. → Cl^- 확인

▌중화 반응의 염

중화 반응에서 산의 음이온과 염기의 양이온이 결합하여 생성된 물질을 염이라고 하며, 반응하는 산과 염기의 종류에 따라 다양한 염이 생성된다.

산 + 염기 → 물 + 염산

예) • HNO_3(질산) + KOH(수산화칼륨) → H_2O + KNO_3(질산칼륨)
– 염 : KNO_3(질산칼륨)
• H_2SO_4(황산) + 2 NaOH(수산화나트륨) → $2H_2O$ + Na_2SO_4(황산나트륨) – 염 : Na_2SO_4(황산나트륨)

Point

물에 녹지 않는 염의 생성

중화 반응에서는 반응하는 산과 염기의 종류에 따라 물에 녹지 않는 염(앙금)이 생성되기도 한다. 예) $H_2SO_4 + Ba(OH)_2 \rightarrow 2H_2O + BaSO_4\downarrow$ (황산바륨 : 흰색 앙금)

▌ 중화 반응과 혼합 용액의 액성

산과 염기가 반응하면 각각의 성질이 없어진다.

① 혼합 용액 속에 H^+이 남아 있으면 산성이고, OH^-이 남아 있으면 염기성이다.

② 혼합 용액 속에 H^+이나 OH^-이 모두 없으면 중성이다.

※ 일정량의 수산화나트륨 수용액에 묽은 염산을 조금씩 넣을 때

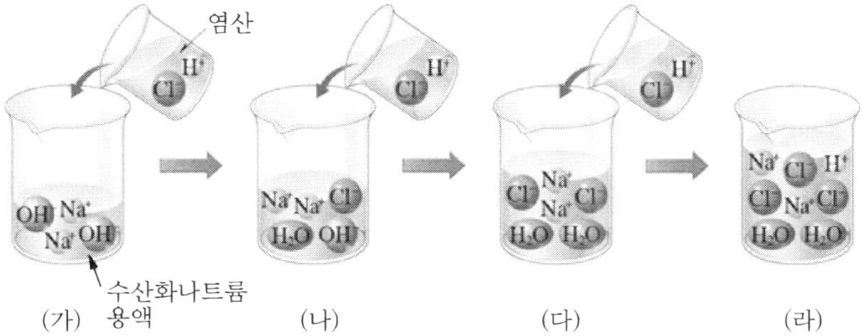

(가)	(나)	(다)	(라)
- H^+, OH^- 유무 : OH^- 존재 - 액성 : 염기성 - BTB 용액의 색 변화 : 파란색 - 온도 변화 : 중화 반응이 일어날수록 온도가 점점 높아진다.	- H^+, OH^- 유무 : OH^- 존재 - 액성 : 염기성 - BTB 용액의 색 변화 : 파란색 - 온도 변화 : 중화 반응이 일어날수록 온도가 점점 높아진다.	- H^+, OH^- 유무 : H^+, OH^- 존재하지 않음 - 액성 : 중성 (중화점) - BTB 용액의 색 변화 : 초록색 - 온도 변화 : 중화 반응이 가장 많이 일어난 지점에서 온도가 가장 높다.	- H^+, OH^- 유무 : H^+ 존재 - 액성 : 산성 - BTB 용액의 색 변화 : 노란색 - 온도 변화 : 중화 반응이 모두 일어난 이후 염산을 더 넣으면 염산의 온도에 의해 온도가 점점 낮아진다.

Point

중화 반응에서 이온 수 변화 일정량의 수산화나트륨 수용액에 묽은 염산을 조금씩 넣을 때 혼합 용액에 들어 있는 이온 수의 변화는 그림과 같다.

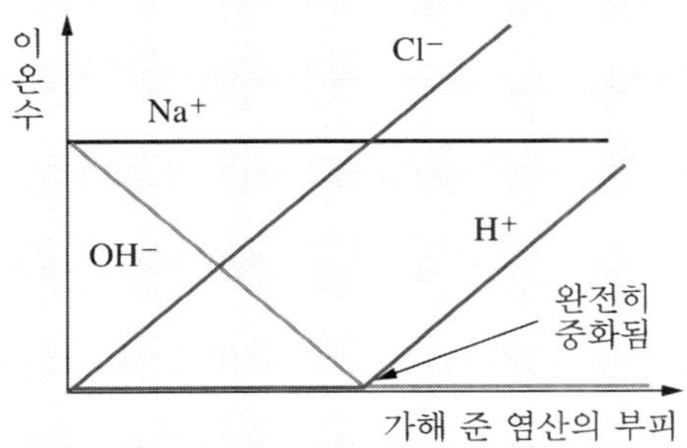

- Na^+ : 처음 수 그대로 일정
- OH^- : H^+과 반응하여 점점 감소하다가 완전히 중화된 후 존재하지 않는다.
- H^+ : OH^-과 반응하므로 처음에는 없다가 완전히 중화된 후 증가
- Cl^- : 염산을 넣을수록 점점 증가

▌중화 반응과 온도 변화

중화 반응이 일어나면 열이 발생하므로 혼합 용액의 온도가 높아진다.

① 중화열 : 중화 반응이 일어날 때 발생하는 열

② 반응하는 H^+과 OH^-의 수가 많을수록 열이 많이 발생하므로 산과 염기가 완전히 중화되었을 때 혼합 용액의 온도가 가장 높다.

예) 그림은 온도와 농도가 같은 묽은 염산과 수산화나트륨 수용액을 부피를 달리하여 혼합한 용액의 최고 온도를 측정하여 나타낸 것이다.

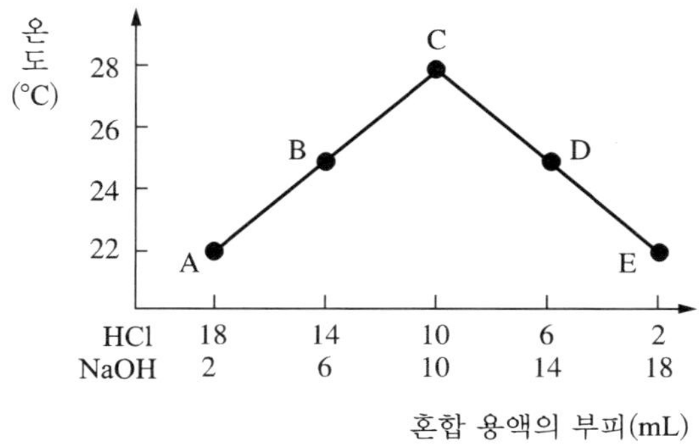

- 온도가 가장 높은 C에서 중화 반응이 가장 많이 일어났고, 생성된 물의 양이 가장 많다.
- 같은 농도의 묽은 염산과 수산화나트륨 수용액은 1 : 1의 부피비로 반응한다.
- 혼합 용액의 액성 : A, B－산성, C－중성, D, E－염기성
- 생성된 물의 양 : A＝E ＜ B＝D ＜ C

(2) 지시약

화학반응에서 일정한 상태를 판별하는 데 사용되는 시약. 산염기지시약이 대표적이다.

지시약은 적정을 하면서 중화점을 알기 위해, 혹은 수소이온의 농도를 알기 위해서 주로 사용된다. 지시약은 용액의 상황이 변함에 따라 눈에 띄는 변화가 나타나는 물질로, 이러한 변화가 색깔로 나타나는 지시약도 있고, 형광이나 발광 등으로 나타나는 것도 있다. 용액이 혼탁해지거나 침전물이 생성되는 경우도 있다. 이 중 가장 널리 사용되는 것은 색깔의 변화

Point

중화 반응과 온도 변화 그래프

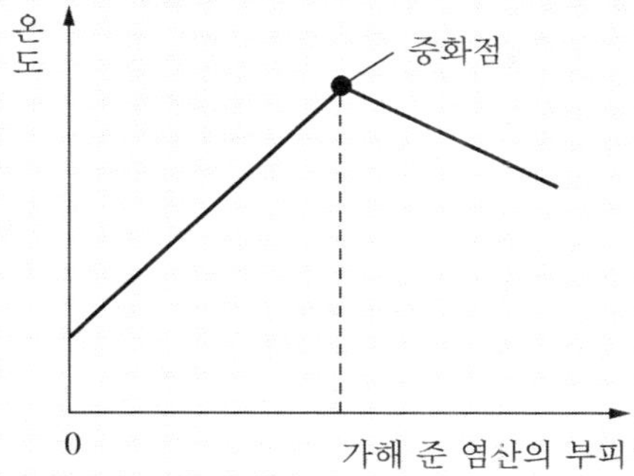

일정량의 수산화나트륨 수용액에 묽은 염산을 조금씩 넣으면 온도가 서서히 높아지다가 완전히 중화되는 순간 최고가 된다. 중화점 이후에는 묽은 염산을 더 넣어도 중화 반응이 더 이상 일어나지 않으므로 넣어 준 묽은 염산에 의해 온도가 낮아진다.

가 나타나는 지시약이다. 지시약의 종류는 매우 다양하며 변화가 나타나는 시점이 각각 다양하므로 중화점을 예측하여 그 근처에서 변화가 나타나는 지시약을 사용하면 실험을 효과적으로 할 수 있다.

가장 흔하게 쓰이는 지시약은 산염기지시약으로, 산염기지시약은 pH(수소이온지수)에 따라 그 색깔이 달라진다. 산염기지시약은 그 자체가 약산 또는 약염기다. 만약 산성용액에 약산인 지시약을 한 두 방울 떨어뜨리면 지시약에 붙어 있는 수소는 잘 떨어져 나가지 않는다. 이미 용액 속에 수소이온이 많기 때문이다. 그렇지만 이 용액에 염기성 물질을 조금씩 넣어주면 용액 속의 수소이온 농도가 줄어들기 때문에 지시약에 붙어 있던 수소들이 해리되어 이온상태로 존재하는 분자의 수가 많아진다. 용액의 산성도가 변함에 따라 분자구조가 바뀌는 지시약 분자가 많아지고, 분자구조가 바뀔 때 분자의 색깔도 함께 변하게 된다. 나타나는 색깔을 관찰하면 대략적인 pH를 알 수 있고, 중화점을 찾을 수도 있다. 지시약의 색깔이 점차 변하는 pH의 범위를 변색범위라 하는데, 이는 지시약마다 다르며, 대표적인 산염기지시약들의 변색범위는 [표 1.2]와 같다.

▼ 표 1.2 산염기 지시약의 변색범위

지시약	변색범위	pH 1 2 3 4 5 6 7 8 9 10 11 (산성 – 중성 – 알칼리성)
티몰블루	1.2～2.8 8.2～9.6	붉은색 – 노란색 노란색 – 푸른색
메틸오렌지	3.1～4.4	붉은색 – 등황색
메틸레드	4.4～6.2	붉은색 – 노란색
브롬티몰블루	6.0～7.6	노란색 – 푸른색
페놀레드	6.7～8.3	노란색 – 붉은색
페놀프탈레인	8.3～10.0	무색 – 붉은색
만능 지시약		붉은색 – 붉은색

1.7 용액, 용해도 및 용액의 농도

1.7.1 용액

(1) 용액

용질이 용매와 고르게 섞이는 현상. 일반적으로 '녹는다'고 표현하며, 두 물질이 균일하게 섞일 때에 사용하는 말이다. 예를 들어, 물에 설탕을 넣고 섞으면 설탕분자 하나하나가 물속에 고르게 퍼져 물 분자들과 균일하게 섞인 상태로 존재하게 된다. 이때 비커 속의 어느 부분을 취해도 설탕은 같은 농도로 존재하며 때문에 맛도 같다. 반면에 물에 흙을 넣으면 흙은 물 밑에 가라앉게 되며 두 물질은 고루 섞이지 않는다. 이와 같은 경우에는 단순히 물리적으로 섞여 있을 뿐 용해되었다고 하지 않는다.

용해의 여부는 물질의 극성과 관계가 깊다. 물을 용매로 사용할 경우, 물은 극성이 큰 물질이기 때문에 자신처럼 극성이 큰 용질을 잘 용해시키며, 반대로 극성이 작은 용질은 잘 용해시키지 못한다. 또 극성이 작은 벤젠을 용매로 사용하면 나프탈렌과 같은 극성이 작은 용질을 용해시킬 수 있다.

(2) 용해의 분류

▌용해 평형

용해 과정에서 용해된 용질의 입자 수가 증가하면 이들 중 일부는 다시 결정으로 석출되는데, 용질이 용해되는 속도와 석출되는 속도가 같아져서 더 이상 녹지 않는 것처럼 보이는 동적 평형 상태

$$\text{용질} + \text{용매} \underset{\text{석출(결정화)}}{\overset{\text{용해}}{\rightleftharpoons}} \text{용액(용해평형 : 용해속도} = \text{석출속도)}$$

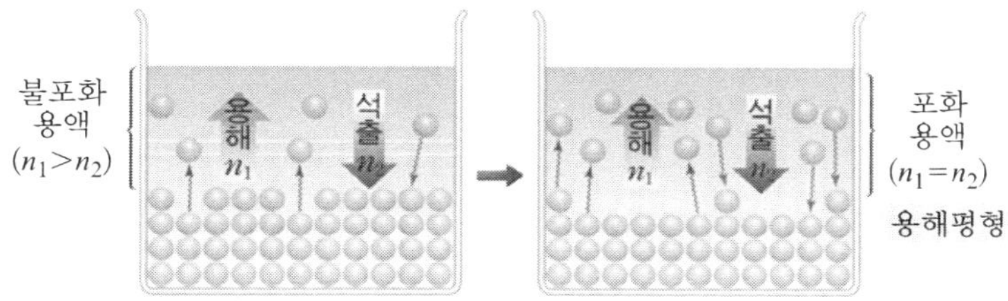

불포화 용액 포화 용액

(n_1:용해되는 입자 수, n_2:석출되는 입자 수)

▌용액의 종류

구분	용액의 상태	특징
포화 용액	어떤 온도에서 일정량의 용매에 용질이 최대한 녹아 있는 용액	용해 속도＝석출 속도 (용해 평형 상태)
불포화 용액	포화 용액보다 용질이 적게 녹아 있어서 용질을 더 녹일 수 있는 용액	용해 속도 > 석출 속도
과포화 용액	포화 용액보다 용질이 비정상적으로 많이 녹아 있는 불안정한 상태의 용액	흔들어 주거나 충격을 가하면 용질이 석출

▌용해도

어떤 온도에서 일정한 양의 용매에 용해되는 용질의 최대량

Chapter 1 연습 문제

1. 용해 평형과 용해도에 대한 설명으로 옳은 것을 모두 고르면? (2개)

① 포화 용액은 용해 평형 상태이다.
② 자유 에너지 변화(DG 용해)가 음(−)의 값을 가진다.
③ 용해도가 큰 물질은 용해 속도가 석출 속도보다 빠르다.
④ 기체는 온도가 높을수록 용해도가 감소한다.
⑤ 대부분의 고체는 온도가 높을수록 용해도가 감소한다.

Solution 용해 평형에서 ⊿G2 = 0이다. 대부분의 고체는 온도가 높을수록 용해도가 증가하지만, 기체는 온도가 높을수록 용해도가 감소한다.
① 포화 상태는 용해되는 속도와 석출되는 속도가 같은 용해 평형 상태로, 용해도 곡선상의 점이 포화용액을 나타낸다.
④ 기체는 용해 과정이 발열 과정이므로 온도가 높을수록 용해도가 감소한다. 정답 ①, ④

2. 표는 온도에 따른 질산나트륨의 용해도를 나타낸 것이다.

온도(℃)	0	20	40	60	80	100
용해도(g/ 물 100)	73	88	105	125	148	146

(1) 60℃의 물 100g에 질산나트륨 100g을 녹인 용액을 20℃로 냉각시키면 몇 g의 결정이 석출되는가?
(2) 20℃의 질산나트륨 포화 수용액 188g을 80℃로 가열하면 몇 g의 질산나트륨이 더 녹을 수 있는가?

Solution (1) 20℃에서 용해도는 88이므로, 100g − 88g = 12g이 석출된다.
(2) 20℃ 포화 수용액 188g에는 질산나트륨 88g이 녹아 있고 80℃에서는 148g이 녹을 수 있으므로, 148g − 88g = 60g이 더 녹을 수 있다. 정답 (1) 12g (2) 60g

(3) 용해도

어떤 온도에서 용매 100g에 최대로 녹을 수 있는 용질의 g 수를 용해도라고 한다.

① 일정한 온도에서 같은 용매에 대한 용해도는 물질의 종류에 따라 다르다.

② 용해도는 용매와 용질의 종류, 온도에 따라 달라진다.

▌용해도 곡선

온도에 따른 용해도를 나타낸 그래프

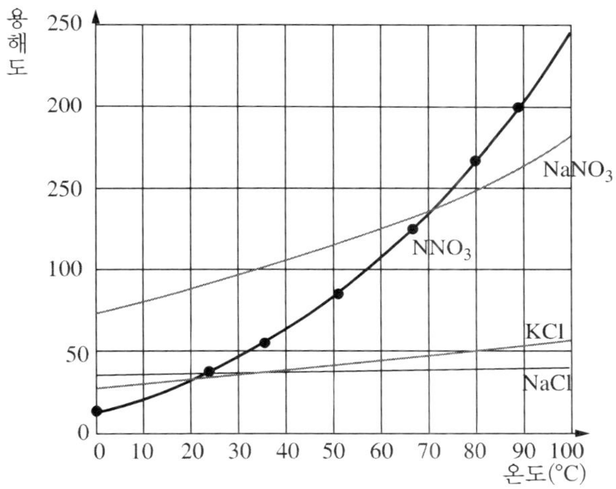

▲ 그림 1.6 여러 가지 고체 물질의 용해도 곡선

① 용해도 곡선의 기울기가 클수록 온도 변화에 따른 용해도의 변화가 크다.

- 온도에 따른 용해도 변화가 가장 큰 물질 : 질산칼륨 → 용해도 곡선의 기울기가 가장 크다.
- 온도에 따른 용해도 변화가 가장 작은 물질 : 염화나트륨 → 용해도 곡선의 기울기가 가장 작다.

② 용해도 곡선 상의 점은 그 온도에서 포화 용액이다.

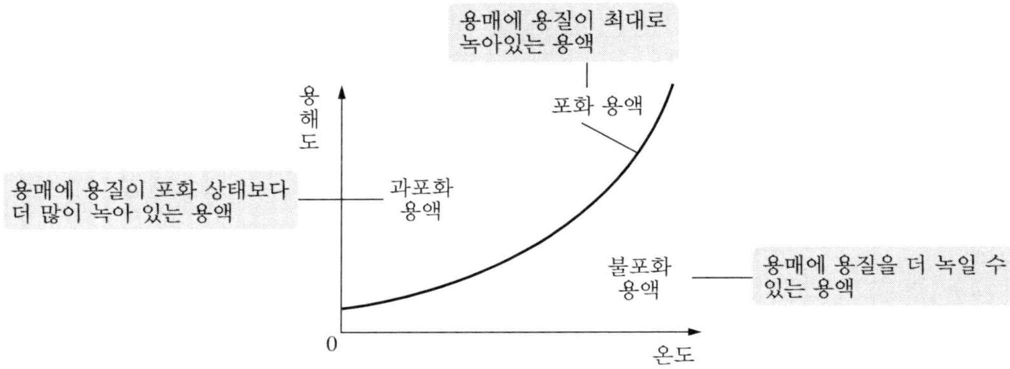

▲ 그림 1.7 용해도 곡선 상은 포화 용액,
곡선 아래쪽은 불포화 용액, 곡선 위쪽은 과포화 용액이다.

- 포화 용액 만드는 방법
  불포화 용액(A)의 온도를 낮추거나 용질을 더 녹여 용해도 곡선과 만나면 포화 용액이 된다.

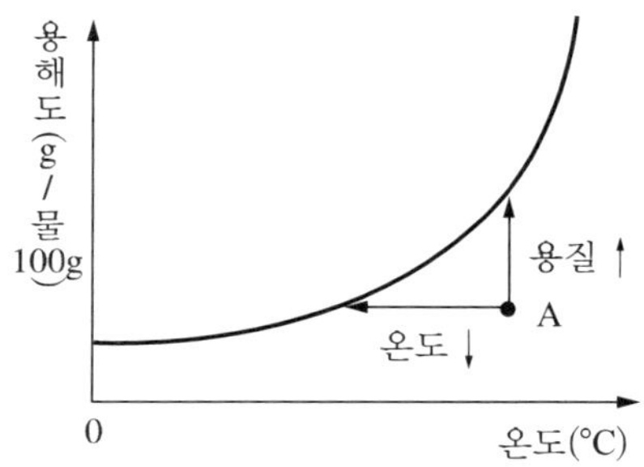

③ **용질의 석출** : 용액을 냉각하면 용해도가 감소하므로 냉각한 온도에서의 용해도보다 많이 녹아 있던 용질이 석출된다.

- 석출되는 용질의 양 = 처음 온도에서 녹아 있던 용질의 양 − 냉각한 온도에서 최대로 녹을 수 있는 용질의 양

▌고체의 용해도

일반적으로 온도가 높을수록 증가하며, 압력의 영향은 거의 받지 않는다. → 고체의 용해도를 나타낼 때는 반드시 용매의 종류와 온도를 표시해야 한다.

▌기체의 용해도

온도가 낮을수록, 압력이 높을수록 증가한다. → 기체의 용해도를 나타낼 때는 반드시 용매의 종류와 온도, 압력을 표시해야 한다.

① **온도에 따른 기체의 용해도 변화**
온도가 높을수록 기체의 용해도가 감소하여 기포가 많이 발생한다.

② **압력에 따른 기체의 용해도 변화**
압력이 낮을수록 기체의 용해도가 감소하여 기포가 많이 발생한다.

▌기체의 용해도와 생활 속 현상

① **온도가 높아져 기체의 용해도가 감소하는 현상**

- 더운 여름철에는 물고기가 수면 가까이 올라와 입을 빼끔거린다. → 물의 온도가 높아지면 물에 녹아 있던 산소의 용해도가 감소하기 때문이다.
- 공장에서 사용한 냉각수를 하천에 방류하면 물고기들이 피해를 입는다. → 하천보다 온도가 높은 냉각수가 방류되면 하천에 녹아 있던 산소의 용해도가 감소하기 때문이다.

② **압력이 낮아져 기체의 용해도가 감소하는 현상**

- 탄산음료의 마개를 열면 거품이 발생한다. → 병 내부의 압력이 낮아지면 탄산음료에 녹아 있던 이산화탄소의 용해도가 감소하기 때문이다.
- 깊은 바다에서 갑자기 물 위로 올라오면 잠수병에 걸린다. → 압력이 빠르게 낮아지면 혈액 속에 녹아 있던 질소의 용해도가 급격히 감소하여 기포가 발생하여 혈관을 막기 때문이다.

1.7.2 용해의 농도

(1) 용액의 농도

① **질량 퍼센트 농도(%)** : 용액 전체의 양을 100으로 할 때 용질이 나타내는 양을 말한다.

$$\%\text{농도} = \frac{\text{용질의 질량}}{\text{용액의 질량}} \times 100(\%)$$

② **몰 농도(M)** : 용액 1L에 녹아 있는 용질의 몰수를 말한다.

$$몰 농도(M) = \frac{용질의 몰 수(mol)}{용액의 부피(l)}$$

용질의 몰 수=몰 농도×용액의 부피

용액의 온도가 변할 경우 부피가 변화하게 되므로 몰 농도도 변하게 된다. 온도가 올라갈 경우 용액이 부피가 실제보다 크게 나오므로 용액의 몰 농도는 실제보다 작게 나오며, 반대로 온도가 낮을 경우에는 실제보다 크게 나온다.

③ **몰랄 농도(m)** : 용매 1kg 속에 녹아 있는 용질의 몰수를 말한다.

$$몰랄농도(m) = \frac{용질의 몰 수(mol)}{용매의 질량(kg)}$$

(2) 몰 분율

균일한 혼합물 중에서 어떠한 성분의 몰수를 전체의 몰수로 나눈 값이다. 어떠한 혼합물 중에서 두 성분의 몰수를 각각 N_a, N_b라고 한다면 이 성분들의 몰 분율 X_a와 X_b는 아래와 같다.

$$X_a = \frac{N_a}{N_a + N_b},\ X_b = \frac{N_b}{N_a + N_b}$$

(3) 확장 개념

① 질량 퍼센트 농도와 몰 농도의 환산

$$M = \frac{(1{,}000 \times 비중) \times \frac{\%농도}{100}}{1mol분자량}$$

② 몰 농도와 몰랄 농도의 환산

- 비중을 이용하여 용액 1L의 질량을 구한다.
- 용액의 질량에서 용질의 질량을 빼서 용매의 질량을 구한다.
- 용매 1000g에 대한 용질의 몰수를 구한다.

1.8 산화, 환원

1.8.1 산화와 환원

(1) 산화

물질이 산소를 얻는 반응을 산화라고 한다. 예) 구리의 산화
구리 가루를 가열하면 산소와 반응하여 산화구리(II)로 된다.

산화

$$2Cu + O_2 \longrightarrow 2CuO$$

구리 산소 산화구리

Point

산화구리(II)에서 II의 의미
구리와 산소가 결합하여 만들어지는 화합물은 Cu_2O와 CuO로 2가지가 가능하다. 이를 구별하기 위해 Cu^+으로 이루어진 Cu_2O를 산화구리(I)로 나타내고, Cu^{2+}으로 이루어진 CuO를 산화구리(II)로 나타낸다.

(2) 환원

물질이 산소를 잃는 반응을 **환원**이라고 한다. 예) 구리의 환원
산화구리(II)를 탄소 가루와 섞어서 가열하면 산소를 잃고 구리로 된다.

환원

$$2CuO + C \longrightarrow 2Cu + CO_2$$

산화구리 탄소 구리 이산화탄소

Point

산화구리(II)의 다른 환원 반응

산화구리(II)는 수소와 반응하여 산소를 잃고 구리로 된다.

환원

$$CuO + H_2 \longrightarrow Cu + H_2O$$

(3) 산화수

산화수의 개념은 우리에게 전자가 어디로 이동하는지를 알 수 있게 해준다. 전에 우리는 전자들은 원자들 사이의 결합으로 나눠가진다는 것을 배웠다. 두 개의 동일한 원자가 결합하면 전자를 하나씩 나눠가지겠지만 산화수의 개념에서 두 개의 다른 원자가 결합하면 전자는 전자를 더 많이 끌어당기는 원자에게 모두 가버린다. 물의 경우는 수소가 +1, 산소를 −2로 본다. 이러한 점을 고려하여 규칙을 만들면

① 중성원자는 산화수가 0이다. 예) Na^+, O_2

② 단원자이온은 전하와 산화수가 같다. 예) Na^+, Cl^-

③ 플루오린은 화합물에서 −1의 산화수를 갖는다. 예) HF

④ 산소는 주로 −2의 산화수를 화합물에서 갖는다. 예) O_2^{2-} −1

(4) 산화 환원의 특징

어떤 물질이 산화가 일어나면 그 물질이 전자를 잃어버림으로써 다른 물질은 환원하게 된다.

산화되는 물질＝남을 환원시키는 물질(환원제)

환원되는 물질＝남을 산화시키는 물질(산화제)

1.8.2 산화 환원 반응의 동시성

산화 반응과 환원 반응은 항상 동시에 일어난다. → 화학 반응이 일어날 때 한 물질이 산소를 얻으면 다른 물질이 산소를 잃는다. 예) 드라이아이

스 속에서 마그네슘이 연소하면 흰색의 산화마그네슘과 검은색의 탄소가 생성된다.

산화

$$2Mg + CO_2 \longrightarrow 2MgO + C$$

환원

① **산화제와 환원제**

- 산화제 : 자신은 환원되면서 다른 물질을 산화시키는 물질
- 환원제 : 자신은 산화되면서 다른 물질을 환원시키는 물질

화학 반응에서, 산소나 수소를 잃는 물질이 있으면 반드시 그것을 받아들이는 물질이 있고, 전자를 잃는 물질이 있으면 반드시 그것을 받아들이는 물질이 있게 마련이다. 곧, 산화 반응과 환원 반응은 언제나 동시에 일어난다.

이러한 산화·환원 반응에서 어느 물질이 다른 물질을 산화시킨다는 것은 그 물질 자신이 환원된다는 뜻이다. 그리고 어느 물질이 다른 물질을 환원시킨다면 그 물질 자신은 산화된다는 것을 뜻한다.

산화·환원 반응에서 자기 자신은 환원되면서 다른 물질을 산화시키는 물질을 산화제라고 한다. 그리고 이와는 반대로 자기 자신은 산화되면서 다른 물질을 환원시키는 물질을 환원제라고 한다.

산화구리(II)(CuO)에 수소를 통하면서 가열하면 구리와 물이 생긴다. 이때 산화구리(II)는 환원되면서 수소를 산화시켰으므로 산화제로 반응했으며, 수소는 산화되면서 산화구리(II)를 환원시켰으므로 환원제로 반응하였다.

환원

$$CuO + H_2 \longrightarrow Cu + H_2O$$

산화구리(II) 수소 구리 물

산화

산화구리의 환원반응

철과 염산이 반응하면, 염화철(II)과 수소 기체가 생긴다. 이 화학 반응식에서 염산은 산화제로, 철은 환원제로 작용하였다. 물질에 따라 산화나 환원시키는 힘은 다른데, 우리는 산화나 환원시키는 힘이 센 물질을 산화제나 환원제로 쓰고 있다.

$$Fe + 2HCl \longrightarrow FeCl_2 + H_2$$

철 염산 염화철(II) 수소

$Fe \longrightarrow Fe^{+} + 2\ominus$: 산화 반응

$2H^{+} + 2\ominus \longrightarrow H_2$: 환원 반응

철의 산화반응과 수소의 환원반응

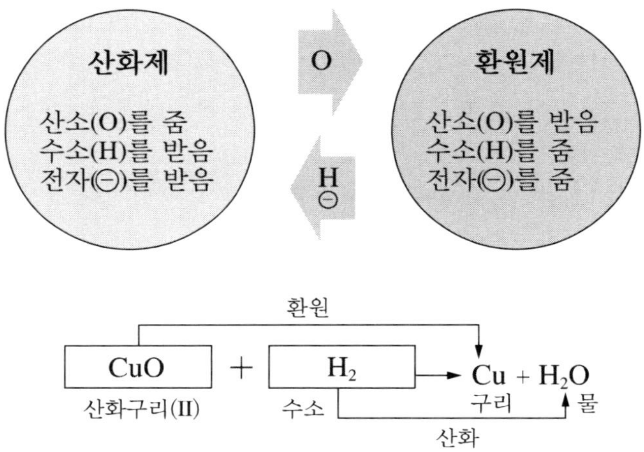

▲ 그림 1.8 산화제(CuO)와 환원제(H_2) 관계

- 산화력이 센 물질 : 산화력이 센 물질은 자신이 환원되려는 성질이 강한 물질, 곧 전자를 얻기 쉬운 물질을 말한다. 일반적으로 산소를 발생시키거나 비금속성이 강한 물질이 주요한 산화제로 쓰이고 있다. 오존(O_3) · 산소(O_2) · 염소(Cl_2) 등이 이에 해당한다.
- 환원력이 센 물질 : 환원력이 센 물질은 자신이 산화되려는 성질이 강한 물질을 말한다. 곧, 전자를 잃기 쉬운 물질이 주요한 환원제이다. 이온화 서열에서 왼쪽으로 갈수록 환원력이 커지므로 금속성이 강한 물질이다. 탄소(C) · 나트륨(Na) · 황화수소(H_2S) · 수소(H_2) 등이 이에 해당한다.

1.9 화학반응과 화학평형

1.9.1 화학반응

어떤 물질이 자체적으로 또는 다른 물질과 상호작용하여 화학적 성질이 다른 물질로 변하는 현상을 화학반응이라고 한다. 이때 화학결합이 파괴되고 생성되면서 분자를 이루는 원자들의 재배치가 일어난다.

화학반응은 화학결합의 파괴와 생성을 통해 반응 전 물질과는 화학적 성질이 다른 물질이 만들어지는 과정을 일컫는다. 이때 화학반응 전 물질을 반응물, 반응 후 물질을 생성물이라고 한다.

인류는 오래 전부터 화학반응을 이용하여 유용한 물질을 만들고자 노력해왔다. 고대의 제련, 주조 기술에서부터 값싼 금속에서 금을 만들고자 했던 중세의 연금술에 이르기까지 축적된 화학 지식을 바탕으로 현대의 화학이 발전했다. 인공적인 화학반응으로 원하는 물질을 만드는 화학 합성을 통해 의약품, 플라스틱과 같은 물질을 만들어 내거나, 연소를 이용하여 에너지를 얻는다. 또한 생체 내에서 일어나는 소화과정, 단백질 합성도 화학반응의 일종이다. 화학반응은 다양한 종류가 있다. 다음은 그 예이다.

(1) 치환반응

치환반응은 분자의 원자 또는 원자단이 다른 분자의 원자 또는 원자단과 바뀌는 반응이다.

$$Zn + CuO \rightarrow ZnO + Cu$$

(2) 침전반응

용액을 반응시켰을 때 생성물로 고체가 나오는 반응으로 앙금생성반응이라고도 한다.

$$NaCl + AgNO_3 \rightarrow NaNO_3 + AgCl$$

(3) 산화환원반응

반응에 관여하는 분자를 이루는 원자의 산화수가 변하는 반응이다.

$$CuSO_4 + 2NaOH \rightarrow Cu(OH)_2 + Na_2SO_4$$

(4) 분해반응

화합물이 더 작은 화합물 또는 원소로 나누어지는 반응이다.

$$2NaHCO_3 \rightarrow Na_2CO_3 + H_2O + CO_2$$

이외에도 합성반응, 산염기 반응 등이 있다.

화학반응에 관련된 화학법칙으로는 화학양론, 에너지보존의 법칙, 화학반응 속도론 등이 있다.

(1) 화학양론

화학반응의 정량적 법칙으로 반응 전후 질량, 원자수 보존이 이에 해당한다. 예를 들어, 수소와 산소가 만나 물이 생성될 때, 수소 4g과 산소 32g이 반응하여 36g의 물이 생성된다. 반응 전 질량은 4g + 32g, 반응 후 질량은 36g으로 반응 전후 질량이 보존되었음을 알 수 있다. 또한 반응 전 수소 원자의 개수는 4개, 산소 원자의 개수는 2개이고, 반응 후에도 같은 수의 수소 원자와 산소 원자가 있으므로 원자의 개수는 보존되었다.

$$2H_2 + O_2 \rightarrow 2H_2O$$

(2) 에너지보존의 법칙

화학반응이 일어날 때 반응이 일어나는 전체 계의 에너지는 보존된다. 반응물의 에너지와 생성물의 에너지 차이만큼 주위로부터 열을 흡수 또는 방출한다. 예를 들어, 수소와 산소가 만나 수증기가 만들어질 때, 주위에 242kJ만큼의 에너지를 방출한다.

$$H_2 + \frac{1}{2}O_2 \rightarrow H_2O + 242kJ$$

(3) 화학반응 속도론

반응물의 농도, 반응계의 온도와 압력 등은 화학반응 속도에 영향을 미친다. 반응속도가 반응물 농도의 n승에 비례할 때 이를 n차 반응이라고 한다. 반응속도와 반응물의 농도의 상관관계를 측정하여 반응 차수를 결정할 수 있다.

1.9.2 화학평형

가역 반응에 있어서 정반응의 속도와 역반응의 속도가 평형된 상태. 많은 화학반응에 있어서 반응의 생성물 자신이 반응하여 출발 물질을 생성할 수 있다.

가령 질소와 수소는 500℃에서 촉매의 존재 하에 반응하여 암모니아를 만들고, 동일한 조건하에서 암모니아는 역반응에 의해 질소와 수소로 분해된다.

$$N_2 + 3H_2 \leftrightarrows 2NH_3$$

반응 초기에는 정반응에 의한 암모니아의 생성이 우세하지만, 반응 시간이 경과함에 따라 생성된 암모니아의 양이 증가하여 역반응의 속도가 점점 빨라지게 되며, 결국 정반응과 역반응의 속도가 같아져 외관상으로는 반응이 정지한 것처럼 된다.

이러한 상태를 화학평형이라고 한다. 반응계가 일단 평형에 도달하면 외부 조건이 변화하지 않는 한 그 이상의 변화는 없으며, 외부 조건의 변화에 의한 평형의 이동은 르샤틀리에의 원리를 적용하여 예측할 수 있다.

즉, 평형상태에 있는 계(系)에 압력을 가하면 평형은 이 압력을 감소시키는 방향으로 이동한다.

암모니아 생성 반응에 있어서 반응계에 압력을 증가하면 평형은 압력을 감소시키는 방향, 즉 분자수를 감소시키는 방향으로 이동되어, 새로운 평형은 종전에 비해 질소와 수소는 감소되고 암모니아는 증가된 상태에서 이루어진다. 일반적 화학반응에 대해서

$$aA + bB \leftrightarrows cC + dD$$

평형상수 K는 다음과 같이 표시된다.

$$K = \frac{[\mathrm{C}]^c[\mathrm{D}]^d}{[\mathrm{A}]^a[\mathrm{B}]^b}$$

평형 상수는 온도만 일정하면 반응계의 압력이나 물질의 양, 촉매의 존재 여부 등에 관계없이 일정한 양이며, 반응물질과 생성물질의 자유 에너지로부터 열역학적으로 계산할 수 있다.

1.10 무기화합물

1.10.1 일반적인 특성

(1) 금속과 비금속의 구분

20 ― 원자기호
Ca ― 원소기호 ■ 기체 ■ 액체 ■ 고체
40.08

금속 | 비금속 | 란타넘족 | 악티늄족

1 H 1.008																	2 He 4.003
3 Li 6.941	4 Be 9.012											5 B 10.81	6 C 12.01	7 N 14.01	8 O 16.00	9 F 19.00	10 Ne 20.18
11 Na 22.99	12 Mg 24.31											13 Al 26.98	14 Si 28.09	15 P 30.97	16 S 32.07	17 Cl 35.45	18 Ar 39.95
19 K 39.10	20 Ca 40.08	21 Sc 44.96	22 Ti 47.88	23 V 50.94	24 Cr 52.00	25 Mn 54.94	26 Fe 55.85	27 Co 58.93	28 Ni 58.69	29 Cu 63.55	30 Zn 65.39	31 Ga 69.72	32 Ge 72.61	33 As 74.92	34 Se 78.96	35 Br 79.90	36 Kr 83.80
37 Rb 85.47	38 Sr 87.62	39 Y 88.91	40 Zr 91.22	41 Nb 92.91	42 Mo 95.94	43 Tc (98)	44 Ru 101.1	45 Rh 102.9	46 Pd 106.4	47 Ag 107.9	48 Cd 112.4	49 In 114.8	50 Sn 118.7	51 Sb 121.8	52 Te 127.6	53 I 126.9	54 Xe 131.3
55 Cs 132.9	56 Ba 137.3		72 Hf 178.5	73 Ta 180.9	74 W 183.9	75 Re 186.2	76 Os 190.2	77 Ir 192.2	78 Pt 195.1	79 Au 197.0	80 Hg 200.6	81 Tl 204.4	82 Pb 207.2	83 Bi 209.0	84 Po (209)	85 At (210)	86 Rn (222)
87 Fr (223)	88 Ra (226)		104 Rf (261)	105 Db (262)	106 Sg (266)	107 Bh (262)	108 Hs (265)	109 Mt (266)	110 Ds (269)	111 Rg (272)							
			57 La 138.9	58 Ce 140.1	59 Pr 140.9	60 Nd 144.2	61 Pm (145)	62 Sm 150.4	63 Eu 152.0	64 Gd 157.3	65 Tb 158.9	66 Dy 162.5	67 Ho 164.9	68 Er 167.3	69 Tm 168.9	70 Yb 173.0	71 Lu 175.0
			89 Ac (227)	90 Th 232.0	91 Pa (231)	92 U 238.0	93 Np (237)	94 Pu (244)	95 Am (243)	96 Cm (247)	97 Bk (247)	98 Cf (251)	99 Es (252)	100 Fm (257)	101 Md (258)	102 No (259)	103 Lr (266)

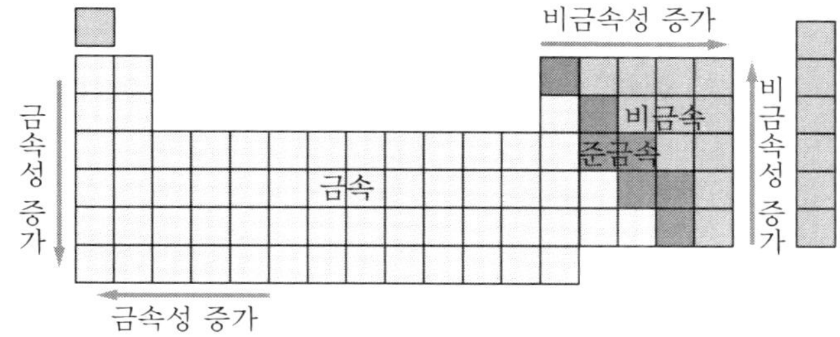

(2) 금속 원소의 일반적 성질

금속 원소는 금속성 홑원소물질을 만드는 원소의 총칭이다. 주기율표의 각 족에 따라 알칼리 금속 원소(Li, Na, K, Rb, Cs, Fr) · 알칼리 토금속 원소(Ca, Sr, Ba, Ra · 알루미늄족 원소(Al, Ga, In, Tl) · 주석족 원소(Sn, Pb) · 화폐금속 원소(Cu, Ag, Au) · 아연족 원소(Zn, Cd, Hg) · 희토류 원소(Sc, Y, 57～71) · 타이타늄족 원소(Ti, Zr, Hf) · 바나듐족 원소(V, Nb, Ta) · 크로뮴족 원소(Cr, Mo, W) · 망가니즈족 원소(Mn, Tc, Re) · 철족 원소(Fe, Co, Ni) · 백금족 원소(Ru, Rh, Pd, Os, Ir, Pt) · 악티늄족 원소(89～103) 등으로 분류하기도 하는데, 이 분류는 반드시 엄밀한 것은 아니다.

일반적으로 금속 원소는 ① 상온에서 고체이며, ② 녹는점과 끓는점이 비교적 높고, ③ 액체와 고체 상태에서 열과 전기를 잘 전달하며, ④ 빛을 반사하여 고유한 금속광택을 내는 등의 성질을 가지고 있다. 원소에는 금속과 비금속의 중간적 성질을 가지는 양쪽성 원소 또는 금속적 변태와 비금속적 변태를 가지는 Bi, Ge, As, Se, Te, At 등이 있는데, 이들을 반금속이라고도 한다. 일반적으로 금속 원소의 수산화물은 염기성으로, 산의 수소와 치환하여 염을 만들고, 결정 내에서는 이온으로 존재한다.

(3) 비금속 원소의 일반적 성질

비금속이란 화학 원소를 분류함에 있어 각 원소의 물리적 화학적 성질을 기초로 금속(metal)이나 준금속(metalloid)에 속하지 않는 원소를 말한다. 비금속 원소는 원자가전자 수가 4개 이상이므로 전자를 얻어 음이온이 되기 쉬우며, 대부분 기체와 고체로 존재하고(단, 브롬은 액체) 녹는점과 끓는점이 낮다. 또, 염기와 반응하며 산화물은 산성을 나타내며 전도체인 금속과는 달리 부도체거나 반도체이다. 수소를 제외하고 주기율표에서 오른쪽과 위쪽에 위치한 원소일수록 비금속성이 크다. 비금속 원소로는 H, He, B, C, N, O, F, Ne, Si, P, S, Cl, Ar, As, Se, Br, Kr, Te, I, Xe, At, Rn 등이 있으며, 이들을 제외한 원소는 모두 금속 원소이다. 비금속은 지구의 지각을 구성하는 주성분이며 생물의 몸도 대부분 비금속 원소로 이루어져 있다.

1.10.2 금속화합물의 종류

(1) 알칼리 금속(1족)과 그 화합물

알칼리 금속의 이온화 경향의 순서

주기율표의 1족 원소에서 수소를 제외한 리튬(Li), 나트륨(Na), 칼륨(K), 루비듐(Rb), 세슘(Cs) 등이 있다.

▮ 알칼리 금속의 성질

① 고체, 액체 상태 모두 전기 전도성이 있다.

② 비중, 녹는점, 끓는점 등이 낮은 특징을 가지고 있다.

③ 알칼리 금속들은 불꽃반응을 나타내며 많은 비금속 원소들과 활발하게 직접 반응한다.

④ 알칼리 금속은 은백색의 무른 금속으로 공기 중에서는 광택을 쉽게 잃어버린다.

▮ 알칼리 금속의 물리적 성질

원소	녹는점(℃)	끓는점(℃)	이온화 에너지(kJ/mol)	밀도(g/mL)	불꽃색
Li	186	1326	519	0.53	빨간색
Na	98	880	494	0.97	노란색
K	62	760	418	0.86	보라색
Rb	39	700	402	1.53	빨간색
Cs	29	670	376	1.87	청자색

▌화학적 성질

① 공기 중에서 쉽게 산화되어 곧 금속광택을 잃는다. 따라서 실험실에서는 석유 속에 보관한다.

$$4Na + O_2 \rightarrow 2Na_2O$$

② 상온에서 물과 격렬히 반응하여 수소 기체를 발생하며, 수산화물을 만든다. 이때 그 수용액은 강한 염기성을 나타낸다. 따라서, 페놀프탈레인 용액을 떨어뜨리면 붉은 색으로 변한다.

$$2Na + 2H_2O \rightarrow 2NaOH + H_2 \uparrow$$

③ 할로겐 원소와 쉽게 반응하여 할로겐화물을 형성한다.

$$2K + 2Cl_2 \rightarrow 2KCl$$

④ 반응성의 세기 : Li < Na < K < Rb < Cs
녹는점의 대소 : Li > Na > K > Rb > Cs
⑤ 단원자로 존재한다.

▌알칼리 금속의 화합물

알칼리 금속은 반응성이 매우 커서 자연계에서 화합물의 형태로 존재한다.
① 수산화나트륨(NaOH)
조해성 : 공기 중의 수분 흡수
이산화탄소 흡수 : $2NaOH + CO_2 \rightarrow Na_2CO_3 + H_2O$
물에 녹아 강한 염기성을 띠고 비누의 원료로 사용된다.
② 탄산나트륨(Na_2CO_3) : 물에 녹아 염기성을 띠고 유리, 펄프의 원료로 사용된다.
③ 탄산수소나트륨($NaHCO_3$) : 제산제, 베이킹파우더나 청량음료의 제조 원료 가열하거나 산을 가하면 CO_2발생 : $2NaHCO_3 \rightarrow Na_2CO_3 + H_2O + CO_2$

(2) 알칼리 토금속(2족)과 화합물

▌알칼리 토금속의 성질

주기율표 2족에 속하는 원소 중 칼슘 Ca, 스트론튬 Sr, 바륨 Ba, 라듐 Ra 등 4원소의 총칭으로 이 밖에 베릴륨 Be, 마그네슘 Mg을 포함하기도 한다. 1족에 속하는 알칼리 금속과 3족에 속하는 토금속의 중간 성질을 나타내기 때문에 이렇게 부른다.

베릴륨 및 방사성원소인 라듐을 제외하면 비교적 다량으로 존재한다. 특히 마그네슘과 칼슘은 지각을 구성하고 있는 8원소에 포함되며, 생물체 속에도 널리 분포한다. 알칼리 토금속은 은백색 또는 회색의 금속으로 공기 중에서는 차츰 녹슬어 금속광택을 잃어버린다. 녹는점 및 끓는점은 모두 알칼리 금속보다 높고 비중도 크다. 라듐을 제외하고 모두 경금속에 속한다. 알칼리 금속 다음으로 양성이 강하며, 2가의 양이온으로서의 화합물을 만들기 쉽고 이온화 경향이 크며, 화학적 성질이 활발하다. 금속은 보통 수소 · 질소 · 산소 · 염소 등과 직접 화합한다.

물과는 베릴륨 · 마그네슘 등은 천천히, 칼슘을 비롯한 다른 금속들은 원자번호가 클수록 심하게 반응하여 수소를 발생하고 수산화물을 만든다. 수산화물은 일반적으로 강한 염기로서 알칼리 금속 다음 가지만, 수산화 베릴륨은 양쪽성을 나타낸다. 화합물의 성질은 서로 비슷하지만, 베릴륨은 예외로서 오히려 알루미늄의 경우와 비슷하다.

여러 가지의 산과 염을 만들며, 일반적으로 무색이다. 플루오르화물 · 인산염 · 탄산염 등은 물에 잘 녹지 않으나, 칼슘 이하는 차츰 용해도가 커진다. 수산화물 · 탄산염 · 질산염 등을 가열하면 산화물로 된다. 일반적으로 안정된 착화합물을 만들기 어렵지만, 에틸렌다이아민테트라아세트산 등과 안정한 킬레이트화합물을 만들기 때문에, 마그네슘 · 칼슘 등을 정량하는 데 이용된다. 불꽃반응은 칼슘이 주황색, 스트론튬이 심홍색, 바륨이 황록색이고, 베릴륨 및 마그네슘은 무색이다.

▌알칼리 토금속의 화합물

① CaO

- 석회석을 가열하여 얻는다. : $CaCO_3 \rightarrow CaO + CO_2$

② MgO

- 물과 반응하여 수산화물 생성
- 약염기

③ CaO, BaO

- 물과 반응하여 수산화물 생성, 강염기
- 산과 반응하여 염 생성
- 이산화탄소 흡수해서 탄산염 생성

④ $Ca(OH)_2$

- 가열하면 물을 잃고 탄산칼슘이 된다.
- 반응
  - 물에 조금 녹아, 강산성
  - 이산화탄소 흡수－잘 녹지 않는 탄산염 → 또 흡수시키면 탄산수소염
  - 염소흡수－표백분 생성＝$CaCl(ClO)H_2O$
  - 암모늄염과 가열하면 암모니아 발생

⑤ 탄산염

- 가열하면 산화물＋이산화탄소로 분해
- 산과 작용하면 염 생성, 이산화탄소 발생

▌알루미늄(3족)과 그 화합물

알루미늄의 보통의 화합물은 모두 염기성 산화물 Al_2O_3에서 유도된다(주요한 화합물에 대하여는 표 1.3을 참조). 제조 원료로는 보크사이트가 중요하며 보크사이트 → 수화 산화물 → 황산염의 경로를 취하는 것이 보통이다. 알루미늄은 양 3가이다. 수소화알루미늄은 고중합체(高重合體)를, 또 할로겐화알루미늄은 2합체(二合體)를 형성하는데 원자가는 3가이다. 비정상 원자가 화합물로는 특별한 조건에서 생성되는 Al_2S, Al_2Se, Al_2O, AlF, AlCl, AlBr, AlI, AlO 등이 있다.

알루미늄의 산소 화합물 중에서 결정성의 산화물은 그 경도 및 높은 생성열로, 또 수산화물은 양쪽성으로 유명하다. 알루미늄 이온은 무색으로 수중에서 강하게 수화(水和)하여 $[Al(OH_2)_6]^{3+}$의 아쿠오 이온을 형성하고 조금 쓰고 수렴성을 나타낸다. 용액에서는 일반적으로 결정수를 가지고 결정된다. 수산화알루미늄은 약염기이므로 염은 모두 수용액 중에서 다음과 같이 가수 분해되어 있다(수산화알루미늄의 염기성은 수산화철보다 강하고 수산화베릴륨보다 약하다).

$$[Al(OH_2)_6]^{3+} + H_2O \leftrightarrows H_3O^+ + [Al(OH_2)_5OH]^{2+}$$

25℃, 0.1N 용액에서 가수 분해도는 염화물에서 2%, 황산염에서 1.3%이다. 더욱 가수 분해가 진행되면 수산화알루미늄의 콜로이드상의 침전이 생긴다.

$$[Al(OH_2)_6]^{3+} + 3H_2O \leftrightarrows [Al(OH_2)_3(OH)_3] + 3H_3O^+$$

수산화알루미늄은 매우 약한 산, 예를 들면 H_2S와는 반응하지 않고 상당하는 화합물 Al_2S_3를 건식법으로 만들고 물에 작용시키면 곧 완전히 분해된다. 알루미늄은 과잉의 할로겐 또는 황산이온과 착이온을 형성하는 경향이 있다.

▼ 표 1.3 알루미늄 화합물

수소화물	산소 화합물	할로겐화물	기타	
$[AlH_3]x$	Al_2O_3	AlF_3	$Al_2(SO_4)_3$	황화물 Al_2S_3
알라네이트	$Al(OH)_3$	플루오로알루미늄산염	백반, 예를 들면	질화물 AlN
—	—	예를 들면	$KAl(SO_4)_2 \cdot 12H_2O$	유기 알루미늄화합물
a) 비염류와 비슷	알루민산염	$Na_3[AlFe]$	—	AlR_3
예를 들면	예를 들면	$AlCl_3$	$Al(NO_3)_3$	AlR_2X
$MgH_2 \cdot 2AlH_3$	$Na[Al(OH)_4]$	$AlBr_3$	$Al(SCN)_3$	$AlRX_2$
b) 염류와 비슷	—	AlI_3	$Al(C_2H_3O_2)_3$	
$Li(AlH_4)$	—	—	—	
	—			

1.10.3 비금속화합물의 종류

(1) 불활성알칼리 토금속의 성질

주기율표의 18족을 이루는 헬륨(He), 네온(Ne), 아르곤(Ar), 크립톤(Kr), 크세논(Xe), 라돈(Rn) 등의 활성도가 매우 약한 기체. 불활성 기체는 원자궤도가 완전히 채워졌기 때문에 반응성이 매우 작으며 대기 중에 미량 함유되어 있다.

18족 원소들은 모두 불활성기체들이다. 이 원소들도 화합물을 만들 수 있지만 쉽지는 않다. 자연에서 발견되는 가장 무거운 불활성기체인 라돈은 큰 방사성을 갖는다. 18족 원소들 가운데 자연에서 발견되는 모든 원소들은 스코틀랜드 화학자 윌리엄 램지(William Ramsay)가 처음 발견하거나 분리했다.

불활성기체가 가지고 있는 대표적인 성질인 불활성은 모든 전자껍질이 전자로 채워졌기 때문에 나타나는 성질이다. 이 원소들이 주기율(맨 우측에 배열된 것도 이 때문이다. 이 원소들은 불활성이어서 같은 종류의 원자들과도 결합하지 않는다. F_2, Cl_2와 같은 이원자분자를 형성하는 17족 원소들과는 달리 18족 원소들은 단원자분자이다. 이 기체들은 모두 끓는점이 아주 낮다. 따라서 아주 낮은 온도에서도 기체 상태를 유지한다. 끓는점은 원자량과 관계가 있어 아래로 갈수록 높아진다. 헬륨은 끓는점이 가장 낮아 −269℃이고, 라돈은 −61℃이다. 18족 원소들의 원자는 구형이다. 이것은 전자껍질이 모두 채워졌거나 반만 채워진 경우에 만들어지는 형태이다.

(2) 수소(1족)

주기율표의 원자번호 1번인 수소는 양성자 1개와 전자 1개로 이루어진 가장 단순한 구조이다. 수소는 대부분의 원소와 화합물을 형성할 수 있기 때문에 순수한 상태가 아닌, 주로 화합물 상태로 존재한다.

① 가장 가벼운 기체
② 스스로 타는 성질
③ 색깔과 냄새가 없다.
④ 탈 때 공기 오염 물질을 내뿜지 않는 깨끗한 연료
⑤ 물에서 얻을 수 있으므로 양이 충분하다.
⑥ 수소의 제법

실험실에서 수소는 보통 아연(Zn)과 같은 금속을 산과 반응시켜 얻는다.

$$Zn + 2H^+ \rightarrow Zn^{2+} + H_2$$

물의 전기분해도 수소를 쉽게 얻을 수 있는 방법이다. 이 방법은 전기에너지를 화학에너지(수소 에너지)로 전환시키는 한 방법으로 점차 그 중요성이 더해지고 있는데, 에너지 효율은 약 80~94%이다.

$$2H_2O \rightarrow 2H_2 + O_2 \text{ (전기분해)}$$

(3) 할로겐 원소(7족)

주기율표의 17족에 속하는 원소들로, 플루오르, 염소, 브로민(브롬), 아이오딘(요오드) 등이 있다. 이 원소들은 알칼리 금속과 화합하여 물에 녹기 쉽고, 소금과 비슷한 모양을 가진 전형적인 염을 만들기 때문에 그리스어 halos genes('소금을 만든다.'는 뜻)에서 유래하여 할로겐이라고 불렸다. 할로겐 원소는 각 주기에서 비금속성이 가장 크고, 반응성이 크기 때문에 주로 다른 원소와 화합물의 상태로 존재한다. 원자 번호가 하나 큰 비활성 기체보다 전자 1개가 적으며, 전자 친화도가 크고 이온화 경향이 커 전자 1개를 받아서 −1가의 음이온을 형성하려는 경향이 크다.

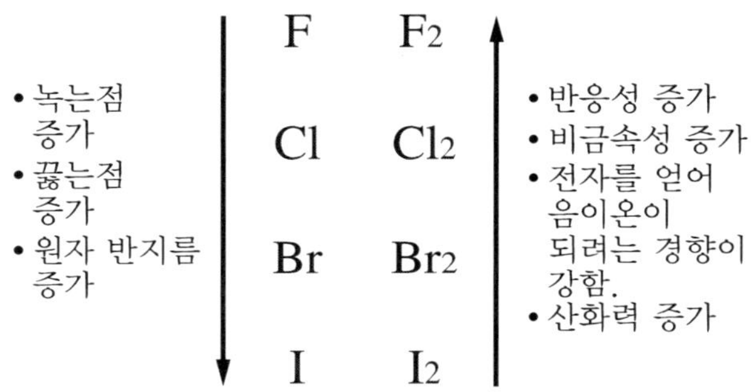

분자	상태(25℃)	녹는점	끓는점	색깔	물과의 반응
F_2	기체	−217.9	−188.0	담황색	잘 반응하며 산소 기체가 발생한다.
Cl_2	기체	−100.9	−34.1	황록색	느리게 반응하며 표백 및 살균 작용
Br_2	액체	−7.9	58.8	적갈색	매우 느리게 반응 표백 작용
I_2	고체	113.6	184.4	흑자색	거의 반응하지 않는다.

① 산의 세기 : HI > HBr > HCl > HF
② 산화력의 순서 : $F_2 > CI_2 > Br_2 > I_2$
③ 반응성의 크기 : F > CI > Br > I
④ 용해도의 크기 : F > CI > Br

할로겐이 홑원소 물질일 때에는 두 원자가 서로 결합하여 2원자 분자의 형태가 된다. 녹는점과 끓는점은 원자 번호가 증가함에 따라 높아진다. 상온에서 F_2와 Cl_2는 기체 상태이고, Br_2은 액체 상태, I_2는 고체 상태이다. 할로겐의 반응성은 원자 번호가 작은 플루오르가 가장 크다. 염소는 스웨덴의 화학자인 셸레가 처음 발견하였는데, 그 당시에는 화합물로 생각하였다. 셸레는 염소를 '염산에서 플로지스톤(연소시키는 물질)을 제거시켜 새로 만든 화합물'이라고 생각하였다.

1810년, 영국의 화학자인 데이비가 여러 가지 물질의 전기 분해 실험을 하던 중 염소가 새로운 원소임을 밝혀냈고, 원소 기호는 그리스어의 Chloros(녹색)에서 유래되어 그 머리글자를 이용하여 Cl이라고 하였다. 브로민(브롬)은 프랑스의 화학자인 발리르가 해초를 연구하던 중에 발견하였는데, 악취가 심해 그리스어로 악취를 뜻하는 Bromos에서 유래되어 원소 기호를 Br이라고 하였다. 아이오딘(요오드)은 프랑스의 화학자인 쿠르투아가 발견하였으며, 프랑스의 물리학자이자 화학자인 게이뤼삭이 그리스어로 보라색을 뜻하는 Ioeides에서 따 원소 기호를 I라고 하였다. 한편, 플루오르는 라틴어의 fluo(흐르다)에서 유래되었다. 이는 플루오르 광석인 형석(螢石)이 용광로의 찌꺼기를 흐르기 쉽게 하기 때문이다.

플루오르는 지구상에 상당한 양이 존재하지만, 단체로서 추출되어 발견된 것은 다른 할로겐족에 비교하여 훨씬 뒤의 일이다. 할로겐족은 하나의 전자를 얻으면 가장 바깥 전자껍질이 채워져 안정해지므로 다른 원자의 전자를 끌어당기는 힘, 곧 전기 음성도가 강한데, 플루오르는 이 힘이 특히 강하다. 그 때문에 매우 반응성이 강하다. 이 반응성의 세기 때문에 플루오르의 발견은 오히려 늦어졌다. 원소의 발견에 얽힌 이야기에는 에피소드와 희극이 많은데, 이 중 플루오르의 발견에 관한 것은 비극이었다.

영국의 데이비는 칼륨 등 수많은 원소를 전기 분해로 분리한 화학자이지만 플루오르에는 실패하고 말았다. 더구나 플루오르가 백금 그릇을 파괴하였기 때문에 그는 플루오르를 흡입하여 생명을 잃고 말았다. 그뿐만 아니라 플루오르로 인해 게이뤼삭도 병에 걸렸고 그 밖에도 많은 희생자가 나왔다. 그 뒤 1886년에 마침내 프랑스의 무기 무아상이 플루오르의 분리에 성공하였다. 오늘날 우리는 거의 모든 원소의 단체를 얻을 수 있으나, 원소의 발견 과정에서는 많은 희생이 있었다. 플루오르는 그 반응성이 대단히 강하므로 화합물 따위를 절대로 만들지 않는 것으로 생각되던 18족의 비활성 기체와도 반응하여 화합물을 만들어 낸다.

⑤ 할로겐의 화합물

- 불화수소(HF)

불산은 1771년에 스웨덴의 화학자 셸레(Carl Wilhelm Scheele)가 처음 발견을 했고, 유리를 녹이는 성질이 있다는 것도 그 당시에도 알았다고 한다. 플루오린화수소는 플루오린화칼슘[형석, $CaF_2(S)$]과 진한황산(H_2SO_4)을 반응시켜 제조한다. 플루오린화수소를 냉각시켜서 액체로 만들면 순수한 불산이 만들어지는 것이다. 인산칼슘염과 황산을 반응시켜서 인산을 생산하는 공정에서도 플루오린이 불순물로 결합되어 인산칼슘염을 사용하는 경우 플루오린화수소를 부산물로 얻을 수 있다.

$$CaF_2(S) + H_2SO_4(l) \rightarrow 2HF(g) + CaSO_4(s)$$

$$Ca_5(PO_4)_3F + 5H_2SO_4 + 10H_2O \rightarrow 3H_3PO_4 + 5CaSO_4 \cdot 2H_2O + HF$$

- 염화수소(HCI)

화학식 HCl. 상온에서 자극적인 냄새가 나는 무색 기체로, 녹는점 −114℃, 끓는점 −85℃, 비중은 기체인 경우 공기에 대하여 1.268, 액체 1.265(녹는점), 고체 1.503(−195℃)이다. 물에는 잘 녹아, 부피로 500배, 무게로는 100g의 물에 81.31g 녹는다. 수용액은 염산이라고 한다.

알코올·에테르·벤젠 등에도 잘 녹는다. 천연으로는 화산가스 속에 함유되어 있는 일도 있다. 공업적으로는 염소와 수소를 반응시켜 만들며, 각종 탄화수소를 염소화할 때 부산물로도 얻고 있다. 실험실에서는 진한 황산에 진한 염산을 떨어뜨려 발생시키거나, 식염과 진한 황산을 반응시켜서 만든다. 무수물은 염화비닐의 원료 등으로 사용되나, 주로 염산으로 사용된다.

(4) 산소족 원소(6족)

주기표 제 VI족에 속하는 원소 중 산소, 황, 셀렌, 텔루르, 폴로늄의 5원소의 총칭. 칼코겐이라고도 불린다. 이들 원소 중 특히 황, 셀렌, 텔루르의 3원소를 황족 원소라 부르기도 하며, 칼코겐을 이런 의미로 사용하기도 한다. 산소는 지구상에 가장 많이 존재하는 원소이며 황도 널리 분포하고 있지만, 셀렌 이하의 3원소는 희유원소이다. 특히 폴로늄은 방사성 계열에서의 중간 생성물로서 미량 존재하는 데에 지나지 않는다. 이런 원소의 주된 성질을 다음 표에 나타냈다. 이 족을 대표하는 산소는 전형적인 비금속 원소인데, 원자 번호의 증가와 함께 비금속성이 줄고 금속성이 늘어 폴로늄은 비금속보다 오히려 금속이라 할 수 있는 성질을 보인다. 셀렌의 두 동소체 중 하나는 황과 비슷해 비금속의 성질을 보이지만 다른 하나는 텔루르와 같은 형으로 상당히 금속적이며 텔루르와 함께 반도체의 성질을 보인다.

산소족 원소의 원자는 최외각에 s^2p^4의 전자 배치를 갖고 2개의 전자를 얻어 희유기체 배치(s^2p^6)를 취하려는 경향이 있다. 이런 경향은 원자 번호가 적을수록 뚜렷하다. 산소는 거의 대부분의 화합물에서 음 2가인데, 황 이하의 원소는 음 2가 이외에 양 2, 4, 6가의 원자가도 취한다. 음 2가의 원자가를 취할 경우, 산화물에 있어서의 결합은 이온 결합적 성격이 강한 것에 대해 황화물, 셀렌화물 … 의 순으로 점차 공유 결합적 성격이 증폭되어 비교적 양성이 약한 금속과의 화합물은 금속간 화합물의 성질을 갖게 된다. 산소 이외의 원소는 양(+)이 높은 원자가에 있어서는 공유 결합성의 산성 산화물을 만들고 이것에서 산소산 및 그 염이 유도된다.

▼ 표 1.4 산소족 원소의 주된 성질

원소 기소		O	S	Se	Te	Po
원자 번호		8	16	34	52	84
원자량		16	32.066	78.96	127.61	(210)
밀도(g/cm^3)		1.14(액체), 1.426(고체)	2.07(사방), 1.96(단사)	4.08(회색), 4.50(적색)	6.24(α), 6.00(β)	9.3(α), 9.5(β)
녹는점(℃)		−218.76	112.8(사방), 119(단사)	217.4(회색), 144(적색)	450(α)	-
끓는점(℃)		−182.97	444.6	736	1087	-
이온화 전압		13.614	10.357	9.750	9.01	-
전자친화력(eV)		2.2	2.4	2.0	2.1	-
전기음성도(폴링의 눈금)		3.5	2.5~2.6	2.4	2.1~2.2	-
원자반지름(Å)		0.60	1.06	1.16	1.44	-
이온 반지름(Å)	X^{2-}	1.40	1.84	1.98	2.21	-
	X^{4+}	-	-	-	0.81	-
	X^{6+}	0.09	0.29	0.42	0.56	-

▌산소의 화합물

① 오존(O_3)

특유한 냄새 때문에 '냄새를 맡다'를 뜻하는 그리스어 ozein을 따서 명명되었다. 상온에서는 약간 푸른색을 띠는 기체이나, 액체가 될 때는 흑청색, 고체가 될 때는 암자색을 띤다. 특이한 냄새가 나며, 공기 속에 0.0002부피%만 존재해도 냄새를 감지할 수 있다. 기체는 물에 잘 녹지 않으며, 0℃에서 1부피의 물에 0.494 부피% 밖에 녹지 않는다. 물에 녹은 오존은 서서히 분해한다. 액체질소·사염화탄소·클로로폼에 잘 녹으며, 테레빈유·계피유(桂皮油)에 흡수된다.

상온에서 자발적으로 분해되어 산소가 되고, 이산화망가니즈·백금가루 등은 분해를 촉진시킨다. 강한 산화력을 가져, 은을 과산화은으로, 황화납을 황산납으로, 황을 산화황으로 산화한다. 건조한 산소 또는 공기 중에서 무선방전시킬 때 생기며, 붉은인이 공기 중에서 서서히 산화할 때나 과망가니즈산칼륨·다이크로뮴산칼륨 등 산소화합물을 진한 황산으로 분해시킬 때, 물을 플루오린으로 분해할 때, 물을 큰 전류밀도에서 분해할 때 산소와 함께 발생한다.

② 이산화황(SO_2)

황과 산소의 화합물로서 황이 연소할 때에 발생하는 기체. 아황산가스·아황산무수물이라고도 하며, 화학식은 SO_2이다.

무색의 달걀 썩는 자극성 냄새가 나는 기체이다. 액체는 여러 가지 무기화합물과 유기화합물을 녹일 수 있으며 용매로도 쓰일 수 있다. 수용액에는 아황산(H_2SO_3)이 들어 있어 산성을 띠며 수분이 있으면 환원성을 갖게 되어 여러 가지 색소를 표백할 수 있다. H_2S 같은 상대적으로 강한 환원제에는 산화제로서 작용한다. 천연으로는 화산·온천 등에 존재하며, 황화수소(H_2S)와 반응하여 황을 생성한다.

독성이 강하여 공기 속에 0.003% 이상이 되면 식물이 죽고, 0.012% 이상이 되면 인체에 치명적인 해가 되기도 한다. 석유, 석탄 속에 들어 있는 유황화합물의 연소로 인한 대기오염이 산성비와 이에 따른 호수와 늪의 산성화의 원인이 되고 있다.

③ 과산화수소(H_2O_2)

수소와 산소가 결합한 화합물로 H_2O_2로 표기한다. 수소와 산소가 결합한 것으로 분자량 34의 H_2O_2로 나타내는 화합물이다. 상처가 났을 때 소독약으로 사용되며, 푸른색을 띄는 물보다 점성이 큰 액체이다. 산화력이 강하기 때문에 분석시약의 산화제, 견사나 양모 등의 표백제, 플라스틱 공업에서 비닐 중합의 촉매로도 사용된다. 과산화수소의 밀도는 1.463g/cm^{3}이며, 녹는점은 0.43℃, 끓는점 150.2℃이다.

프랑스의 화학자인 L. J. 테나르가 1818년에 과산화바륨과 염산을 반응시켜 처음으로 과산화수소를 만들었다. 또한 황산수소암모늄의 수용액을 전기분해하여 만들 수도 있다. 현재 시판되고 있는 과산화수소는 30～35%의 수용액이며, 이 용액은 강한 산화력을 가지고 있다. 과산화수소는 물, 에탄올, 에테르에 잘 녹고, 약산을 띈다. 그러나 진한 과산화수소의 경우 독성을 가지고 강한 자극성이 있으므로 주의가 필요하다.

과산화수소는 이산화망간, 중금속, 알칼리 금속 등에 의해 산소와 물 분자로 쉽게 분해되기 때문에 반응속도 관찰에 매우 많이 사용된다. 과산화수소의 분해 반응은 알칼리성 상태에서는 쉽게 이루어지지만 산성의 상태에서는 비교적 안정하기 때문에 과산화수소는 쉽게 분해되지 않는다. 과산화수소는 생물체 내에서 생명활동을 돕는 역할을 하며, 적은 양이 존재하면 생명활동이 둔화되고, 양이 과다하며 괴사할 수 있다.

(5) 질소족 원소(5족)

주기율표 제15족에 속하는 원소. 질소(N)·인(P)·비소(As)·안티모니(Sb)·비스무트(Bi) 등의 원소를 이르는 말이다.

▌질소족 원소의 특성

질소·인은 비교적 많이 존재하지만, 나머지 원소들은 존재량이 비교적 적다. 질소족 원소는 주기율표의 모든 족 가운데 가장 넓은 범위의 물리적 상태로 존재하고 있다. 질소는 상온에서 기체이며 대략 －200℃에서 액화되지만 비스무트는 271℃에서 녹는 고체이다. 질소와 인은 비금속이며, 비소와 안티몬은 준금속이고, 비스무트는 전형적인 금속이다.

이 족에 속한 원소들은 상당히 다양한 상태로 존재한다. 질소는 무색의 기체와 액체로, 인은 반응성이 큰 흰인·반응성이 적은 붉은인·가장 안정된 흑색 형태 등 여러 동소체로 산출되며, 비소는 보통 연회색의 금속성 고체, 안티몬은 다소 잘 부서지는 은색의 금속성 고체, 비스무트는 분홍색 광택이 나는 은백색 금속이다. 질소족의 모든 원소는 지각에서 산출되며, 특히 질소는 대기에서 가장 풍부한 기체로 모든 생체 내에 있는 단백질 무게의 평균 16% 정도가 함유되어 있다. 인은 지각에서 12번째로 풍부한 원소이지만 반응성이 크기 때문에 결합하지 않은 상태로 산출되지 않는다.

질소족 원소는 서로 유사한 화학반응을 한다. 이 유사성은 질소족에 속하는 각 원소가 최외각에 5개의 전자를 갖는 데서 비롯된다. 이들 전자는 항상 s궤도함수에 2개의 전자가 완전히 채워져 있고, 3개의 p궤도함수에 전자가 1개씩 들어 있다. 질소원소의 원자에 들어 있는 최외각전자의 배열은 반만 채워진 3개의 궤도함수가 있기 때문에, 이 궤도함수는 반만 채워진 다른 원소 원자의 궤도함수와 상호작용에 의해 3개의 공유결합을 형성한다.

질소족 원소의 수소화합물은 다음과 같다.

① 암모니아(NH_3) : 무색 자극성 기체로 액화하기 쉬워 냉동제로 이용하며, 염화수소와 반응하여 흰 기체를 낸다.

② 포스핀(PH_3) : 무색, 악취가 나는 맹독성 기체로 1차 세계대전에서 독가스로 쓰였다.

③ 아르신(AsH_3) : 무색, 악취가 나는 맹독성 기체이다.

④ 스티벤(SbH_3) : 무색, 악취가 나는 맹독성 기체로 물에 약간 녹고, 환원성이 크다.

▌질소원소의 화합물

① 암모니아(NH_3)

고약한 냄새가 나고 약염기성을 띠는 질소와 수소의 화합물로서 물에 잘 녹는다. 비료 또는 요소 수지를 만드는데 쓰인다.

질소와 수소의 화합물인 암모니아는 화학식이 NH_3로, 무색으로 냄새가 자극적이며, 냉각에 의하여 액화된다. 물에 녹아 수산화 이온을 내는 염기성 물질이다.

$$NH_3 + H_2O \rightarrow NH_4^+ + OH^-$$

고대 이집트에서는 태양신인 암몬의 사원 부근에서 산출되는 염을 '암몬의 소금'이라고 불렀다. 이 말은 그 당시 소금과 오줌으로 만들던 염화암모늄을 가리키는데, 후에 이것에서 얻는 것이라 하여 암모니아라고 명명하였다. 암모니아는 대기 중에는 소량이 존재하며, 흙 속에 포함된 질소 유기물이 분해될 때에도 생성된다. 그러나 천연적으로 합성되는 암모니아의 양은 매우 제한적이며, 인공적으로 공기 속의 질소와 석유에서 얻은 수소를 이용하여 암모니아를 합성하는 하버법이 발견되면서 암모니아 비료를 사용하였다.

$$N_2 + 3H_2 \rightarrow 2NH_3$$

암모니아는 비료·카프로락탐·질산, 볏짚 암모니아·냉동 냉매뿐만 아니라 의약품·조미료 등의 제조, 금속의 표면 처리 등에 사용되고 있다. 이러한 암모니아의 발견은 농업 생산력을 획기적으로 증대시켰으며, 인류 문명의 비약적인 도약에 결정적인 역할을 하였다. 최근에 유기농법이 널리 사용되지만, 천연적으로 만들어지는 암모니아에 의존하여 농사를 짓는다면 전 세계 인구의 대부분이 기아에 허덕이는 비참한 생활을 감수하여야 할 것이다. 아울러 암모니아는 점막을 상하게 하므로 사용시 주의하여야 한다.

② 질산(HNO_3)

HNO_3의 화학식을 갖는 무색의 발연성 액체로, 대표적인 강산이다. 밀도가 1.50 g/cm^3(25℃)로서 매우 강한 산의 하나이며 빛을 쬐면 분해되어 물과 이산화질소, 그리고 산소를 만든다. 따라서 질산은 빛이 투과되지 않는 갈색병에 넣어 햇빛이 비치지 않는 곳에 보관해야 한다. 질산은 산화력이 강해 구리나 은 등을 녹인다. 진한 질산과 진한 염산을 1 : 3의 비율로 혼합하여 만든 용액을 왕수라고 하는데 왕수는 강력한 산화용해성을 지녀 금도 녹일 수 있다.

1.11 유기 화합물

1.11.1 일반적인 특성

화합물은 무기 화합물과 유기 화합물로 크게 나뉜다. 유기 화합물의 정의는 역사적인 변천이 있어, 현재에는 대체로 탄소 화합물과 동의어처럼 관용되고 있다.

(1) 역사

원래 광물계에서 얻어지는 화합물을 무기 화합물이라 하고 동물, 식물의 성분이나 배출물 등으로서 얻어지는 화합물을 유기 화합물이라 한 것이다. 18세기 후반이 되어 동식물계에서의 신화합물의 발견이 계속 이어지고, 이들 화합물의 성질이 광물계에서 얻어지는 화합물과 본질적으로 다른 것이 인정되어 이 구별이 생겼다. 최초로 유기 화합물이라는 말을 사용한 사람은 J. J. Berzelius(1806년)라고 되어 있다. 당시는 유기 화합물은 동식물의 생체 내에서 생명력(英 vital force)이라는 신비적인 힘의 작용으로 만들어진 것이고, 실험실의 시험관 안에서 인공적으로 합성할 수 없다고 믿어졌으며, 당시 무기 화합물에 대해 발견된 모든 법칙이 그대로 유기 화합물에 적용할 수 없다고 생각되었다.

1828년 F. Wöhler는 종래 생물계에서만 발견되었던 요소를 무기 화합물로서 알려져 있던 시안산암모늄을 가열하여 실험실에서 합성했다. 무기 화합물에서 유기 화합물로의 합성 반응은 그 후 많이 행해져 생명력의 설이 근거 없다는 것이 증명되고, 무기 화합물과 유기 화합물 사이에 본질적으로 다른 것이 밝혀졌다. 이것보다 앞서 A. L. Lavoisier는 화합물의 연소 실험에서 많은 유기 화합물이 탄소, 수소 및 산소로 구성되어 있는 것을 발견하였고, 유기 화합물과 무기 화합물과의 본질적 차별이 해소된 이후에는 탄소가 유기 화합물의 특징을 이루는 원소인 것이 주목되어, L. Gmelin (1848년)은 처음 탄소 화합물을 유기 화합물이라 지적하고 현재의 유기 화합물의 개념이 확립되었다.

(2) 특징

현재 알려져 있는 유기 화합물의 수는 상당한 것으로 수십만이라고도 하고 백만에 가깝다고도 하는데, 시간이 지나면서 전 세계의 연구실에서 새로운 화합물이 만들어지므로 정확한 수는 누구도 알 수 없다. 무수라고 해도 좋을 정도의 유기 화합물도 이것을 구성하고 있는 원소의 종류는 매우 적어 C, H의 2원소로 이루어진 것, C, H, O 또는 C, H, N의 3원소로 이루어진 것 및 C, H, N, O의 4원소로 이루어진 것이 압도적으로 많다. 이들 4원소 외에 S, P, 할로겐을 포함하는 것도 많고, B, Si 등을 포함하는 것, 각종 금속을 포함하는 유기 금속 화합물도 알려져 있다. 유기 화합물의 수가 매우 많은 것은 탄소 원자들이 결합해서 사슬 모양 또는 고리 모양의 탄소 골격을 형성하는 성질이 있기 때문이며, 이들 탄소 골격에 수소 원자가 결합해서 탄화수소가 되고, 이것에 모든 유기 화합물의 모체가 된다. 탄화수소의 수소 원자가 다른 원자나 원자단으로 치환되어 여러 종류의 유기 화합물이 구성된다.

이와 같이 해서 구성된 탄소 화합물을 유기 화합물이라 부르는데, 현재의 관용에서는 탄소 화합물 모두를 유기 화합물이라고 할 수 없다. 일산화탄소, 이산화탄소, 탄산 및 그 염류, 이황화탄소 등은 무기 화합물로서 취급되고 있다. 탄소 화합물 중 C－H 결합을 포함하는 것을 유기 화합물이라 하는 정의도 있는데, 이것도 엄밀한 것은 아니다. 예를 들면, 옥살산은 C－H 결합을 포함하지 않지만 유기 화합물로서 취급된다. 사염화탄소, 포스겐, 시안 등은 중간적인 것으로 유기 화합물로서 취급하는 경우도 있고, 무기 화합물로서 취급하는 경우도 있다. 요컨대 유기 화합물과 무기 화합물의 구별은 편의상의 것이고, 그 경계는 확실한 것이 아니다. 유기산의 염류나 유기 화합물을 배위자로 하는 금속 착염 등은 오히려 무기 화학의 연구 대상이 되고 있다.

(3) 성질

유기 화합물에는 여러 종류가 있고 그 성질도 일정하지 않은데, 전형적인 유기 화합물은 전형적인 무기 화합물과는 현저하게 대비적인 성질을 갖는다. 무기 화합물의 대부분은 수용액 중에서 이온으로 해리하는데 대해 유기 화합물의 대부분은 물에 녹지 않고, 물에 녹는 유기 화합물도 유기산이나 유기 염기의 염 외에는 해리해서 이온이 되지 않는다. 유기 화합물은 물에 녹지 않고, 에탄올, 에테르, 벤젠, 벤진 등의 유기 용매에 녹는 것이 많다. 수산기, 카르복시기, 아미노기 등 친수성 원자단을 갖는 유기 화합물은 유기 용매와도 물에 녹는데, 분자량이 커지면 물에 대한 용해도가 감소한다. 무기 화합물은 일반적으로 비휘발성이고 강열해도 찌꺼기가 남는 것이 많은데, 유기 화합물은 일반적으로 휘발성이고, 고체 유기 화합물도 비교적 녹는점이 낮고 분해하지 않으며, 증류 가능한 것이 많다.

이 특성을 이용해서 유기 화합물의 간단한 정성 시험이 행해진다. 소량의 시료를 백금 주걱 또는 자기제 도가니 뚜껑 위에 놓고, 작은 불꽃으로 천천히 가열하면서 점점 강하게 가열한다. 유기 화합물은 용융해서 액체가 되어 불꽃을 올려 연소하든지 또는 천천히 분해해서 탄화하고, 더욱 강열하면 완전히 휘발하여 사라지므로 잔류물을 남기지 않는다. 금속을 함유한 유기 화합물은 강열한 후에 금속 또는 그 산화물 등이 남지만 그 전에 일단 탄화해서 검게 되므로 무기 화합물과 구별할 수 있다.

(4) 종류

유기 화합물은 그 구조식으로 정연하게 분류되고 있다. 우선 탄소 골격에 고리식 구조를 포함하는지에 의해 사슬식 화합물과 고리식 화합물로 크게 나뉜다. 고리식 화합물은 그중에 지방 성분이 되고 있는 화합물을 포함하므로 지방족 화합물이라 일컬어지고 있다. 고리식 화합물은 탄소 원자만으로 고리가 구성되고 있는 탄소 고리식 화합물과, 탄소 이외의 원소를 고리 안에 포함하는 헤테로 고리식 화합물로 분류된다. 탄소 고리식 화합물은 지방족 고리식 화합물과 벤젠 고리를 포함하는 방향족 화합물로 분류되는데, 최근의 분류에서는 그 외에 벤젠 고리를 포함하지 않는 방향족성의 탄소 고리식 화합물이 거론되고 있다.

이들 각 분류에 속하는 유기 화합물은 각각의 탄화수소를 모체로 하고(헤테로 고리식 화합물의 경우는 기본이 되는 헤테로 고리를 모체로 하고, 비벤젠계 방향족 화합물의 경우도 각각 다른 화합물의 모체가 된다), 그 수소 원자를 할로겐 또는 각종의 작용기에서 치환함으로써 생기는 알코올, 케톤, 카르복시산 등의 동족체로 분류된다. 작용기의 종류와 수에 따라 분류된 유기 화합물은 다시 탄소 원자수와 탄소 골격의 형으로 각각 정연하게 배열할 수 있다. 이와 같이 해서 분류된 이미 알려진 유기 화합물의 문헌의 집대성으로서 Beilsteins Handbuch der organischen Chemie가 있다.

1.11.2 유기 화합물의 분류 및 명명

(1) 탄화수소의 분류

▌지방족 탄화수소

유기화학에서 지방족 화합물에 속하는 탄화수소의 총칭이며 탄소 원자들은 곧은 사슬 모양, 가지 모양, 방향족이 아닌 고리 모양으로 결합되어 있다. 가장 간단한 지방족 탄화수소는 메테인이다.

탄소 사슬로는 노말사슬 탄화수소와 곁사슬 탄화수소가 있다. 또 포화(지방족) 탄화수소와 불포화(지방족) 탄화수소로 나누어지며, 포화 탄화수소는 메테인계 탄화수소(알케인)라고 한다. 불포화지방족 탄화수소는 함유하는 것(알켄, 에틸렌계 탄화수소), 삼중결합을 함유하는 것(알카인, 아세틸렌계 탄화수소), 이중결합과 삼중결합을 모두 함유하는 것이 있다.

▌방향족 탄화수소

방향족 화합물의 모체가 되는 탄화수소로, 벤젠 고리를 포함하는 탄화수소를 말한다. 모든 방향족 탄화수소의 기본이 되는 것도 벤젠이며 그 수소 원자를 알칼기로 치환한 탄화수소가 다수 알려져 있다. 2개 또는 그 이상의 벤젠 고리를 함유하는 탄화수소에도 많은 종류가 있다. 각각의 벤젠 고리가 각자 독립해 있는 것으로 비페닐형 탄화수소와 사슬식 탄화수소의 폴리페닐 유도체로 간주되는 것이 있다. 또한 축합 고리를 가진 탄화수소에도 많은 종류가 있으며 몇 개의 벤젠 고리가 축합한 것과 벤젠 고리에 다른 탄소 고리가 축합한 것이 있다. 이들 방향족 탄화수소는 일반적으로 포화 탄화수소에 가까운 성질을 지니고 첨가 반응이 일어나기 어려우며 치환 반응에 의해 각종 유도체를 유도할 수가 있는데, 곁사슬에 에틸렌 결합을 포함한 것은 불포화 탄화수소로서의 반응을 나타내며 수소와 할로겐의 첨가 반응, 중합 반응 등이 일어난다. 방향족 탄화수소의 각종 형태를 일람표로 해서 대표적인 화합물을 다음 표에 나타낸다.

▼ 표 1.5 방향족 탄화수소

명칭	구조식	끓는점(℃)	녹는점(℃)
벤젠 고리 1개를 갖는 탄화수소			
벤젠	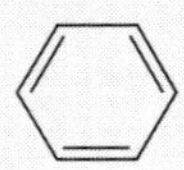	80.08	5.5
톨루엔	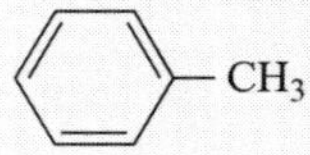	110.6	−95.0
o-크실렌	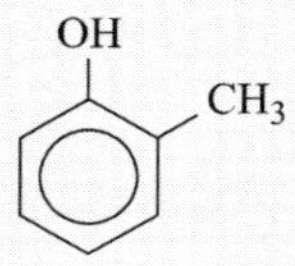 $C_6H_4(CH_3)_2$ (1, 2−)	144.15	−25.0
m-크실렌	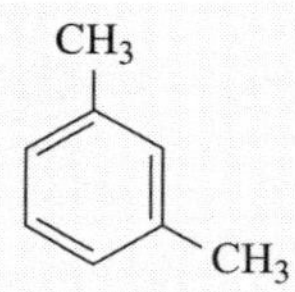 $C_6H_4(CH_3)_2$ (1, 3−)	139.30	−47.4
p-크실렌	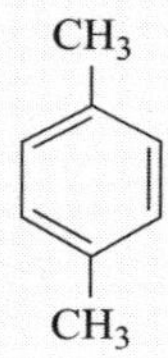 $C_6H_4(CH_3)_2$ (1, 4−)	138.0	13∼14

(2) 유기 화합물의 명명법

세계 도처에서 새로운 화합물을 발견하면 IUPAC(International Union of Pure and Applied Chemistry)에서 새로운 화합물을 명명하게 된다. 화합물에는 분자식이 있고 구조식이 있는데, 아래의 것은 모양을 나타내는 구조식이다.

C − C − C − C − C

위 그림에서는 탄소 5개가 일렬로 연결되어 있고 각 탄소에 수소만이 붙게 될 경우, 이 유기 화합물의 이름은 펜탄(pentane)이라고 명명한다. 펜탄명명은 Pentane의 pent는 5라는 숫자를 의미하고 -ane는 단일 결합한 것이라는 뜻이기 때문이다. 그러니까 탄소 5개가 단일 결합한 화합물이라고 한다.

```
C − C − C − C − C
    |
    CH3
```

위 그림에서는 탄소 5개가 고리를 이루고 있는 것에 덧붙여, 2번 위치의 탄소에 CH_3가 붙어 있다. 2번 위치에 메칠(methyl)기가 있으므로 다음과 같이 이름 붙일 수 있다. 2번째의 탄소에 메칠기를 가진, 탄소 5개가 단일－결합한 화합물로 영어로 간단히 작명하면, 2-methyl-pentane이 된다.

```
CH3 − CH − CH2 − CH2 − CH3
      |
      CH3
```

위 구조식으로 표현하면, $(CH_3)_2CHCH_2CH_2CH_3$, $(CH_3)_2CH(CH_2)_2CH_3$로 된다. 위 유기 화합물들을 알칸(alkane)이라고 명명하고 또한 메칠에서 수소가 하나 빠지면서 고리로 남게 된 것을, 메칠이라고 명명한다.

알칸이란 이중결합이 없는 단일결합을 가진 유기 화합물의 무리를 총칭해서 명명하고 탄소와 탄소와의 결합에는 2중 결합이라고 한다.

각설하고 아래 표를 보기 바란다.

알칸(Alkane)				알칼리(alkyl group)	
수	이름	구조식	이성체	구조식	이름
1	methane	CH_4	1	$C_2H_5^-$	Methyl
2	ethane	CH_3CH_3	1	$CH_3CH_2CH_2^-$	Ethyl
3	propane	$CH_3CH_2CH_3$	1	$CH_3CH_2CH_2CH_2^-$	Propyl
4	butane	$CH_3CH_2CH_2CH_3$	2		Butyl
5	pentane	$CH_3(CH_2)_3CH_3$	3		
6	hexane	$CH_3(CH_2)_4CH_3$	5		
7	heptane	$CH_3(CH_2)_5CH_3$	9		
8	octane	$CH_3(CH_2)_6CH_3$	18		
9	nonane	$CH_3(CH_2)_7CH_3$	35		
10	decane	$CH_3(CH_2)_8CH_3$	75		

이름	일반식	표현식	비고
Alkane	$R-CH_2-CH_2-R$	C_nH_{2n+2}	수소와 탄소의 단일결합
Alkene	$R-CH=CH-R$	C_nH_{2n}	2중 결합이 되면서 수소 2개가 사라졌다.
Alkyne	$R-C\equiv C-R$	C_nH_{2n-2}	3중 결합이 되면서 수소 4개가 사라졌다.

(3) 이성질체

분자식($C_x H_y O_z \cdots$)은 같아도 화학구조가 다른 화합물. 따라서 이성질체끼리는 화학적·물리적 성질이 적어도 하나는 다르다. 이성질체는 구조이성질체와 입체이성질체로 나뉜다. 각각의 이성질체에는 입체구조가 다른 이성질체가 많이 존재할 수 있다. 구조이성질체는 CH_3OCH_3와 CH_3CH_2OH처럼 탄소골격이 다른 화합물 혹은 치환기 위치가 다른 것을 말한다. 화합물 중의 원자나 원자단의 이동으로 서로 변환하는 구조이성질체를 호변이성질체라고 한다. 변환에너지 장벽이 낮아서 평형화합물로 존재하며 한쪽만을 분리할 수는 없다.

수소이온이 이동하고 있는 케토－에놀호변이성의 예가 그림 (a)이다. 입체이성질체는 도면으로 나타낸 2차원 구조식은 같아도 3차원 공간에서 원자의 입체배치가 다른 것을 말한다. 대부분의 경우 키랄탄소(chiralcarbon, 4개의 치환기가 모두 다른 sp^3 탄소원자)를 적어도 하나 이상 포함하고 있다. 키랄탄소를 키랄중심 혹은 비대칭중심이라고도 한다. 올레핀의 시스－트랜스이성질체도 입체이성질체의 일종인데, 기하이성질체라고도 한다.

치환기끼리의 입체장애로 상호 변환할 수 있는 이성질체는 아트로프이성질체라고도 한다[그림 (b)]. 대응하는 모든 키랄탄소가 상호 역의 입체배치가 되는(경상관계에 있는) 입체이성질체를 경상이성질체 또는 광학이성질체라고 한다. 선광도의 부호는 서로 역이지만, 화학적·물리적 성질은 같다.

둘 이상의 키랄탄소를 포함하는 이성질체에 대하여 대응하는 키랄탄소 중 여러 개가 역의 입체배치인 화합물을 디아스테레오머라고 한다. 이들은 물리적·화학적 성질은 물론 선광도 역시 서로 다르다. 하나의 키랄탄소만이 다른 것은 에피머라고 한다. 탄소－탄소간 단일결합의 회전으로 생긴 이성질체를 입체구조이성질체 또는 회전이성질체라고 한다. 회전 에너지 장벽이 낮고, 서로 열역학적 평형 상태를 유지한다. 특정 입체구조를 나타내는 용어로는 의자형, 보트형, 중복형, 꼬임형 등이 있다.

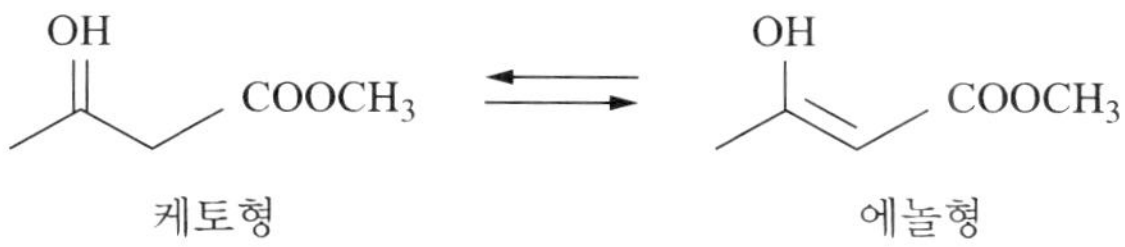

(a) 아세토아세트산메틸의 케토·에놀호 변이성

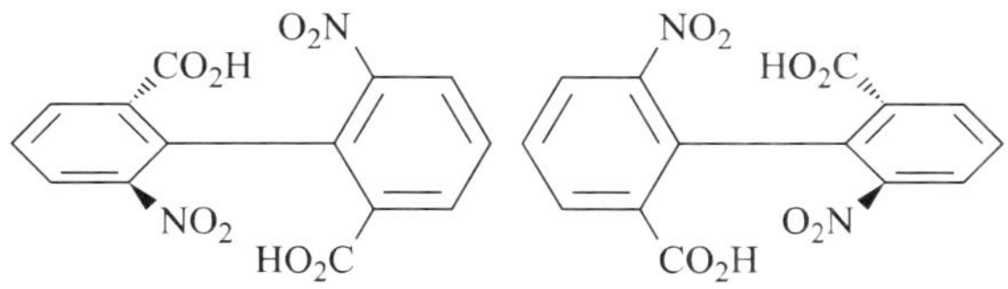

(b) 아트로프이성질체

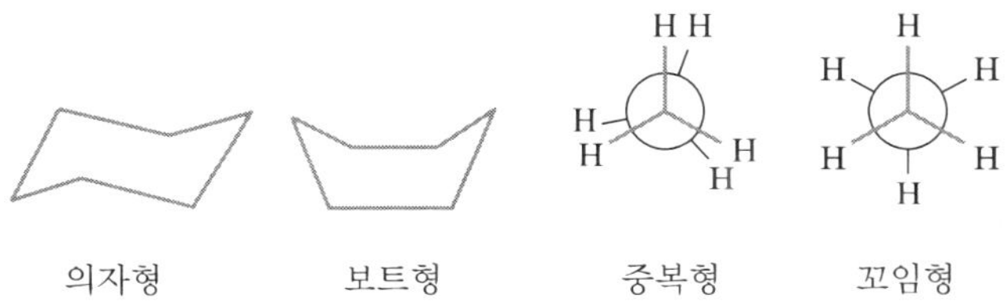

1.11.3 메탄계 탄화수소(알칸계, C_nH_{2n+2}, 파라핀계, -ane)

사슬모양 탄화수소로서, 일반식 C_nH_{2n+2}로 나타낼 수 있는 화합물의 총칭이다. 가장 간단한 알케인은 탄소 하나로 이뤄진 메테인이다.

파라핀계 탄화수소, 메테인계 탄화수소 또는 단순히 파라핀이라고도 한다. '알케인'은 국제명명법에 따른 일반명이며, '알칸'이라고 읽던 것을 개정하였다. 화합물의 이름은 어미 -ane(에인)으로 끝난다. 펜테인(펜탄)보다 고급인 동족체(同族體)에서는 탄소 원자수를 나타내는 라틴어를 어간으로 어미 -ane(에인)를 붙이면 그 이름이 된다. 구성하는 모든 탄소 원자가 연결되어 일렬로 배열된 n-파라핀(곧은 사슬모양 파라핀)과 탄소 사슬로 가지 나누기가 있는 이소파라핀으로 나눈다.

포함된 탄소의 수 n에 따라 메테인(methane; $n=1$), 에테인(ethane; $n=2$), 프로페인(propane; $n=3$), 뷰테인(butane; $n=4$), 펜테인(pentane; $n=5$), 헥세인(hexane; $n=6$), 헵테인(heptane; $n=7$), 옥테인(octane; $n=8$) 등 여러 가지가 있다. 단, 널리 이용하고 있는 메테인부터 옥테인

까지의 명칭은 메탄, 에탄, 프로판, 부탄, 펜탄, 헥산, 헵탄, 옥탄으로 당분간 사용하는 것을 허용한다.

저급인 메테인·에테인·프로페인 등은 기체이며 천연가스나 석유가스의 성분으로 존재한다. 그리고 그것보다 고급인 펜테인에서 세테인(cetane; $n = 16$) 정도까지의 n-파라핀은 액체이고, 더 고급인 n-파라핀은 고체이다. 이소파라핀은 탄소수가 같은 n-파라핀보다 끓는점이 낮고, 녹는점도 낮아지는 경향이 있다. 저급인 것은 연료가스가 되며, 액체인 것 중에서 낮은 끓는점을 가진 것은 가솔린 성분으로 중요하다.

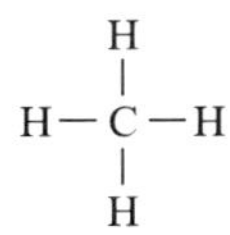
메테인 CH_4

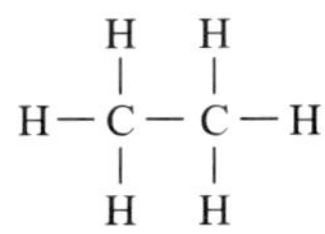
에테인 C_2H_6

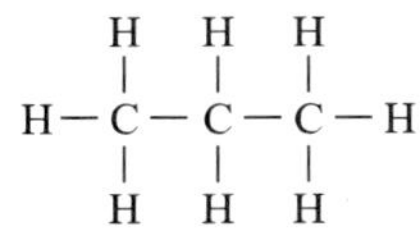
프로페인 C_3H_8

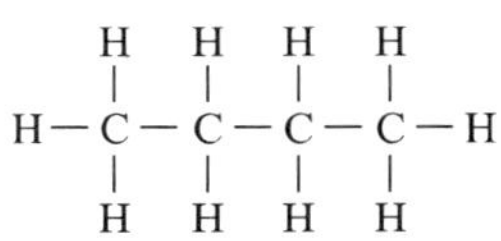
뷰테인 C_4H_{10}

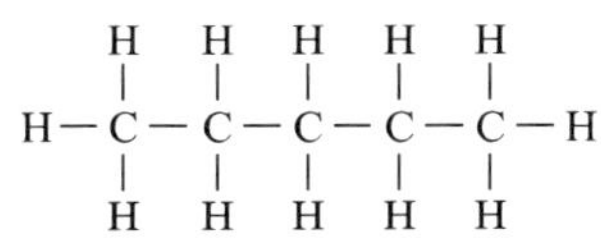
펜테인 C_5H_{12}

1.11.4 에틸렌계 탄화수소(알켄계, C_nH_{2n}, 올레핀계, -ene)

분자 내에 1개의 이중 결합을 가진 사슬 모양 구조의 불포화 탄화수소의 총칭. 알켄, 올레핀계 탄화수소, 에틸렌열 탄화수소라고도 한다. 화학식은 C_nH_{2n}이다. 탄소 원자가 2개인 포화 탄화수소인 에탄(ethane)과 3개의 탄소 원자를 포함하는 프로필렌(propylene), 4개의 탄소 원자를 포함하는 뷰틸렌(butylene) 등이 있다.

1.11.5 아세틸렌계 탄화수소(알킨계, C_nH_{2n-2}, -yne)

분자 내에 탄소의 삼중 결합을 가지는, 사슬 모양 구조의 불포화 탄화수소. 알킨(alkyne)이라고도 한다. 일반 화학식은 $C_nH_{2n-2}(n > 2)$이다. 파라핀계 탄화수소인 알케인(alkane)보다 수소가 4개 적고, 에틸렌계 탄화수소(alkene)보다 수소가 2개 적다. 삼중 결합으로 인해 불안정하여 반응성이 풍부하고 특히 첨가 반응을 잘 한다. 대표적인 것으로는 아세틸렌($CH \equiv CH$), 메틸아세틸렌($CH_3C \equiv CH$), 다이메틸아세틸렌($CH_3C \equiv CCH_3$) 등이 있다.

1.11.6 지방족 탄화수소의 유도체

탄화수소의 유도체의 종류는 6종류로 구분된다.

① 알코올류(R − OH)

② 에테르류(R − O − R')

③ 케톤류(R − CO − R')

④ 알데히드류(R − CHO)

⑤ 카르복시산류(R − COOH)

⑥ 알데히드류(R − CHO)

일반명	작용기를 포함하는 일반식	이름	작용기	화합물 예
알코올	R − OH	히드록시기	− OH	CH_3OH C_2H_5OH
에테르	R − O − R′	에테르 결합	− O −	CH_3OCH_3 $C_2H_5OC_2H_5$
알데히드	R − C(=O)−H	포르밀기	− C(=O)−H	HCHO CH_3CHO
케톤	R − C(=O) − R′	카르보닐기 (케톤기)	− C(=O) −	$CH_3COC_2H_5$
카르복시산	R − C(=O)−O−H	카르복시기	− C(=O)−O−H	HCOOH CH_3COOH
에스테르	R − C(=O)−O−R′	에스테르 결합	− C(=O)−O	$HCOOCH_3$ CH_3COOCH_3
아민	R − NH_2	아미노기	− NH_2	CH_3NH_2 $CH_3CH_2NH_2$

(1) 알코올류(R – OH)

분자 탄화수소에서 하나 이상의 H원자를 –OH기로 치환한 화합물

① 물에 잘 녹으며 비전해질이다.

② 알코올은 –OH의 수에 따라 1가, 2가, 3가 알코올로 분류한다.

③ 알킬수(R)의 수에 따라 1차, 2차, 3차 알코올로 분류한다.

▌알코올

알코올은 2가지로 분류가 된다. (***n*차** 알코올/***n*가** 알코올) 자음 하나 차이인데 완전 다른 것을 의미한다. 헷갈리기 쉬운 부분이다.

① *n*차 알코올

*n*차 알코올을 분류하는 기준은 **–OH가 있는 C에 붙어 있는 알킬기(R)의 수**로 분류하는 걸 의미한다(쉽게 탄소수로 분류라고 생각한다). 알킬기란 쉽게 생각해서 알칸에서 수소 원자 한 개를 떼어낸 집단으로 생각해도 되며 보통은 R으로 표기한다.

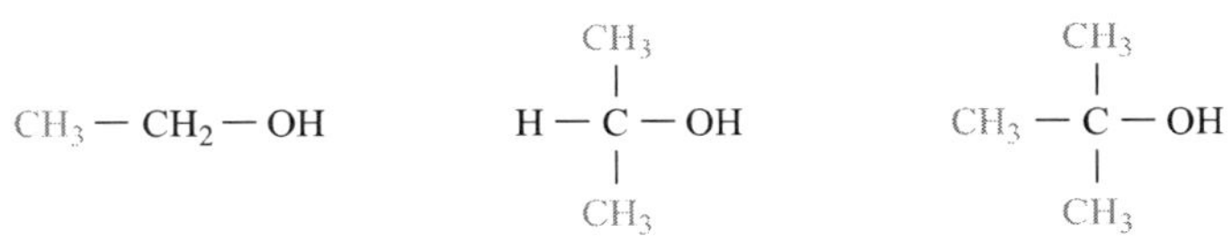

1차 알코올 (알킬기가 1개)   2차 알코올 (알킬기가 2개)   3차 알코올 (알킬기가 3개)

② *n*가 알코올

*n*가 알코올을 분류하는 기준을 C에 붙어있는 –OH(히드록시기)의 수로 분류하는 걸 의미한다.

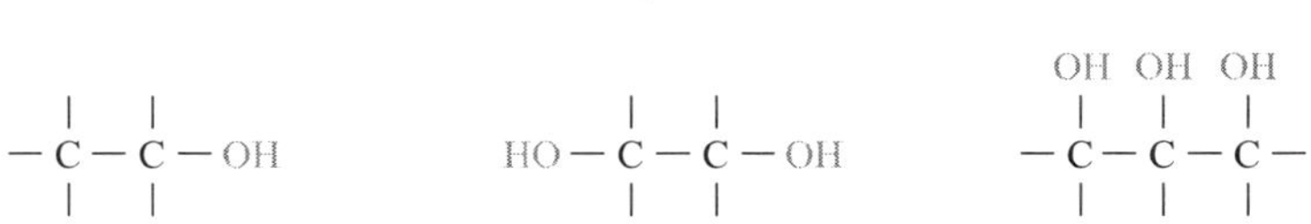

1가 알코올 (–OH가 1개)   2가 알코올 (–OH가 2개)   3가 알코올 (–OH가 3개)

1가 알코올엔 일반적으로 알고 있는 C_2H_5OH의 분자식을 가진 에탄올이고 2가 알코올엔 $C_2H_4(OH)_2$의 분자식을 가진 가장 대표적인 2가 알코올 중 하나 에틸렌글리콜이고 자동차 부동액으로 주로 사용

된다. 3가 알코올엔 $C_3H_5(OH)_3$의 분자식을 가진 가장 대표적인 3가 알코올 중 하나 글리세린(롤)이고 감미료나 건조 방지제에 사용된다. 끓는점은 3가 알코올 > 2가 알코올 > 1가 알코올 순으로 된다.

- 1차 알코올의 산화 반응

$$R-CH_2-OH \xrightarrow[-H_2]{\text{산화}} R-CHO \xrightarrow[+O]{\text{산화}} R-COOH$$

1차 알코올 → 알데히드 → 카르복시산

1차 알코올은 1번 산화시키면 알데히드가 되고 또다시 한번 산화시키면 카르복시산이 된다. 메탄올과 에탄올을 가지고 예를 들어 보자.

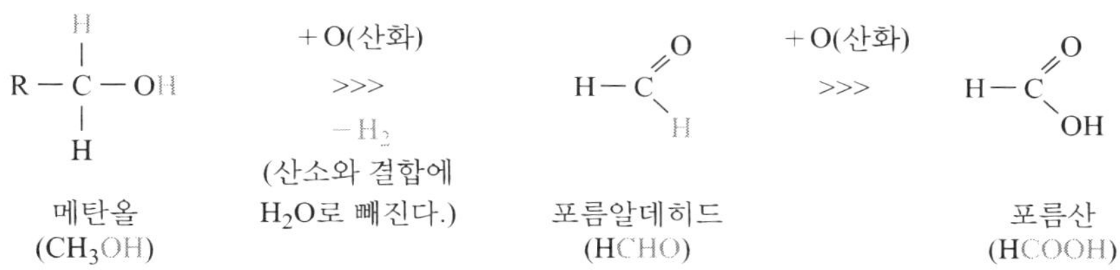

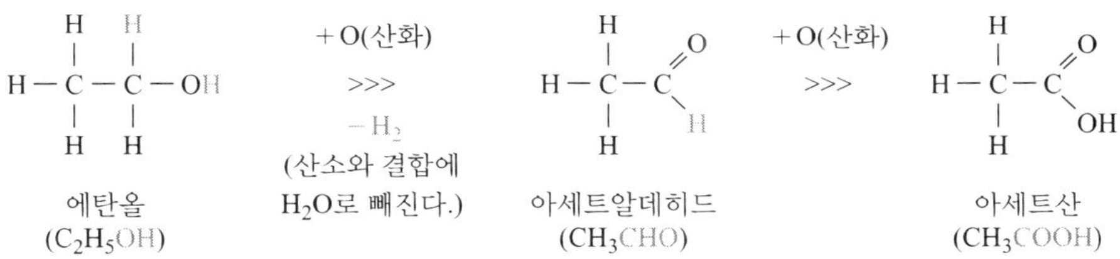

- 2차 알코올의 산화 반응

2차 알코올의 산화식은 다음과 같고 산화시키면 케톤이 된다.

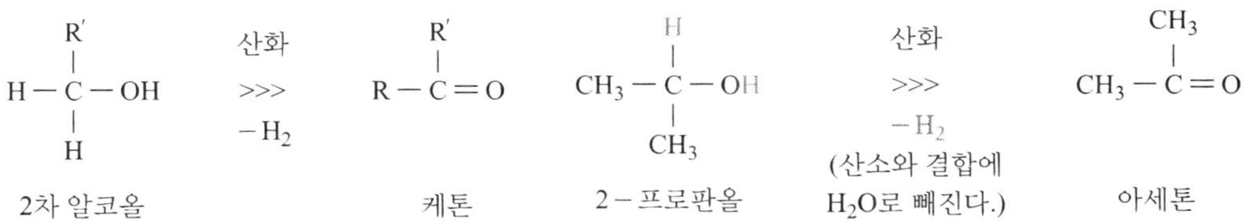

(2) 에테르류(R－O－R')

디에틸에테르 또는 간단히 에테르라고도 한다.

에테르류에 속하는 유기화합물. 분자식은 $C_2H_5OC_2H_5$. 마취제로 잘 알려져 있다. 산소 원자를 중심으로 2개의 에틸기가 붙어 있는 분자구조를 가진다. 휘발성이 있으며, 가연성이 매우 높은 무색의 액체(끓는점 34.5℃)로 특유의 강한 냄새가 나며, 자극적이고 단맛이 난다. 브롬, 요오드, 대부분의 지방과 수지성 물질, 휘발유, 순수한 고무, 식물성 알칼로이드의 용매로 널리 쓰인다. 황산을 촉매로 사용해 에틸알코올을 증류하여 만든다. 의학용과 그리냐르 시약 제조에 필요한 순수한 에테르(무수 에테르)는 에테르를 염화칼슘 포화수용액으로 씻은 후, 나트륨의 존재 하에서 증류하여 얻는다.

(3) 케톤류(R－CO－R')

Ketone. 일반식 RC(＝O)R'. 어원은 옛날 독일어로 Acetone을 의미하는 Aketon. 액성은 중성에 가깝다.

탄화수소물의 종류 중 하나. 케톤의 기준점이 C(＝O)이기 때문에 양쪽에 뭐가 오던지 상관없다(물론 예외는 있다. 수소 한 개짜리 또는 수산화기 달랑 하나라면 …). 그래서 카복실산까지는 아니라도 다양한 화합물이 존재한다.

알데하이드와 케톤을 합쳐 카르보닐 그룹으로 묶는다. ① 카르보닐기가 위치한 탄소 바로 옆(이를 알파 위치라 한다.)에 탄소가 하나뿐이면 알데하이드고 알파 위치에 탄소가 존재하면 케톤이다.

알파 위치에 있는 탄소에 연결된 수소는 여타 유기물질에 비해 산성을 띤다. 이는 공명 구조에 의한 안정화가 일어나기 때문이며, 이를 이용한 알돌 반응 같은 것도 있다. 모두 휘발성과 인화성이 있는 자극성의 물질로, 훌륭한 용매이기도 하다. 프로판온(아세톤)은 그 중에서도 유명하다. 또한 요산, 요소, 탄산도 케톤 계열 물질이다.

당이 부족할 때 간에서 만들어지는 성분으로 탄수화물을 절제하는 LCHF 같은 식이요법을 시행하는 사람들은 체지방을 연소시키게 되어 케톤이 체내에 분비되고, 이것이 호흡이나 대화를 통해 체외로 퍼지면서 입냄새의 주원인이 된다. 일반적으로는 포도당만이 뇌나 근육에 에너지로 사용되며, 특히 뇌는 포도당만으로 움직인다고 알려져 있으나, 사실 케톤도 뇌와 근육 등에 에너지원으로 사용된다. 다만 당분에서 얻어지는 포도당은 빠르게 에너지원으로 작용하기 때문에 뇌와 근육에 순간적으로 에너지를 쏟아 부어 피로를 회복하기 좋으나 ② 케톤은 지방이 분해되어야 하는 프로세스를 거쳐야 하기 때문에 갑자기 공급량을 늘리거나 하기는 힘들다.

간질 발작을 막기 위해 케톤을 늘리는 케톤식이요법을 하기도 한다. 탄수화물이 제한되니 찌뿌둥하고 짜증나는 등 괴롭다. 죽기 직전의 환자에게서 많이 생성되며 특유의 냄새가 난다. ③ 그혈당으로 인해 포도당이 체외로 배출되어 어쩔 수 없이 지방을 연소시키게 되는 당뇨병, 특히 1형 당뇨병 환자들은 장시간 관리를 하지 못하면 당뇨병성 케톤산혈증에 시달리게 된다.

무기화학에서도 일산화탄소(CO) 화합물을 카르보닐 화합물이라고 부른다. 카르보닐 화합물은 일산화탄소가 금속 원자에 배위된 형태로 존재하는 화합물을 뜻한다.

탄수화물에서 단당류의 일부는 환원기(=O)가 여러 개 붙은 케톤이며, 이것들을 묶어서 케토스(Ketose)라고 분류한다. 과당과 타가토스가 여기에 속한다.

(4) 에스테르류(R – COO – R')

유기산과 알코올이 서로 반응하여 탈수된 생성물이다. 구성하는 산이나 알코올의 조합에 따라 대단히 많은 화합물이 있으며 그 대다수가 강약의 차이는 있지만 방향성을 가진 것이 보통이다. 그러나 대략 탄소수가 20개 이하인 산과 알코올의 조합이 아니면 향기가 나지 않으며 지방족의 에스테르가 방향족 에스테르보다 더 향기가 좋은 것이 많다. 천연에는 지방족 에스테르가 더 많으며 조성 지방산을 보면 아세트산에스테르가 가장 많고 개미산, 낙산, 길초산 에스테르가 그 다음 순이며 C6～C12의 지방산도 있다. 방향족 에스테르에는 안식향산, 계피산, 페닐초산, 살리실산, 안트라닐산 등의 에스테르가 있으나 그 종류가 훨씬 적다.

① 산과 알코올이 반응하여 물이 빠지고 생성된 물질

$$R-COOH+R-OH \underset{\text{가수분해}}{\overset{\text{에스테르화}}{\rightleftarrows}} R-COO-R'+H_2O$$

② 알칼리(KOH, NaOH)에 의해 비누화된다.

$$\underset{\text{스테아르산에틸}}{C_{17}H_{35}COOC_2H_5}+NaOH \rightarrow \underset{\text{스테아르산나트륨}}{C_{17}H_{35}COONa}+C_2H_5OH$$

(5) 카르복실산류(R－COOH)

카복실산(Carboxylic acid) 또는 카르복시산은 카복시기(－C(＝O)－OH, 간단히 －COOH)가 있는 유기산을 말한다.

① 알코올과 반응하면 에스테르가 생성된다.

$$CH_3COOH+C_2H_5OH \rightarrow CH_3COOC_2H_5+H_2O$$

② 알칼리 금속과 반응하여 수소가스를 발생한다.

$$2CH_3COOH+2Na \rightarrow 2CH_3COONa+H_2\uparrow$$

(6) 알데히드류(R－CHO)

▌성상

① 포름알데히드(HCHO)

자극성냄새(냄새역치 : 0.8ppm)를 갖는 가연성 무색기체로 물에 잘 녹고 살균방부제로 이용되며 그 수용액은 포르말린으로 알려져 있다. 화학적으로는 반응성이 매우 센 환원제이며, 또한 많은 물질들(젤라틴, 아교 등과 같은 단백질)과 쉽게 결합하여 중합체를 형성한다. 포름알데히드는 피혁제조나 사진건판, 폭약 등을 만들 때에도 이용되며 또한 강한 반응성을 이용하여 요소계, 멜라민계 합성수지를 만드는 공정 등에 쓰인다.

② 아세트알데히드(CH_3CHO)

아세트알데히드는 반응성이 매우 큰 물질로서 사용상 가장 유의할 점은 화재 및 폭발이다. 액상이나 증기상 모두 다 가연성이 매우 크다. 특히 증기상은 다양한 농도 범위에서 공기와 함께 가연성과 폭발성이 큰 물질을 형성한다. 아세트알데히드는 수은촉매를 이용한 아세틸렌수화반응, 구리촉매를 이용한 에탄올 산화 혹은 탈수소화 반응, 파라핀산화, 촉매로서 팔라듐과 염화구리를 이용한 에틸렌 산화 등과 같은 공정에 의해서 만들어진다.

아세트알데히드는 중요한 화학적 중간물질로서 수많은 반응에 참여하는데, 현재 생산된 총 아세트알데히드의 약 60%는 아세트산 제조에 사용된다.

▌발생원

주요 발생원은 포르말린 제조, 합판 제조, 합성수지 및 화학제품 제조, 소각로, 석유정제, 유류 및 천연가스 연소시설 등으로 매우 광범위하다.

포름알데히드는 또한 실내 공기 오염의 주요 원인물질로 일반주택 및 공공건물에 많이 사용되는 단열재인 우레아폼(Urea Formaldehyde Form Insulation)과 이외에 실내가구의 칠, 가스난로 등에서의 연소과정, 접착제, 흡연 등에 의해 발생된다.

▼ 표 1.6 포름알데히드의 농도별 인체 자극정도

농도(ppm)	자극부위	자극정도
0.25 이하	눈, 코, 호흡기도	매우 약한 자극
0.25～0.50		약한 자극
0.50～1.50		중간 자극
10 이상		강한 자극(눈물, 호흡곤란, 기침)

▌인체영향

1981년 Schenke 등의 보고서에 따르면 우레아폼을 단열재로 사용한 주택에 살고 있는 주민을 조사한 결과 오랫동안 포름알데히드에 폭로되었을 경우 정서적 불안정, 기억력 상실, 정신집중의 곤란 등을 유발한다.

동물실험에서는 폐수종, 비염의 증상이 있는 것으로 나타난다. 포름알데히드에 반복하여 노출될 경우 눈, 코 및 호흡기도에 만성 자극을 일으키며 눈꺼풀에 염증을 유발시키는 것으로 알려지고 있으며 농도별 인체에 대한 자극정도는 [표 1.6]과 같다. 또한 이 물질이 수중에 존재할 경우 어패류에 대한 독성(어류에 대한 치사농도 : 50～100ppm)도 있다.

호흡에 의한 영향을 보면 쥐의 4시간 기준 반수치사농도(LC_{50})는 250ppm이고, 고양이는 8시간 기준 반수치사농도가 650ppm이다.

사람에 대해서는 10ppm 이하일 때 느끼는 자극 정도는 [표 1.6]에 나타낸 바와 같고 30ppm에서 질병증상이 나타나기 시작하며 100ppm 이상에서 1분 이상 노출될시 심각한 영향을 나타낸다.

실내 또는 지하공간에서 포름알데히드에 의한 오염을 막기 위해서 환기시설을 충분히 가동하여야 하며 사용시 손이나 피부에 묻었을 경우 그 부위를 비눗물로 깨끗이 씻어야 하고 눈에 들어갔을 경우 깨끗한 물로 15분 이상 씻어야 한다.

또한 아세트알데히드는 점막을 자극하고, 중추 신경계에 마취작용을 일으키며 낮은 농도에서도 기관지 염증뿐만 아니라 눈·코·상부호흡기의 자극을 유발한다. 고농도에서는 두통·마비·기관지 및 폐의 수종을 일으키고 섭취 시에는 멀미·구토·설사·혼수상태·호흡기 장애 등을 유발한다.

▌대기중 허용농도 및 환경기준

① 각국의 대기 중에서의 포름알데히드에 대한 허용노출농도는 아래와 같다.

국 가	시간가중평균(TWA)	
	ppm	mg/m^3
미국	3.0	–
러시아	–	0.5
체코	–	0.5
독일	0.5	0.6
스웨덴	0.8	1.0
브라질	1.6	2.3
일본	2.0	2.5
영국	2.0	3.0

② 미국각 주의 포름알데히드에 대한 환경기준은 [표 1.7]과 같다.

▼ 표 1.7 미국 각 주의 포름알데히드에 대한 환경기준

주	환경기준 (mg/m³)	주	환경기준 (mg/m³)
북부캐롤라이나, 북부다코타	0	코네티컷, 남부다코타, 버지니아	12.0
매사추세츠	0.77		
뉴욕	5.0	인디아나	18.0
펜실베이니아	7.2	네바다	71.0
남부캐롤라이나	7.5	워싱턴	75.0

③ 현재 대기환경보전법상 포름알데히드의 배출허용기준은 모든 배출시설에 대해 20ppm 이하로 규정되어 있다.

④ 포름알데히드와 아세트알데히드는 1998년 초 대기환경보전법 개정시 특정대기유해물질로 확대 지정되어 관리되고 있고, 대기오염공정시험방법도 개정된다. 포름알데히드에 대한 주시험 방법은 크로모트로핀산법에서 DNPH/HPLC 방법으로 개정된다.

DNPH/HPLC 방법은 알데히드화합물과 2,4－DNPH와의 유도체화 반응을 이용한 것으로서 배출가스 중의 알데히드는 흡수액인 2,4－DNPH와 반응하여 하이드라존 유도체를 형태로 전환되고 물을 부산물로 생성하게 되는데 이때 생성된 하이드라존 유도체를 HPLC로 분석하여 정량하게 된다.

이 시험방법에서 주의할 점은 굴뚝먼지를 시료 채취할 경우와 마찬가지로 알데히드류의 시료 채취시에도 반드시 등속흡인을 해야 한다는 것이다.

1.11.7 방향족 탄화수소

(1) 방향족 탄화수소

방향족 탄화수소는 벤젠 고리, 즉 6개의 탄소원자가 둥글게 결합된 고리를 가지는 탄화수소다. 이에 속하는 물질들을 발견했을 당시, 이들은 냄새가 나는 특성이 있어서 방향족이라는 이름을 붙였다. 이는 현대에 와서는 조금 바뀌었다. 여러 방향족 탄화수소에서 달콤한 냄새가 나는 것은 맞지만, 반드시 냄새를 가진 화합물만 방향족으로 분류되는 것은 아니다. 최초 발견된 방향족 화합물들이 냄새를 가졌기 때문에 방향족이라는 이름이 붙었던 것이고, 이후 냄새는 없더라도 같은 성질을 가지는 화합물들이 발견되어 방향족에 추가되었기 때문이다.

대표적인 화합물로서 BTX(Benzene, Toluene, Xylene)이다.

(2) 벤젠(C_6H_6)

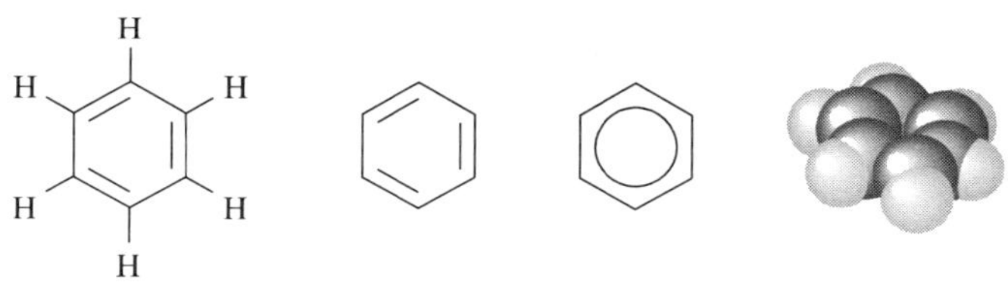

벤젠(Benzene) 또는 벤졸(benzol)은 6개의 탄소원자가 동일 평면에 있는 평면정육각형 고리구조를 이루고 있는 방향족 탄화수소물질이고 대표적인 아눌렌(6－아눌렌)이다. 무색이고 가연성이 있으며, 발암 물질로도 알려져 있다. 분자식은 C_6H_6이다. 가끔 페닐기에 수소가 붙어 있다는 의미로 Ph－H로 표기되기도 한다. 상대적으로 높은 끓는점을 가진 것으로 알려져 있으며 달콤한 냄새를 가진 것이 특징이다. 발암성 때문에 가솔린에의 첨가는 제한되었지만 화학 공정에서 중요한 용매로 사용되며, 약품, 플라스틱, 인조 고무, 염료의 제조에 중요한 역할을 한다. 벤젠은 원유의 성분이며, 석유에 존재하는 다른 물질들을 통해서 합성할 수도 있다.

벤젠을 구성하는 6개의 탄소 원자는 서로 공유결합을 이루며, 6개의 탄소원자 끝에 각각 1개의 수소원자가 공유결합을 이루고 있다. 탄소원자간의 결합은 단일결합도, 이중결합도 아닌 중간적 성질을 가지며, 탄소원자 사이의 결합길이는 0.139nm로 모두 같다. 공명 구조를 이루고 있어 화학적으로 매우 안정하다. 벤젠은 무극성 분자이다.

1.11.8 벤젠의 유도체

고리 모양의 불포화 탄화수소이며, 기본이 되는 것은 벤젠이고 그로부터 유도된 수많은 방향족 탄화수소가 있다. 벤젠()은 1865년 케쿨레(독일)에 의해서 그 구조가 규명되었으며, 이중 결합의 위치가 고정된 것이 아닌 공명 혼성체, 즉 이중 결합과 단일 결합의 중간 결합으로 되어 있다. 따라서 C와 C 사이의 거리는 단일 결합과 이중 결합의 중간 정도인 0.140nm이다. 방향족 화합물에는 벤젠(), 페놀(), 벤조산(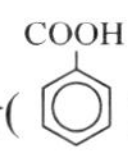), 니트로벤젠(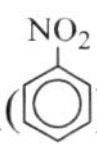) 등이 있다.

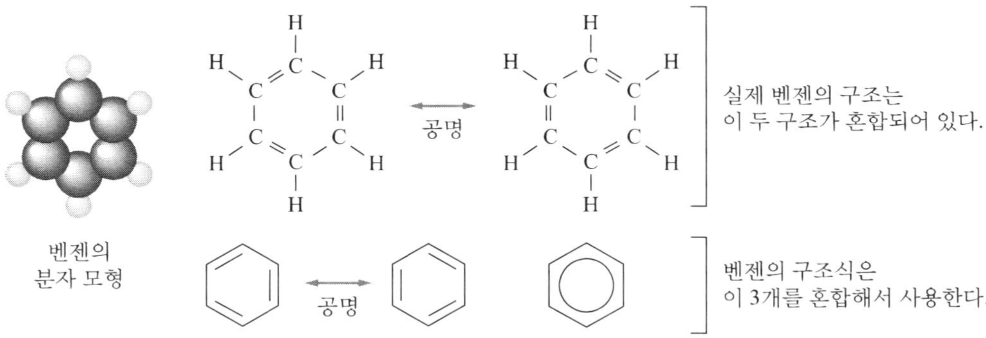

▲ 그림 1.9 벤젠의 구조식

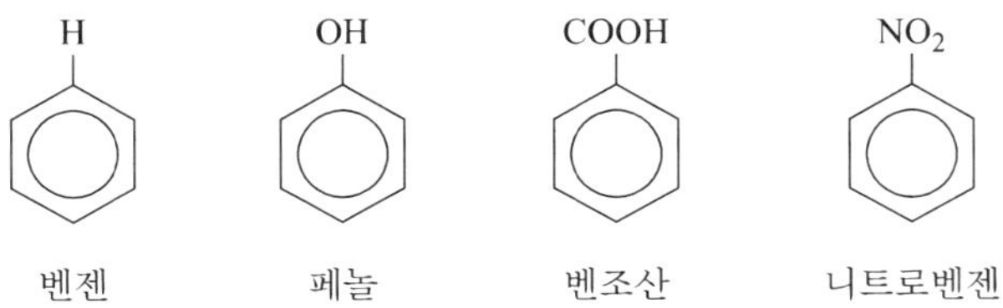

▲ 그림 1.10 방향족 탄화수소의 종류와 구조

벤젠 고리는 벤젠 구조에서 육각의 고리를 말하며 '벤젠 핵'이라고도 한다. 벤젠 고리를 포함하고 있는 방향족 화합물은 대개 향기가 있으므로 '방향족'이라는 이름이 붙게 되었다. 벤젠은 휘발성과 방향성이 있는 무색 액체이며, 끓는점은 80.1℃이고 인화성이 크다. 또 무극성 용매(유기 용매), 알코올, 에테르, 아세톤 등에 잘 녹으며, 연소시 그을음을 많이 내면서 연소한다.

벤젠은 분자 중에 이중 결합(C=C)이 3개나 있는 것처럼 보여 첨가 반응이 쉬울 것 같지만 단일 결합도 이중 결합도 아닌 1.5중 결합이므로 치환 반응이 쉽게 일어난다. 치환 반응에는 다음과 같은 반응이 있다.

① 할로겐화 반응(chloro화 반응) : $C_6H_6 + Cl_2 \rightarrow C_6H_5Cl$(클로로벤젠) + HCl

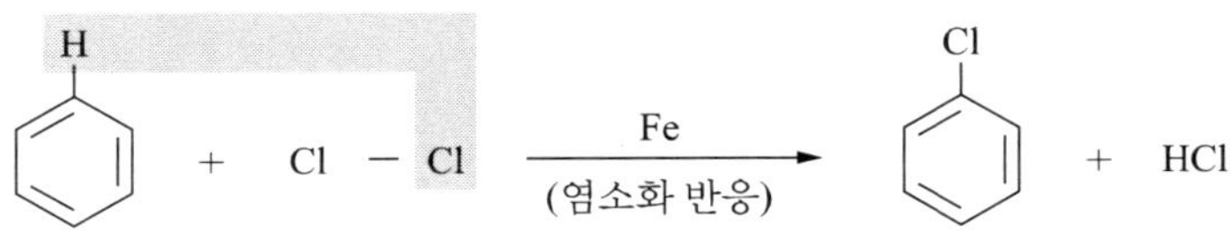

벤젠 염소 클로로벤젠

② 니트로화 반응(nitro화 반응) : $C_6H_6 + HNO_3 \rightarrow C_6H_5NO_2$(니트로벤젠) + H_2O

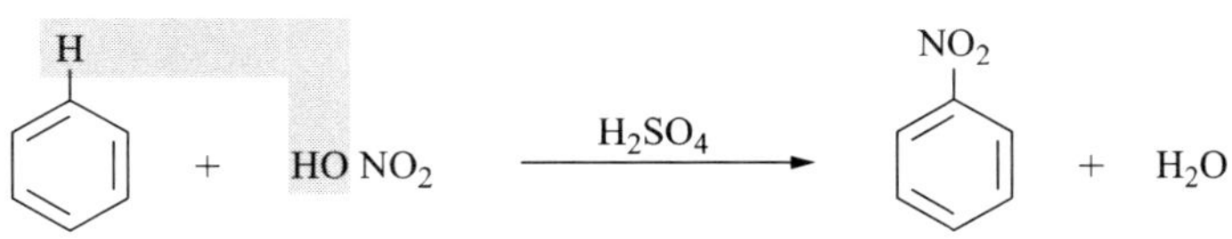

벤젠 진한 질산 니트로벤젠

③ 술폰화 반응(sulfon화 반응) : $C_6H_6 + H_2SO_4 \rightarrow C_6H_5SO_3H$(벤젠술폰산) + H_2O

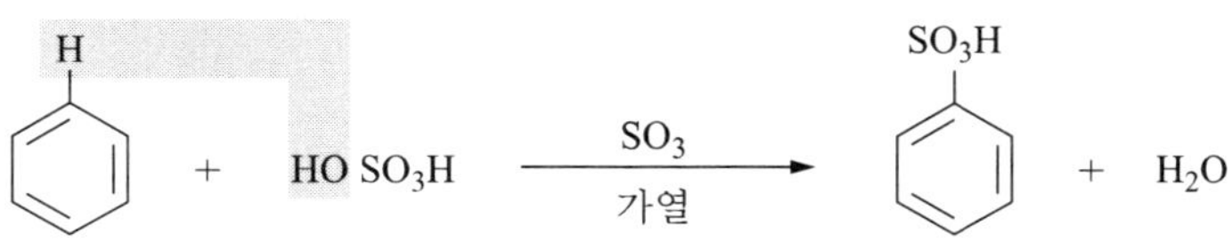

벤젠 진한 황산 벤젠술폰산

④ 알킬화 반응 : $C_6H_6 + CH_3Cl \rightarrow C_6H_5CH_3$(톨루엔) + HCl

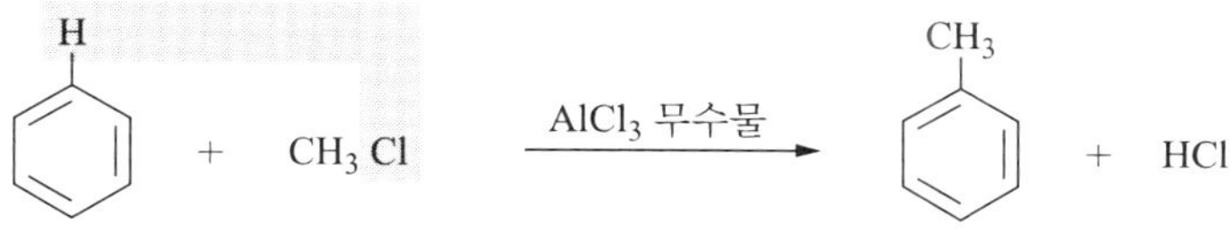

벤젠 염화메틸 톨루엔

또 다음과 같은 첨가 반응이 일어나기도 한다.

① 수소 첨가 : $C_6H_6 + 3H_2 \rightarrow C_6H_{12}$(시클로헥산)

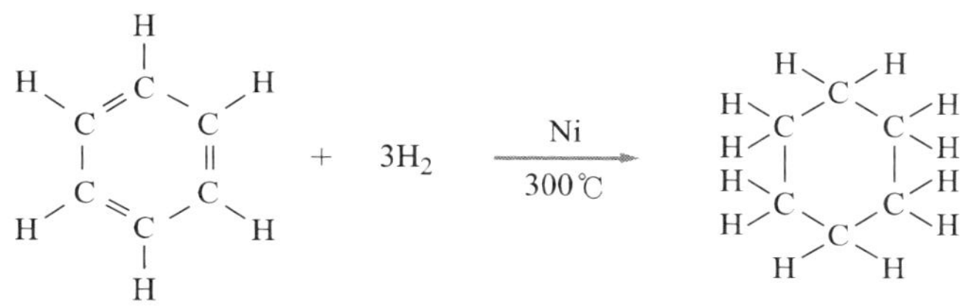

벤젠 시클로헥산

② 염소 첨가 : $C_6H_6 + 3Cl_2 \rightarrow C_6H_6C_6$(benzene hexa chloride)

1.11.9 방향족 탄화수소의 종류

방향족 탄화수소에는 다음과 같은 화합물이 있다.

① 톨루엔(Toluene, $C_6H_5-CH_3$)

방향성 무색 액체로 끓는점은 111℃이며 콜타르 중에 포함되어 있고 프리델-크라프트 반응으로 얻는다($C_6H_6 + CH_3Cl \rightarrow C_6H_5-CH_3 + HCl$). 진한 황산($H_2SO_4$)과 진한 질산($HNO_3$)을 혼합하여 니트로화하면 T.N.T(trinitro toluene)가 생성된다($C_6H_5-CH_3 + 3HNO_3 \xrightarrow[H_2SO_4]{} C_6(NO_2)_3H_2-CH_3 + 3H_2O$).

② 크실렌(Xylene, $C_6H_4-(CH_3)_2$)

콜타르를 분별 증류하여 얻으며, 방향성 무색 액체로 ortho, meta, para의 3가지 이성체가 있다.

③ 나프탈렌(Naphthalene, $C_{10}H_8$)

백색 고체로 녹는점은 80.5℃이고 승화성이 있고 방충 작용이 있다. 프탈산 수지나 염료의 원료로 쓰인다.

④ 안트라센(Anthracene, $C_{14}H_{10}$)

엷은 청색의 판상의 결정이고 승화성이 있으며, 염료의 원료로 쓰인다. α, β, γ의 3가지 이성질체가 있다.

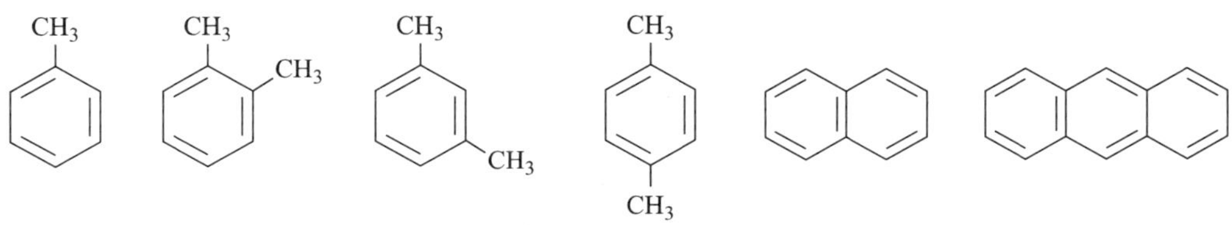

톨루엔 | *o*－크실렌 (오르토 크실렌) | *m*－크실렌 (메타 크실렌) | *p*－크실렌 (파라 크실렌) | 나프탈렌 | 안트라센

▲ 그림 1.11 방향족 탄화수소의 구조와 종류

1.11.10 고분자 화합물

(1) 고분자 화합물

▌고분자 화합물의 특징

① 분자량이 10,000 이상인 거대분자로 대부분 고체이다.

② 분자량이 일정치 않아 녹는점이 일정하지 않으며 가열하면 끓기 전에 분해된다.

③ 용매에 녹기 어렵고 녹아도 콜로이드 용액이 되고 점도가 강하다.

▌고분자 화합물의 분류

① 천연 고분자 : 단백질 셀룰로오스 등 생물체의 구성 물질

② 합성 고분자 : 폴리에틸렌, 나일론, 페놀수지 등 주로 석유화학 산물

▌고분자 화합물의 합성반응

공유결합 물질인 단위체를 중합반응에 의하여 고분자인 중합체를 합성한다.

① 첨가중합－단위체 내에 불포화 결합이 끊어지며 중합

$$n(CH_2=CH_2) \rightarrow -(-CH_2-CH_2-)-n$$

에틸렌　　　　　　　폴리에틸렌

② 축합중합(축중합)

단위체 분자에 작용기가 있을 때, 작용기 2개가 반응하여 H_2O, HCl 등의 간단한 분자가 빠져나오면서 중합체를 이룬다.

Point

단위체　고분자 물질을 만드는 기본단위, 단위체에는 중합을 위해 분자 내 이중결합을 이루거나 2개 이상의 작용기가 있어야 한다.

중합도　단위체 n개가 첨가중합을 하여 중합체를 만들 때 이 n 값을 중합도라 하며, 중합도가 클수록 분자량이 큰 고분자 물질이 된다.

(2) 합성 고분자 화합물

합성수지

① 열가소성 수지

가열하면 부드러워지며 유동성을 가지고 식으면 다시 굳어진다. 주로 이중결합이 끊어지며 첨가중합을 이루는 사슬모양의 구조를 가진 고분자 화합물로 적당한 용매에 녹일 수 있다. 예) 폴리에틸렌 PVC, PVA, 아크릴수지 등

② 열경화성 수지

한번 굳어지면 가열해도 연해지거나 녹지 않는다. 삼차원적 그물모양을 가진 고분자 화합물로, 수지 그대로는 용매에 녹일 수 없다. 열경화성 수지는 축중합반응으로 만들어지며 펩티드 결합, 에스테르 결합, 메틸렌 결합을 한 것이 많다.

③ 이온교환수지

중합체 중에 $-SO_3H$나 $-COOH$와 같은 산성기는 Na^+와 같은 금속이온과 교환되는 양이온 교환수지이며, $-NH_2$나 $-NH_3OH$ 등의 염기성은 수용액 중의 음이온과 교환되는 음이온 교환수지이다.

▌합성섬유

① 나일론(nylon) 6.6

- 합성 고분자 폴리아미드의 총칭
- 헥사메틸렌디아민과 아디프산을 축중합하여 만든다.
- 아미드(펩티드)결합을 가지고 있으며, 탄소수가 6이므로 나일론 6.6이라고 한다.

② 테릴렌(terylen)

- 폴리테레프탈산에틸렌에 붙인 상품명
- 에틸렌글리콜과 테레프탈산을 축중합하여 만든다.
- 에스테르의 결합을 하고 있다.

▌합성고무

합성고무는 아세틸렌 두 분자를 중합시킨 비닐아세틸렌이 주원료이다.

$$H-C\equiv C-H+H-C\equiv C-H \rightarrow H_2C=CH-C\equiv C-H$$

(비닐아세틸렌)

- 부나－S : 부타디엔과 스티렌의 공중합체
- 부나－N : 부타디엔과 아크릴로니트릴의 공중합체[2)]
- 네오프렌 고무 : 클로로프렌의 첨가중합체

(3) 천연 고분자 화합물

▌탄수화물

① 단당류

- 당류 가운데 가장 간단한 물질로 그 이상 가수분해 되지 않는 당을 단당류($C_6H_{12}O_6$)라고 한다.
- 수용액은 환원성이 있으므로 페엘렝 반응과 은거울 반응을 한다.
- 효소에 의해 알코올 발효를 한다.

② 이당류

묽은 산 또는 효소작용에 의하여 가수 분해되어 두 분자의 단당류가 생긴다.

2) 공중합체 : 두 가지 이상의 서로 다른 단위체를 첨가중합 시키는 것

③ 녹말$(C_6H_{10}O_5)n$

- 포도당이 축중합하여 생긴 고분자 물질
- 단맛도 없고, 환원력도 없다.
- 산에 의해 가수분해되어 α-포도당이 된다.

$$(C_6H_{10}O_5)n + nH_2O \rightarrow n\ C_6H_{12}O_6$$

- 녹말검출 요오드 녹말반응(보라색)을 한다.
- 아밀라아제에 의해 텍스트린을 거쳐 먹아당으로 된다.

$$2(C_6H_{10}O_5)n + nH_2O \rightarrow n\ C_{12}H_{22}O_{11}$$

④ 셀룰로오스(Cellulose)

- 식물의 세포막의 주성분을 만드는 단당류로서 종이, 펄프의 주성분이다.
- 물에 녹지 않으며, 가수분해 반응도 쉽게 일어나지 않는다.
- 산에 의해 가수분해되어 이당류인 셀루비오스를 거쳐 β-포도당으로 분해된다.

아미노산

① 아미노산의 구조

한 분자 속에 아미노기($-NH_2$)와 카르복시기($-COOH$)를 갖는 화합물로 양쪽성물질이다.

② 아미노산의 성질

- 단백질을 가수분해하여 얻는다.
- 아미노산은 물에 녹기 쉬우나 에테르나 벤젠과 같은 유기용매에는 녹지 않는다.
- 녹는점이 높으며 가열하면 200～300℃에서 분해된다.
- 양쪽성물질이므로 산성용액에서는 $-NH_3^+$, 염기성 용액 중에서는 $-COO-$로 된다.

단백질

① 단백질의 구조

다수의 아미노산이 축중합되어 생긴 물질이며 아미노산의 $-COOH$기와 다른 아미노산의 $-NH_2$기가 축합반응으로 펩티드 결합(−

CONNH－)을 한다.

② 단백질의 성질

- 가수분해하면 아미노산이 된다.
- 수용액에 전해질을 넣으면 염석된다.
- 산·염기 및 중금속이온에 의하여 변성이 된다.
- 열에 의해 응고된다.

③ 단백질의 검출반응

- 크산토프레인 반응 : 단백질에 질산을 넣으면 노랗게 된다.
- 뷰렛반응 : 단백질 수용액에 수산화나트륨 용액을 가한다.
- 황산구리 용액을 넣고 가열하면 붉은 보라색이 된다.

효소(enzyme)

① 살아있는 세포 속에서 만들어진 촉매작용이 있는 물질이며 단백질로 되어있다.

② 효소의 작용은 선택적이다. 즉, 특정한 물질의 일정한 화학반응에 대해서만 촉매작용을 한다.

③ 효소는 요액의 PH에 영향을 받는다.

④ 효소는 열에 약하다. 보통 35～55℃가 최적이며 70℃ 이상에서는 파괴된다.

생고무

① 이소프렌(C_5H_8)의 첨가중합체이다.

② 생고무의 종류

- 생고무＋황 3～10% → 가황고무
- 생고무＋황 40% → 에보나이트

유지와 비누

① 유지

- 고급지방산과 글리세린의 에스테르 화합물로서 지방 또는 기름을 말한다.
- 물, 알코올에는 불용, 벤젠, 사염화탄소, 에테르 등 유기용제에는 잘 녹는다.
- 염기에 의해 비누화되어 비누와 글리세린이 된다.

비누화 반응식

$$(C_{15}H_{31}COO)_3C_3H_{50} + 3NaOH \rightarrow 3C_{15}H_{31}COONa + C_3H_5(OH)_3$$

유지 염 비누 글리세린

② 비누

- 고급지방산의 알칼리 금속염을 말한다.
- 물에는 잘 녹으며 수용액은 알칼리성이다.
  - 비누화값 : 유지 1g을 비누화하는데 필요한 KOH의 mg 수
  - 요오드화값 : 기름 100g에 부가되는 요오드의 g 수

Chapter 1 연습 문제

1. 재결정 용어의 개념을 정리하라

Solution 재결정은 용해도의 차이를 이용하여 고체 혼합물을 분리하는 방법으로 제품의 함량(순도)을 올리기 위한 방법이다.

2. $AgNO_3 + HCl \rightarrow AgCl + HNO_3$은 무슨 화학변화인가?

Solution 복분해 : 두 가지 이상의 성분이 서로 교체되는 현상. $AB + CD \rightarrow AD + BC$

3. 주기율표에서 0족의 최외각 궤도의 전자수는 몇 개인가?

Solution 0족의 최외각 궤도의 전자수 : 8개(족수와 같다.)

4. 원자번호가 19이며, 원자량이 39인 칼륨(K)원자의 원자핵 속에 들어 있는 중성자와 양성자수는 얼마인가?

Solution 중성자수 = 질량수 − 원자번호 = 39 − 19 = 20, 양성자수 = 원자번호 = 19

5. 산소 64g 속에는 몇 개의 산소 분자가 들어 있는가?

Solution 산소 1몰(32g) 속에는 6.023×10^{23}개의 분자가 들어 있으므로 64g에는 $2 \times 6.023 \times 10^{23} = 12 \times 10^{23}$가 들어 있다.

6. 다음 핵 화학반응에서 괄호 안에 들어갈 수 있는 것은?

$^{9}_{4}Be + ^{4}_{2}He \rightarrow (\quad\quad) + ^{1}_{0}n$

Solution $^{9}_{4}Be + ^{4}_{2}He \rightarrow (\ ^{12}_{6}C\ ) + ^{1}_{0}n$

7. 표준상태에서 어떤 기체 $_XO_2$의 밀도는 산소기체의 2배이다. 산소의 원자량이 16이라 가정할 때, 기체 $_XO_2$의 성분원소인 X의 원자량은?

Solution $_XO_2$의 분자량 = 32×2배 = 64, X의 원자량 = 64 − 32 = 32

8. SP, SP^2, SP^3에 대한 혼성궤도함수를 각각 2개씩 서술하시오.

Solution SP혼성궤도(오비탈 구조 : 선형) : BeF_2, CO_2
SP^2혼성궤도(오비탈 구조 : 정삼각형) : BF_3, SO_3
SP^3혼성궤도(오비탈 구조 : 사면체) : CH_4, NH_3, H_2O

9. 다음과 같은 전자배열을 가진 원자는?

$1S^2\ \ 2S^2\ \ 2P^6\ \ 3S^1$

Solution Na(원자번호11):$1S^2\ \ 2S^2\ \ 2P^6\ \ 3S^1$

10. $N_2(g) + 3H_2(g) \rightarrow 2NH_3(g)$식을 가지고 질량보존의 법칙, 배수비례의 법칙, 기체반응의 법칙을 모두 서술하시오.

Solution • 질량보존의 법칙 : 화학반응에 있어서 반응물의 질량 총합은 생성물의 질량 총합과 같다.
$N_2(28g) + 3H_2(6g) \rightarrow 2NH_3(2 \times 17g)$

• 배수비례의 법칙 : 두 원소가 결합하여 2개 이상의 화합물을 만들 때 다른 원소의 질량과 결합하는 원소의 질량 사이에는 간단한 정수비가 성립한다.

• 기체반응의 법칙 : 반응물의 부피와 생성물의 부피 사이에는 간단한 정수비가 성립한다.
$N_2(1vol) + 3H_2(3vol) \rightarrow 2NH_3(2vol)$

11. 어떤 기체의 확산속도가 so_2의 2배일 때 이 기체의 분자량을 추정하면 얼마인가?

Solution 그레이엄의 확산속도법칙 : 확산속도는 분자량의 제곱근에 반비례, 밀도의 제곱근에 반비례한다.

$$\frac{U_B}{U_A} = \sqrt{\frac{M_A}{M_B}} = \sqrt{\frac{d_A}{d_B}}$$

여기서, U_B : B 기체의 확산속도, U_A : A 기체의 확산속도, M_B : B 기체의 분자량, M_A : A 기체의 분자량, d_B : B 기체의 밀도, d_A : A 기체의 밀도

따라서 어떤 기체를 A, SO_2를 B로 하면 $\frac{1}{2} = \sqrt{\frac{M_A}{64}} \Rightarrow M_A = 16$

12. 톨루엔($C_6H_5CH_3$)과 크실렌[($C_6H_4(CH_3)_2$]의 혼합물에서 톨루엔의 분압이 전압의 60[%]이면 이 혼합물의 평균분자량은 얼마인가?

Solution 톨루엔($C_6H_5CH_3$)과 크실렌[($C_6H_4(CH_3)_2$]의 분자량은 각각 92와 106이기 때문에
정답 평균 분자량 = (92×0.6) + (106×0.4) = 97.6

13. 어떤 액체연료의 질량조성이 C : 80[%], H : 20[%]일 때 C/H의 mol 비는 얼마인가?

Solution C(탄소)원자량 = 12g, H(수소)원자량 = 1g이기 때문에 C/H의 mol비 = $\frac{80/12}{20/1} = 0.33$

14. 표준상태에서 어떤 기체의 밀도가 3[g/l]라면 이 기체의 분자량은 얼마인가?

Solution 표준상태에서 어떤 기체 1[g-mol]이 차지하는 부피는 22.4[l]이다. 밀도 $\rho = \frac{W}{V}$ 이므로
W(무게 = 분자량) = ρ × V = 3[g/l] × 22.4[l] = 67.2[g]

15. 0.17[M] HCl 10[ml]를 중화시키는데 필요한 0.05[M] 수산화나트륨(NaOH) 수용액의 부피는 얼마인가?

Solution 식 NV=N'V' 적용하면 0.17N×10[ml]=0.05N×x 정답 x=34[ml]

16. 어떤 화합물을 분석한 결과 질량비가 탄소 54.55[%], 수소 9.10[%], 산소 35.35[%]이고, 이 화합물 1[g]은 표준상태에서 0.17[l]라면 이 화합물의 분자식 나타내시오.

Solution C(탄소)원자량=12g, O(산소)원자량=16g, H(수소)원자량=1g이므로

정답 분자식 C : H : O=2 : 4 : 1=C_2H_4O

17. 산소 16g과 수소 4g이 반응할 때 몇 g의 물을 얻을 수 있는가?

Solution 반응식 $2H_2 + O_2 \rightarrow 2H_2O$ 또한 $H_2 + O \rightarrow H_2O$으로 적용되기 때문에 반응식에서 수소 :

4g 32g 36g 2g 16g 18g

산소의 비율은 2:1이므로 산소 16g과 수소 4g을 반응시키면 수소 2g만 반응하고 나머지는 미반응물 2g만 남기 때문에 생성된 물은 2g+16g=18g이 얻어진다.

18. 수소 2.24l가 염소와 완전히 반응했다면 표준상태에서 생성한 염화수소의 부피는 몇 l가 되는가?

Solution 반응식 $H_2 + Cl_2 \rightarrow 2HCl$

$$\begin{matrix} 22.4l & \times & 2\times 22.4l \\ 2.24l & & x \end{matrix}$$

정답 x=4.48l

19. 프로판가스 3l를 완전 연소시키려면 공기가 약 몇 l가 필요한가? (단, 공기 중 산소는 20%이다.)

Solution 프로판의 연소반응식

$C_3H_8 + 5O_2 \rightarrow 3CO_2 + 4H_2O$

$1l \times 5l$

$3l \quad x$

$x = \frac{3l \times 5l}{1l} = 15l$ ⇒ 이론산소의 부피 따라서 필요한 공기량을 구하면 $15l \div 0.2 = 75l$ 가 필요하다.

20. 부탄 100g을 완전 연소시키는데 필요한 이론산소량은 약 몇 g인가?

Solution 부탄의 연소반응식

$C_4H_{10} + 6.5O_2 \rightarrow 4CO_2 + 5H_2O$

$58g \times 6.5 \times 32g$

$100g \quad x$

$x = \frac{100g \times 6.5 \times 32g}{58g} = 358.62g$

21. 보일의 법칙, 샤를의 법칙, 보일-샤를의 법칙에 대해서 논하시오.

Solution 1) 보일의 법칙 식 $PV = k$(일정)

온도가 일정할 때 기체의 부피는 절대 압력에 반비례한다.

2) 샤를의 법칙 식 $\frac{V}{T} = k$

압력이 일정할 때 일정량의 기체가 차지하는 부피는 온도가 1℃ 증가함에 따라 그 기체의 0℃때의 부피의 1/273씩 증가한다. 즉, 압력이 일정할 때 기체가 차지하는 부피는 절대온도에 비례한다.

3) 보일-샤를의 법칙 식 $V_2 = V_1 \times \frac{P_1}{P_2} \times \frac{T_2}{T_1}$

기체가 차지하는 부피는 압력에 반비례하며, 절대온도에 비례한다.

22. 수소 결합의 특성에 대서 서술하시오.

Solution 1) 결합력의 세기가 가장 작으며 전기음성도의 차이가 클수록 수소결합이 강해진다.

2) 물분자들 사이에 수소결합을 하면 비점이 높고 증발열이 커진다.

3) 수소결합을 하는 물질은 무색투명하다.
4) 수소결합하는 물질 : H_2O, HF, HCN, NH_3, CH_3OH, CH_3COOH

23. 이온 결합의 특성에 대서 서술하시오.

Solution 1) 이온결합화합물에는 분자의 형태가 존재하지 않는다.
2) 비점(끓는점)과 융점(녹는점)이 높다.
3) 결정상태는 전기전도성이 없으나 수용액이나 용융상태에서는 전기전도성이 크다.
4) 극성 용매에 잘 녹는다.
5) 용융상태에서는 전해질이다.

24. 0.2N HCl 500ml에 물을 가해 $2l$로 하였을 때 pH는? (단, log5 = 0.7)

Solution NV = N'V'에서 $0.2\text{N} \times 0.5l = x \times 2l$, $x = 0.05\text{N}$
$\text{pH} = -\log(5 \times 10^{-2}) = 2 - \log5 = 2 - 0.7 = 1.3$

25. 포화용액 200g에 어떤 물질이 40g이 녹아 있다면 이 물질의 용해도는 얼마인가?

Solution $\text{용해도} = \frac{\text{용질}}{\text{용매}} \times 100 = \frac{40}{200-40} \times 100 = 25$

26. 용해의 농도 단위 N은 무엇을 의미하는가?

Solution N농도 : 용해 $1l$ 속의 용질의 g당량 수

27. 1N-NaOH 용해 $10l$를 만드는 데 필요한 NaOH의 질량은 얼마인가?

Solution 1N 40g $1l$
1N x $10l$ 정답 x = 400g

28. 35.0 wt(%) HCl 용액이 있다. 이 용액의 밀도가 1.1427g/ml라면 이 용액의 HCl의 몰농도 mol/l는 약 얼마인가?

Solution %농도 → 몰 농도로 환산

$$M = \frac{10ds}{\text{분자량}} [d : \text{비중}, s : \text{농도}\%]$$

정답 몰농도 $M = \frac{10 \times 1.1427 \times 35}{36.5} = 10.96[M]$

29. 10 wt(%)의 H_2SO_4 수용액으로 1M 용액 200ml를 만들려고 할 때 다음 중 가장 적합한 방법은? (단, S의 원자량은 32이다.)

Solution 1M－황산(H_2SO_4)이란 물 1,000ml 안에 황산이 98g 녹아있는 것을 말한다.

1M ╳ 98g ╳ 1,000ml
1M　　 x 　　 200ml

$$x = \frac{98g \times 200ml}{1{,}000ml} = 19.6g\,(\text{원액의 양})$$

10% 황산을 사용하므로 19.6g÷0.1＝196g

30. 0.2M H_2SO_4 50ml와 0.2M NaOH 50ml를 섞은 용액의 농도는 얼마인가?

Solution 혼합액의 농도 $= \frac{(0.2 \times 50) + (0.2 \times 50)}{50 + 50} = 0.2M$

31. 강산화제인 과망간산칼륨($KMnO_4KMnO_4$)에서 망간(Mn)의 산화수는?

Solution 칼륨(K) : ＋1, 산소(O) : －2이고, 화합물에 포함되어 있는 원자의 산화수의 합은 0이므로
1＋x 망간(Mn)＋(－2×4)＝0

정답 x = ＋7

32. 25℃에서 다음과 같은 반응이 일어날 때 평형상태에서 NO_2의 부분압력은 0.15atm이다. 혼합물 중 N_2O_4의 부분압력은 약 몇 atm인가? (단, 압력 평형상수 K_p는 7.13이다.)

반응식 $2NO_2(O) \Leftrightarrow N_2O_4(O)$

Solution 평형상수 $K_p = \dfrac{\text{생성물의 농도곱}}{\text{반응물의 농도곱}} = \dfrac{[N_2O_4]}{[NO_2]^2}$ $7.13 = \dfrac{x}{(0.15)^2}$ 따라서 $x = 0.16$ atm이다.

33. 칼륨(K)이 불꽃반응을 할 때 나타내는 색깔은?

Solution 보라색

34. 다음 중 프로필렌의 시성식을 표시하시오?

Solution 프로필렌(C_3H_6)의 시성식 : $CH_2 = CH - CH_3$

35. C_2H_5OH(에탄올)에 빨갛게 달군 구리선을 넣어 산화시킬 때 생성되는 물질은 무엇인가?

Solution 에틸알코올을 산화하면 아세트알데히드가 된다.

$$C_2H_5OH(\text{에탄올}) \underset{\text{환원}}{\overset{\text{산화}}{\rightleftarrows}} CH_3CHO(\text{아세트알데히드}) \underset{\text{환원}}{\overset{\text{산화}}{\rightleftarrows}} CH_3COOH(\text{초산})$$

36. 고급 지방산과 고급 1가 알코올로부터 만들어지는 고형 에스테르를 무엇이라고 부르는가?

Solution 왁스

37. 무수황산(Sulfur Trioxide)이 물과 반응하여 생성하는 물질은?

Solution 무수황산은 물과 반응하면 황산이 된다.
반응식 $SO_3 + H_2O \rightarrow H_2SO_4 +$ 발열

Chapter 02

연소와 소화

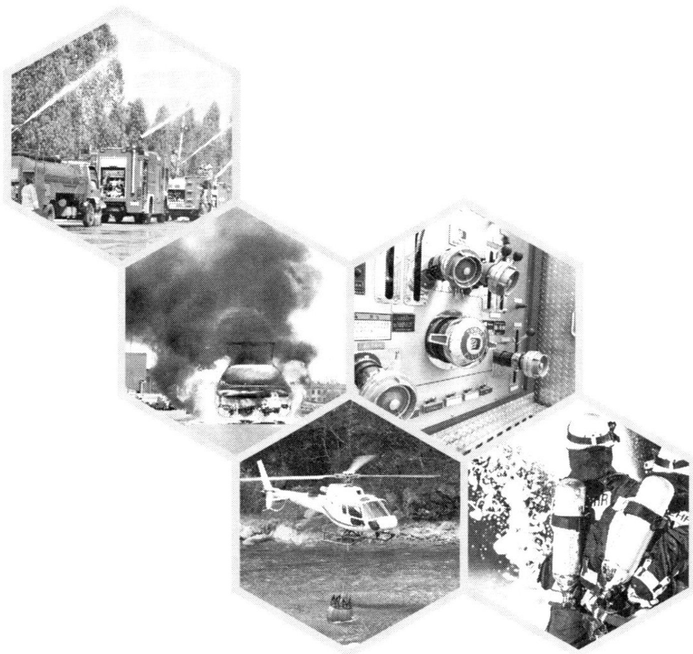

연소의 정의 01

물질이 빛이나 열 또는 불꽃을 내면서 빠르게 산소와 결합하는 반이다. 물질이 완전히 연소할 때 발생하는 열을 연소열이라고 하며 대부분의 연소반응은 발열반응이다.

※ 주의

① 녹이 생긴 것은 산화반응은 맞으나 빛과 열을 수반하지 않기 때문에 연소라고 하지 않는다.

② 질소의 경우 산화반응을 하지만 흡열반응을 하므로 산화라 하지 않는다.

연소의 3요소 및 4요소 02

연소의 3요소 및 4요소 중 어느 한 가지만 차단하여도 연소는 발생하지 않거나 지속되지 않는다.

2.1 연소의 3요소

불(연소)은 물질이 산소와 급격한 화학반응을 일으켜 열과 빛을 내는 강력한 산화반응현상이며 연료(가연물), 산소(공기), 열(발화원) 등 3가지 요소가 동시에 있어야만 연소가 이루어질 수 있어 이를 '연소의 3요소'라 한다.

① 연료(가연물) : 불에 탈 수 있는 물질을 말하며 이는 고체, 액체, 기체 연료의 3가지로 구분된다.

② 열(점화원) : 물질이 타서 불붙기 위해서는 반드시 열이 있어야 하는데, 이 열은 높은 열이어야 하며 그 양도 적당히 있어야 한다.

③ 산소(공기) : 물질이 열을 받아서 타려면 산소가 있어야 하며 산소가 없으면 불이 일어나지 않는다. 공기 중의 약 21%는 산소이며 연소하기 위해서 필요로 하는 산소의 양은 가연물질의 종류에 따라 서로 다르다. 대부분의 액체는 공기 중 산소 함량이 15% 이하로 줄어들면 불붙기 어려우며, 고체의 경우에는 6% 이하로 줄어들지 않으면 불은 계속 붙거나 그을면서 탄다.

2.2 연소의 4요소

연소의 3요소에 의해 연소는 시작되지만, 연소를 계속하기 위해서는 계속해서 분자가 활성화되고 연속적으로 산화 반응을 계속함에 의해 진행한다. 이 연쇄 반응을 추가하여 연소의 4요소라고 하는 수도 있다.

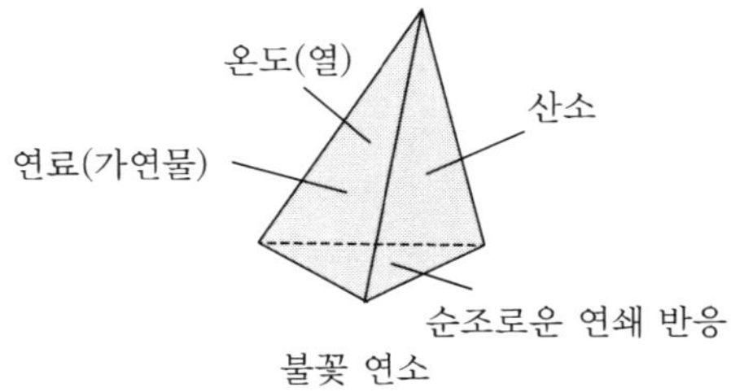

▲ 그림 2.1 연소의 4면체

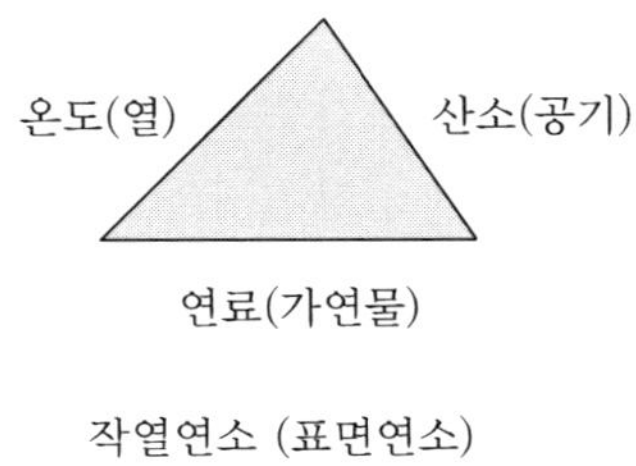

▲ 그림 2.2 연소의 3면체

가연물 점화원 산소공급원 03

3.1 가연물(연소가 가능한 물질)

3.1.1 LPG(액화석유가스)

① 주성분 프로판(C_3H_8), 부탄(C_4H_{10})
② 무미, 무색, 무취 → 누출 확인 위해 착취제 첨가
③ 무독성 가스이지만 폭발하기 때문에 위험
④ 액화되면 물보다 가볍다.
⑤ 기화되면 공기보다 무겁다. → 유출되면 바닥에 깔리기 때문에 LNG 보다 위험

3.1.2 LNG(액화천연가스)–도시가스

① 메탄(CH_4)
② 무색, 무취
③ 액화하면 물보다 가볍다.
④ 기화하면 공기보다 가볍다. → LPG보다 안전

3.1.3 가스의 주성분

증기비중(분자량 C = 12, H = 1, 공기 29)

① 메탄(CH_4) 16/29 = 0.55 → 공기보다 가볍다.

② 프로판(C_3H_8) 44/29 = 1.52 → 공기보다 무겁다.

③ 부탄(C_4H_{10}) 58/29 = 2 → 공기보다 무겁다.

! Point

가연물이 될 수 없는 물질

- 주기율표에서 18족 원소
  → 헬륨, 네온, 아르곤, 크립톤, 크세논, 라돈
- 산소와 더 이상 반응하지 않는 물질(완전 연소 생성물)
  → 물, 이산화탄소, 산화알루미늄, 오산화인
- 흡열반응 물질
  → 질소, 프레온

특수 가연물

합성 고분자 물질

- 열가소성 수지 : 열에 의해서 변형이 가능한 물질
  → PVC수지, 폴리에틸렌 수지, 폴리스틸렌 수지, 폴리아세트산 비닐
- 열경화성 수지 : 열에 의해서 굳어버리는 물질
  → 페놀수지, 요소수지, 멜라민수지

3.2 점화원(불을 붙여주는 물질)

3.2.1 점화원의 분류

(1) 전기적 열에너지

① 유도열

② 유전열(누설전류에 의해)
③ 저항열
④ 아크열 아크(불꽃)
⑤ 정전기열

Point

정전기 : 부도체의 마찰에 의해 발생되는 전기

정전기의 발생순서
부도체의 마찰에 의해 전하가 발생 → 전하가 흐르지 못하고 축적해 전위가 상승 → 전하가 방전 → 열발생 → 점화 → 발화

정전기 방지대책 ★
① 도체사용(축적 방지)
② 접지
③ 상대습도를 70% 이상으로 유지
④ 공기를 이온화 시킨다

(2) 기계적(물리적) 에너지원

① 압축열
② 마찰열
③ 마찰 스파크

(3) 화학적 열에너지원

① 연소열
② 용해열(농황산, 묽은 황산)
③ 분해열
④ 생성열
⑤ 자연 발화열 : 외부의 열을 공급받지 않고 내부 반응열의 축적만으로 온도가 상승하여 발화점에 도달하여 연소를 일으키는 현상

3.3 산소 공급원

산소 공급원이 될 수 있는 물질＝산소를 함유하고 있는 물질 산소, 공기, 위험물 등

① 제 1류 위험물(산화성 고체)
② 제 5류 위험물(자기 반응성 물질)
③ 제 6류 위험물(산화성 액체)
④ 지연성(＝조연성) 가스, 물질＝산소, 불소, 염소, 오존
⑤ 공기(압축공기)

(1) 연소범위(= 연소한계 = 폭발범위 = 폭발한계)

연소가 일어나는데 필요한 공기 중의 가연성 가스의 농도

가스	하한계	상한계	위험도	가스	하한계	상한계	위험도
수소	4.0	75.0	17.75	벤젠	1.4	7.1	4.07
일산화탄소	12.5	74.0	4.92	톨루엔	1.4	6.7	3.79
시안화탄소	6.0	41.0	5.83	메틸알코올	7.3	36.0	3.93
메탄	5.0	15.0	20.0	에틸알코올	4.3	19.0	3.42
에탄	3.0	12.4	3.13	아세트알데히드	4.1	57.0	12.9
프로판	2.1	9.5	3.31	에테르	1.9	48.0	24.26
부탄	1.8	8.4	3.67	아세톤	2.6	12.8	3.92
에틸렌	3.1	32.0	9.32	산화에틸렌	3.0	80.0	25.67
프로필렌	2.0	11.1	4.55	산화프로필렌	2.5	38.5	14.4
아세틸렌	2.5	81.0	31.4	염화비닐	4.0	22.0	4.5
암모니아	16.0	25.0	0.56	아황화탄소	1.2	44.0	4.3
황화수소	4.0	44.0	1.0	가솔린	1.4	7.6	4.43

(2) 위험도(H)

$$H = (U - L)/L = \text{연소의 범위}/\text{연소 하한계}$$

U : 연소 상한계

L : 연소 하한계

(3) 혼합가스의 폭발 하한계(르 샤틀리에 법칙)

$$100/L = V_1/L_1 + V_2/L_2 + V_n/L_n$$

L : 혼합가스의 폭발 하한계

L_1, L_2, L_3 : 각 성분의 단독 폭발 한계치

V_1, V_2, V_3 : 각 성분의 체적

소화의 원리 04

화재의 소화는 연소의 요소, 즉 가연물, 산소공급원, 점화원(열) 및 연쇄반응의 네 가지 중에서 어느 한 가지 또는 둘 이상을 제거함으로써 연소반응을 중지시키는 것이며, 기본소화방법은 화재시 온도를 발화점 이하로 냉각시키는 냉각소화, 산소의 공급을 차단시키는 질식소화, 가연물을 화재현장으로부터 제거시키는 제거소화, 연쇄반응을 차단시키는 부촉매소화 등의 방법이 있다.

(1) 제거소화

제거소화란 연소물이나 화원을 제거하여 소화하는 방법을 말한다. 화재현장에서 대상물을 파괴 제거하여 연소를 방지하거나, 대형 화재시 일정범위의 건물을 제거하여 방어선을 만들어 연소를 방지하는 경우, 도시가스 누출 화재시 밸브를 잠가 가스공급을 차단하는 것, 전기화재시 전원차단 등이 이 방법이다.

(2) 냉각소화

냉각소화란 연소의 요소 중 발화원(열)을 발화점 이하로 냉각시켜 소화하는 방법을 말한다. 일반적으로 타고 있는 물체에 물을 뿌려서 소화하는 방법으로 냉각소화에는 물이 대표적이며 구하기 쉽고, 값이 싸고, 냉각효과가 가장 뛰어난 성질을 가지고 있다.

(3) 질식소화

질식소화란 가연물의 연소에 필요한 산소를 차단하거나 그 농도를 낮추어 소화하는 방법을 말하며, 대부분의 가연물 화재는 산소농도 15% 이하가 되면 소화된다.

어떤 화학반응에서는 한 분자가 반응하여 생성되는 에너지나 생성물질이 다른 분자에 작용하여 다음 반응이 계속 일어나는 일이 있는데, 이와 같은 메커니즘에 의해 진행되는 반응을 연쇄반응이라 한다. 화학반응에서 볼 수 있는 연쇄폭발반응이나 중합반응 외에, 핵폭발에서 볼 수 있는 핵분열연쇄반응 등이 있다.

예를 들면, 수소와 염소의 1 대 1 혼합기체인 염소폭발성기체(鹽素爆發性氣體 : 鹽素爆鳴氣 : chlorine detonating gas)는 빛을 조사(照射)하면 폭발적으로 반응하여 염화수소를 생성하는데 이 경우는,

$$Cl_2 \rightarrow 2Cl \qquad ①$$

$$Cl + H_2 \rightarrow HCl + H \qquad ②$$

$$H + Cl_2 \rightarrow HCl + Cl \qquad ③$$

와 같은 3단계 과정에 의해서 진행된다.

①의 반응은 하나의 염소분자가 빛에너지를 흡수하여 일어나며, 여기서 생긴 Cl은 활성이 강한 들뜬 상태[勵起狀態]가 되어, ②의 반응이 일어나 가까운 수소분자와 충돌하여 염화수소를 만들고, 동시에 활성이 있는 H를 만든다. 이것이 ③의 반응과 같이 염소분자와 반응하여 HCl을 만듦과 동시에 활성이 있는 Cl을 생성한다. 이 Cl은 다시 ②의 반응으로 H를 생성하고, 반복하여 반응이 진행된다. 이 반응은 ② 또는 ③의 반응에서 생긴 H 및 Cl이

$$H + H \rightarrow H_2, \quad Cl + Cl \rightarrow Cl_2$$

와 같은 반응으로 진행을 정지시키지 않는 한 모든 반응 분자에 대하여 무한히 계속된다. 실제로는 이와 같은 연쇄정지반응에 의해 반응이 소멸하는데, 1개의 염소분자가 해리(解離)하는 연쇄개시반응에 의해서 100만 개 정도의 염화수소 분자가 생긴다.

(4) 피복소화

질식소화의 형태로 이산화탄소 등이 피복을 입히듯 하여 소화

(5) 유화소화

물분무 입자에 의해 냉각이 일어나 이에 따라 유류의 증발능력을 떨어뜨려 소화

(6) 부촉매소화

할론의 연쇄반응차단에 의한 소화

연쇄반응 05

연쇄반응의 개념은 처음에 화학분야에서 도입되었으나, 물리학분야에서도 핵분열연쇄반응이 잘 알려져 있다. 우라늄이나 플루토늄의 원자핵에 중성자가 충돌하면 핵분열을 일으키는데, 1개의 핵분열로 평균 2.5개의 중성자(中性子)가 발생한다. 이 중성자가 또 다른 원자핵에 충돌하여 핵분열을 일으켜서 중성자를 발생시키고, 이것을 반복하여 연쇄반응을 일으키게 된다. 원자폭탄은 이러한 연쇄반응이 순간적으로 일어나 핵분열에 의한 에너지가 한꺼번에 방출되도록 한 것이며, 원자로(原子爐)는 연쇄반응이 조용히 일어나도록 한 것이다.

핵분열연쇄반응의 예로서 우라늄의 경우 중성자 하나를 흡수하는 핵분열이 일어나면 두 개의 작은 핵으로 갈라지며 원자핵 속의 2～3개의 중성자를 원자핵 밖으로 내보낸다. 이 중성자는 다시 주위의 다른 우라늄 원자핵을 분열시키는데 이용될 수 있다. 따라서 이 과정은 계속하여 진행된다.

이 연쇄과정이 통제되지 않고 계속 일어나는 경우 핵분열 반응을 하는 핵의 수는 기하급수적으로 늘어난다. 이것이 원자폭탄의 원리이다. 이러한 계속적인 반응을 조절하기 위하여 우라늄 연료 내부에 중성자를 쉽게 흡수하는 흑연과 같은 물질을 삽입하면 핵분열 과정에서 방출되는 2～3개의 중성자 중에서 1～2개를 흑연이 흡수하고 나머지 하나만 핵분열에 이용된다. 따라서 핵분열 반응의 수를 일정하게 유지할 수 있다.

연쇄반응이 일어나기 위해서는 핵분열에 의해 생산된 중성자들 중 실제로 다음의 핵분열을 유도하는 중성자의 개수 k (재생산율 : reproduction factor)가 1보다 크거나 같아야 하는데, 1보다 매우 클 경우 반응 속도는 폭발적으로 증가한다. 재생산률은 여러 조건에 영향을 받는다. 분열에서 생산되는 빠른 중성자(K = 1MeV)보다는 느린 중성자(K = 0.01eV)가 중성자－유도 분열에 유리하며, 일정량 이상의 물질이 필요하다. 연쇄반응이 일어나기 위한 물질의 최소 질량을 임계질량이라고 한다.

Chapter 2 연습 문제

1. 소화에 필요한 공기 중의 산소농도 몇 V%인가?

Solution 소화에 필요한 공기 중의 산소농도 : 10~15V%(16V% 이하)이다. 특히 공기 중의 산소농도 : 21V%이다.

2. 소화약제의 소화작용은 방사형태에 따라 조금씩 달라지는데 물을 무상으로 방사할 때는 주로 어떤 소화작용에 의하여 소화되는가?

Solution 물을 무상으로 방사할 때는 주로 질식소화에 의해 소화된다.

3. 냉각소화시 소화약제로 물을 사용하는 것은 물의 어떤 성질을 이용한 것인가?

Solution 냉각소화시 소화약제로 물을 사용하는 것은 물의 증발잠열이 539cal/g으로 크기 때문이다.

4. 연소[3)]의 3요소에 대해서 설명하시고 특히 연소란 무엇인가에 대해 서술하시오.

Solution 연소의 3요소 ① 가연물질(연료), ② 산소공급원(산소), ③ 점화원(온도)

---

3) 연소 : 물질이 산소와 화합할 때에, 많은 빛과 열을 내는 현상. 넓은 뜻으로는 열과 빛을 수반하지 않는 산화 반응과, 원자로 안에서 진행하는 연쇄 핵분열 반응도 포함한다.

5. 다음 기체 중 불연성가스에 4가지 서술하시오.

Solution 불연성가스 ① 수증기(H_2O), ② 질소(N_2), ③ 아르곤(Ar), ④ 일산화탄소(CO)

소화약제의 분류 06

소화약제는 그 성상과 기능을 기준으로 수계(水系)와 가스계로 대별되며 이들을 세분하면 다음과 같다.

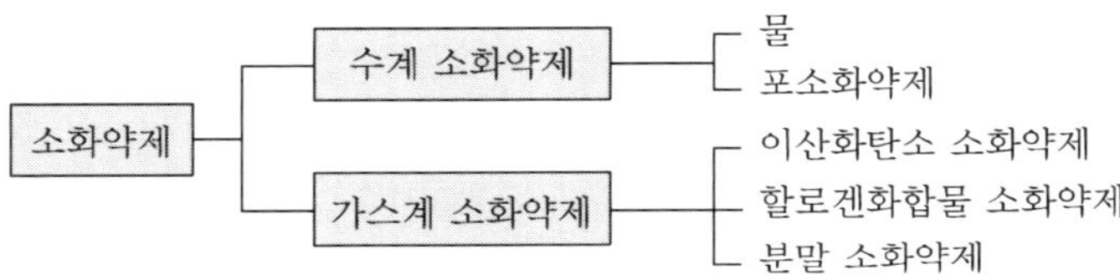

▲ 그림 2.3 소화약제의 분류

분말 소화약제는 소화 설비가 가스계 소화약제의 소화 설비와 유사하기 때문에 흔히 가스계 소화약제로 분류된다. 수계와 가스계 소화약제의 특성을 개략적으로 비교해 보면 [표 2.1]과 같으며 이들의 적응 화재와 소화 효과는 [표 2.2]와 같다.

▼ 표 2.1 각종 소화약제의 특성 비교

종류 / 특성	수계 소화약제		가스계 소화약제		
	물	포	이산화탄소	할로겐화합물	분말
주된 소화 효과	냉각	질식, 냉각	질식	부촉매	부촉매, 질식
소화속도	느리다	느리다	빠르다	빠르다	빠르다
냉각 효과	크다	크다	적다	적다	극히 적다
재발화 위험성	적다	적다	있다	있다	있다
대응하는 화재규모	중형~대형	중형~대형	소형~중형	소형~중형	소형~중형
사용 후의 오염	크다	매우 크다	전혀 없다	극히 적다	적다(1)
적응 화재	A급	A, B급	B, C급(2)	B, C급(2)	(A), B, C급(3)

① 분말은 털면 떨어지기 때문에 일반적으로 오염의 정도는 적지만 정밀 기기류나 통신 기기 등에는 적합하지 않다.

② 밀폐 상태에서 방출되는 경우에는 일반화재에도 사용이 가능하다.

③ ABC 분말 소화약제는 일반화재에도 적용되지만 분말이 도달되지 않는 대상물에는 부적당하다.

▼ 표 2.2 각종 소화약제의 적응 화재와 효과

화재의 종류	가연물의 종류	적응 소화약제	개략적인 소화 효과
A급 화재	(일반 가연 물질) 목재, 고무, 종이, 플라스틱류, 섬유류 등	• 물 • 수성막포(AFFF) • ABC급 분말 • Halon 1211	냉각, 침투 냉각, 질식, 침투 억제, 피복, 냉각 억제, 냉각
B급 화재	(가연성 액체) 휘발유, 그리스, 페인트, 래커, 타르 등	• 수성막포(AFFF) • BC급 분말 • ABC급 분말 • Halon 1211, 1301 • CO_2 • BC급 분말	냉각, 질식 질식, 냉각 억제, 질식 억제, 질식, 냉각 질식, 냉각 질식, 억제
C급 화재	(통전 중인 전기 기구) 전선, 발전기, 모터, 판넬, 스위치, 기타 전기 설비 등	• BC급 분말 • ABC급 분말 • Halon 1211, 1301 • CO_2	부도체 부도체 부도체 부도체
AB급 화재	일반 가연물과 가연성 액체, 기체의 혼합물	• 수성막포(AFFF) • ABC급 분말 • Halon 1211, 1301	질식, 냉각 억제, 질식 억제, 질식, 냉각
BC급 화재	가연성 액체·기체와 통전 중인 전기 기구와의 혼합물	• BC급 분말 • ABC급 분말 • Halon 1211, 1301 • CO_2	억제, 질식, 부도체 억제, 질식, 부도체 억제, 질식, 냉각, 부도체 질식, 냉각, 부도체
ABC급 화재	일반 가연물과 가연성 액체, 기체와 통전 중인 전기 기구와의 혼합물	• ABC급 분말 • Halon 1211	억제, 질식, 부도체 억제, 질식, 냉각, 부도체
D급 화재	가연성 금속과 가연성 금속의 합금	• 금속화재용 분말	질식(공기 차단), 냉각

Chapter 03

수계소화약제

물 소화약제 01

1.1 소화약제로서의 물

물은 오래 전부터 널리 사용되어 오고 있는 소화약제로 대부분의 화재는 물로써 소화가 가능하다. 최근에는 각종 소화약제 및 소화 설비들이 개발되어 화재를 효과적으로 진압하고 있으나 아직까지도 물은 중요한 소화약제로 사용되고 있다. 물이 소화약제로 널리 사용되고 있는 가장 큰 이유는 우선 구하기가 쉽고, 비열과 증발 잠열이 커서 냉각 효과가 우수하며, 펌프, 파이프, 호스 등을 사용하여 쉽게 운송할 수 있기 때문이다. 그러나 사용 후 2차 피해인 수손이 발생하고 추운 곳에서는 사용할 수 없는 단점도 있다. 특별한 경우를 제외하고는 주로 일반화재(A급 화재)에만 사용된다.

1.1.1 물의 물리적 성질

① 물은 상온에서 비교적 안정한 액체로 자연 상태에서는 기체(수증기), 액체 고체(얼음)의 세 가지 형태로 존재한다.

② 0℃의 얼음 1g이 0℃의 액체 물로 변하는 데 필요한 용융열(용융 잠열)은 79.7cal/g이다([표 3.1] 참고).

③ 100℃의 액체 물 1g을 100℃의 수증기로 만드는 데 필요한 열량인 증발 잠열(기화열)은 539.6cal/g으로 다른 물질에 비해 매우 큰 편이다([표 3.1] 참고).

④ 물 1g을 1℃ 올리는데 필요한 열량인 비열은 1cal/g·℃로 다른 물질에 비해 상당히 큰 편이다([표 3.2] 참고). 따라서 20℃의 물 1g을 100℃까지 가열하기 위해서는 80cal의 열이 필요하다.

⑤ 대기압 하에서 100℃의 물이 액체에서 수증기로 바뀌면 체적은 약 1,600배 정도 증가한다(100℃의 포화수와 건조포화수증기의 비체적은 각각 0.001044 ℓ/g, 1.673 ℓ/g).

⑥ 1atm에서 물의 빙점(융점)은 0℃, 비점은 100℃이다. 이들 값은 압력에 따라 변한다.

⑦ 물의 비중은 1atm을 기준으로 4℃일 때 0.999972로 가장 무거우며 4℃보다 높거나 낮아도 이 값보다 작아진다.

⑧ 물은 압력을 받으면 약간은 압축되나 기체에 비하면 무시해도 좋을 정도이므로 비압축성 유체로 간주할 수 있다. 온도에 따라 다르기는 하지만 $1kg/cm^2$의 압력 증가에 평균 $3.0\times10^{-10}\sim5.0\times10^{-10}$씩 부피가 감소한다.

⑨ 물의 점도는 1atm, 20℃에서 1.0cP(1centipoise=0.01g/c·sec)이며 온도가 올라가면 점도는 작아진다(50℃에서는 0.55cP).

⑩ 물의 표면 장력은 20℃에서 72.75 dyne/cm이며 온도가 상승하면 표면 장력은 작아진다(40℃에서는 69.48dyne/cm).

▼ 표 3.1 물질의 용융열과 증발 잠열

물질명	용융열(cal/g)	증발 잠열(cal/g)	물질명	용융열(cal/g)	증발 잠열(cal/g)
물	79.7	539.6	에틸알코올	24.9	204.0
아세톤	23.4	124.5	납	5.4	222.6
벤젠	30.1	94.3	파라핀왁스	35.0	−
사염화탄소	4.1	46.3	LPG	−	98.0

▼ 표 3.2 물질의 비열

물질명	비열(cal/g·℃)	물질명	비열(cal/g·℃)
물(얼음, 0℃)	1.000(0.487)	구리	0.019
아세톤	0.528	유리	0.161
공기	0.240	철	0.113
알루미늄	0.217	수은	0.033
부탄	0.549	나무	0.420

1.1.2 물의 화학적 성질

① 물은 수소 2원자와 산소 1원자로 이루어져 있으며 이들 사이의 화학결합은 극성 공유 결합이다.

② 물은 극성 분자이기 때문에 분자간의 결합은 쌍극자－쌍극자 상호작용(극성 분자의 양의 말단과 다른 극성 분자의 음의 말단 사이에 작용하는 정전기적 인력)의 일종인 수소 결합(hydrogen bond)에 의해 이루어진다. 물의 비정상적인 성질은 대부분 이 수소 결합의 결과이다. 물이 비교적 큰 표면 장력을 갖는 것도 분자간의 인력의 세기와 직접적인 관계가 있으며, 비교적 큰 비열도 수소 결합을 끊는데 큰 에너지가 필요하기 때문이다.

1.2 소화제로서의 주수방법

봉상주수	• 화재시 화세가 강하여 빠른 시간에 소화가 필요한 경우에 사용 • 냉각소화효과가 있으며, 전기전도성이 있으므로 전기화재(C급 화재)에 부적합
적상주수	• 스프링클러소화설비, 연결살수설비 등에 적용한다. • 봉상주수와 마찬가지의 효과
무상주수	• 봉상 및 적상주수에 비해 냉각소화가 좋으며, 제4류 위험물의 제3석유류인 중유화재시 무상주수하면 유류 표면에 엷은 수막층이 형성되어 공기 중의 산소공급을 차단하는 유화효과도 있다. • 물분무소화설비 등에 적용한다. • 무상의 입자형태는 전기전도성이 없어(물의 입자가 서로 이격되어 있어 방전의 효과가 있다.) 전기화재에 적합하다. • 질식소화효과가 있어 유류화재에도 적합하다.

1.3 미분무수 소화설비

미분무소화설비의 화재안전기준(NFSC 104A)

[시행 2023. 2. 10.] [소방청고시 제2023-7호, 2023. 2. 10., 타법개정]

제1조(목적) 이 기준은 「소방시설 설치 및 관리에 관한 법률」(이하 "법"이라 한다) 제2조 제1항 제6호 가목에 따라 소방청장에게 위임한 사항 중 소화설비인 물분무등소화설비 중 미분무소화설비의 성능기준을 규정함을 목적으로 한다.

제2조(적용범위) 이 기준은 「소방시설 설치 및 관리에 관한 법률 시행령」(이하 "영"이라 한다) 별표 4 제1호 바목에 따른 물분무등소화설비 중 미분무소화설비의 설치 및 관리에 대해 적용한다.

제3조(정의) 이 기준에서 사용하는 용어의 정의는 다음과 같다.

1. "미분무소화설비"란 가압된 물이 헤드 통과 후 미세한 입자로 분무됨으로써 소화성능을 가지는 설비를 말하며, 소화력을 증가시키기 위해 강화액 등을 첨가할 수 있다.
2. "미분무"란 물만을 사용하여 소화하는 방식으로 최소설계압력에서 헤드로부터 방출되는 물입자 중 99퍼센트의 누적체적분포가 400마이크로미터 이하로 분무되고 A, B, C급 화재에 적응성을 갖는 것을 말한다.
3. "미분무헤드"란 하나 이상의 오리피스를 가지고 미분무소화설비에 사용되는 헤드를 말한다.
4. "개방형 미분무헤드"란 감열체 없이 방수구가 항상 열려져 있는 헤드를 말한다.
5. "폐쇄형 미분무헤드"란 정상상태에서 방수구를 막고 있는 감열체가 일정온도에서 자동적으로 파괴・용융 또는 이탈됨으로써 방수구가 개방되는 헤드를 말한다.
6. "저압 미분무소화설비"란 최고사용압력이 1.2메가파스칼 이하인 미분무소화설비를 말한다.
7. "중압 미분무소화설비"란 사용압력이 1.2메가파스칼을 초과하고 3.5메가파스칼 이하인 미분무소화설비를 말한다.

8. “고압 미분무소화설비”란 최저사용압력이 3.5메가파스칼을 초과하는 미분무소화설비를 말한다.
9. “폐쇄형 미분무소화설비”란 배관 내에 항상 물 또는 공기 등이 가압되어 있다가 화재로 인한 열로 폐쇄형 미분무헤드가 개방되면서 소화수를 방출하는 방식의 미분무소화설비를 말한다.
10. “개방형 미분무소화설비”란 화재감지기의 신호를 받아 가압송수장치를 동작시켜 미분무수를 방출하는 방식의 미분무소화설비를 말한다.
11. “유수검지장치(패들형을 포함한다)”란 유수현상을 자동적으로 검지하여 신호 또는 경보를 발하는 장치를 말한다.
12. “전역방출방식”이란 소화약제 공급장치에 배관 및 분사헤드 등을 고정 설치하여 밀폐 방호구역 내에 소화약제를 방출하는 방식을 말한다.
13. “국소방출방식”이란 소화약제 공급장치에 배관 및 분사헤드를 설치하여 직접 화점에 소화약제를 방출하는 방식을 말한다.
14. “호스릴방식”이란 소화수 또는 소화약제 저장용기 등에 연결된 호스릴을 이용하여 사람이 직접 화점에 소화수 또는 소화약제를 방출하는 방식을 말한다.
15. “교차회로방식”이란 하나의 방호구역 내에 둘 이상의 화재감지기회로를 설치하고 인접한 둘 이상의 화재감지기에 화재가 감지되는 때에 소화설비가 작동하는 방식을 말한다.
16. “가압수조”란 가압원인 압축공기 또는 불연성 기체의 압력으로 소화용수를 가압하여 그 압력으로 급수하는 수조를 말한다.
17. “개폐표시형밸브”란 밸브의 개폐여부를 외부에서 식별이 가능한 밸브를 말한다.
18. “연소할 우려가 있는 개구부”란 각 방화구획을 관통하는 컨베이어·에스컬레이터 또는 이와 유사한 시설의 주위로서 방화구획을 할 수 없는 부분을 말한다.
19. “설계도서”란 점화원, 연료의 특성과 형태 등에 따라서 건축물에서 발생할 수 있는 화재의 유형이 고려되어 작성된 것을 말한다.
20. “호스릴”이란 원형의 소방호스를 원형의 수납장치에 감아 정리한 것을 말한다.

1.4 냉각소화작용

연소물을 냉각하면 착화온도 이하가 되어서 연소할 수 없도록 하는 소화방법이다. 이 방식에는 물을 가장 보편적으로 사용하고 있으며, 이것은 물이 증발잠열이 커서 화점에서 물을 수증기로 변하면서 많은 열을 빼앗아 착화온도 이하로 낮출 수 있기 때문이다. 일반적으로 봉상주수 방법이 사용되고 있으나 물방울 입자를 미세하게 하여 액표면적을 보다 크게 하여 열을 흡수하기 쉽도록 하기 위해 분무형상으로 효과를 높이려고 하는 무상주수 방법도 있다.

1.4.1 냉각소화원리

① 화재시의 연소는 발열, 산화반응에서 발성되는 막대한 열중에 상당한 부분은 전도, 대류, 복사 등의 열전달 방식에 따라 외부공간으로 발산된다.

② 그러나 일부는 귀화하여 미반응 물질들(연료와 산소)의 산화반응을 위한 충분한 활성에너지원이 되기 때문에 연소가 지속된다.

③ 따라서 발생되는 열을 어떤 수단을 사용하여 제거함으로서 귀환열을 활성화 에너지의 수준 이하가 되게 할 수 있으면 연소가 중단된다.

④ 열을 제거한다는 것은 곧 냉각을 뜻하며 냉각을 위해서는 열을 식혀주는 물질 곧 냉매가 있어야 한다. 그 냉매로 사용되는 것이 곧 물이다.

⑤ 물의 냉각효과는 귀환열의 감소에만 기여하는 것뿐만 아니라 연료로부터의 가연성 증기나 기체들의 발생율도 감소 또는 중단시켜줌으로서 소화효과를 더욱 촉진케 한다.

⑥ 주수되는 물은 주수대상에 대한 냉각과 아울러, 그 자신이 흡수한 열로 인해 많은 양의 수증기를 발생하며 산소의 농도를 저하시키는 다소간의 질식, 희석효과도 있다.

1.4.2 냉각에 의한 소화

① 타고 있는 물체가 냉각되어 가연증기가 연소 하한계 이하로 농도가 떨어지면 화열은 소화한다.
② 상온보다 낮은 인화점의 가스 및 액체 소화에는 물 소화방법을 적용하기 곤란하다. → 실란(SiH_4)
③ 얼마나 빨리 소화되느냐는 얼마나 빨리 물이 공급되느냐에 달려있다.
④ 물은 증발하면서 가장 열을 많이 흡수하는데 이는 봉상주수보다 무상주수가 더욱 효과적이다. → 비표면적이 커진다.
⑤ 분무된 물은 다음 원칙에 따라 화염을 냉각한다.
- 열 전달량은 공급되는 물의 표면적에 비례한다.
- 열 전달량은 두 유체의 온도차에 비례한다.
- 열 전달량은 수증기 분압의 영향을 받는다.

1.5 제거소화작용

가연물, 이연물 등을 제거해서 소화하는 방법을 말하다. 즉, 연소를 계속시키는 물질을 공급하지 않으면 자연히 연소하지 못하고 꺼져버린다. 특히, 산불을 소화하려면 이 방식이 이용되고 있다. 또 가스누설에 의한 화재를 소화하려면, 먼저 메인 밸브를 잠가서 그 연소하는 근원을 차단하는 것은 이 원리에 의한 것이다.

1.6 질식소화작용

연소시키려면 공기(산소)가 필요하다. 따라서 공기의 공급을 차단하면 자연히 연소를 계속할 수 없게 된다. 이 원리를 이용한 소화방법을 질식소화라고 한다. 공기의 공급을 차단하려면 개방부분의 폐쇄에 의한 차단, 탄산가스 또는 거품 등으로 연소하는 근원과 공기와의 차단을 해서 소화하는 것이 그 예이다.

1.7 유화소화작용

유화작용(**에멀전 효과**) : 기름표면을 방사시킴으로써 불연성의 유화층을 형성하게 되므로 유면을 덮는 유화작용을 하게 된다. 즉, 석유, 그리스 등 불용성의 가연성 액체의 표명에 불연성의 증기층을 형성하여 소화한다.

1.8 희석소화작용

희석소화(농도 한계에 바탕을 둔 소화)란 기체, 액체, 고체에서 나오는 분해가스의 농도를 엷게 하여 연소를 중지시키는 것을 말한다.

① 가연성 액체의 농도 희석 : 연소 중인 액체를 불연성의 다른 액으로 엷게 하면 액면상의 증발하는 가연성 증기량이 감소하고 결국 연소하한계 이하로 떨어지게 되어 연소하지 않게 된다.

② 가스의 농도 희석 : 바람을 불면 가연성의 증기가 바람에 날려 농도가 엷어지면서 소화하는 방법도 희석소화에 해당한다 할 수 있다.

1.9 물소화약제의 첨가물

소화능력을 향상시키기 위한 첨가제의 종류

① 침투제 : 침투력을 증가시키기 위해 물의 표면장력을 낮추어 심부화재 등에 적응성을 가지도록 한 계면활성제 등을 말한다.

② 증점제 : 물의 부착력을 증가시켜 산불 등에 적응성을 높이기 위한 붕산염, 유기질 계통의 셀룰로오스 등이 있다.

③ 강화액 : 주로 자동식 소화기에 많이 쓰며 동결 및 소화성능을 향상시킨 것으로 탄산칼륨 등을 주로 쓴다.

④ 유화제 : 고비점 유류 등의 화재시 사용하는 것으로 포소화약제 등을 말한다.

⑤ 동결방지제 : 부동액을 넣어 동결을 방지하여 에틸렌글리콜, 프로필렌글리콜 등이 사용된다.

1.10 방호구역

1.10.1 방화구획

화재를 수동적 방법으로 차단하는 개념으로 건축물의 면적을 일정규모 이하로 제한하여 위험이 확산되지 않도록 하는 방법으로 건축적인 측면에서 일정면적 이하로 나누어 구획하는 것이다. 나누는 방법은 벽과 방화문 등으로 건물을 실제로 막는 것이다. 예 : 층별 방화구획, 면적별 방화구획(1,000m^2, 또는 3,000m^2마다 방화구획)

1.10.2 방호구역

면적을 일정 이하로 제한하지만 수동적, 건축적 측면에서 나누는 것이 아니고 소화설비가 담당할 수 있는 면적 이하로 나누는 것이다. 방화구획과 달리 소화설비가 담당하는 구역만 제한하는 것이지 물리적으로 건물을 막는 것은 아니다. 예 : 할론설비의 방호구역(당해 할론설비가 담당하는 소방대상 면적)

1.10.3 방수구역

방호구역과 같은 개념이지만 스프링클러나 물분무설비와 같이 소화약제가 물인 경우에 방수구역이라고 한다. 예 : 스프링클러 유수검지장치 1개가 담당하는 방수구역 3,000m^2 등

1.10.4 완전구역(참고)

방화구역과 마찬가지로 건축적인 구획이지만 방화구획과의 차이점은 방화구획은 방화문 등을 설치하여 출입이 가능한구조이며, 완전구획은 출입문이 전혀 없이 완전히 벽(내화구조)으로 차단된 구조이다.

포소화약제 02

(1) 포소화약제의 특징

① 포의 안정성이 좋아야 한다.
② 독성이 적어야 한다.
③ 유류와의 접착성이 좋아야 한다.
④ 포의 유동성이 좋아야 한다.
⑤ 유류의 표면에 잘 분산되어야 한다.

(2) 약제의 종류

▌기계포

액체의 종류	주성분	소화특성	사용농도	방호대상
단백포	동식물가수분해 단백질 + 기포안정제 ($FeSO_4$, $FeCl_2$) (계면활성제, 샤포닝)	① 포유동성이 작다. ② 소화속도 느리다. ③ 포안정성 높다. ④ 재연방지효과 우수	3% 6%	
불화 단백포	단백포 + 불소계면활성제(미량)	① 수성막포와 단백포의 결점인 열안정성 증대 ② 표면하주입방식에 적합	3% 6%	석유류화재 석유화학공장
합성 계면 활성제 포	계면활성제 + 기포안정제	① 포유동성이 좋다 ② 내유성 약하다 ③ 포가 빨리 소멸된다. ④ 팽창범위가 넓어 고체, 기체 화재에 적당	1%(고발포용) 1.5%(고발포용) 2%(고발포용) 3%(저발포용) 6%(저발포용)	가스화재 위험물저장소 차고 주차장 석유화학공장

수성막포 light water, AFFF	불소계습윤제 + 기포안정제	① 포소화약제중 소화력 가장 우수 ② 화학적으로 안정하여 보존성 좋다. ③ 대형화재 및 1000℃ 이상에 표면막 생성 소화곤란	6%	석유류화재 석유화학공장
알코올포	천연단백질분해물(합성계면활성제) + 기포안정제(지방산 복염)	① 수용성 위험물 화재에 적합	6%	수용성위험물(알코올, 케톤, 에스테르)

▮기계포 종류

포의 종류	팽창비
제1종 기계포	80배 이상 250배 미만
제2종 기계포	250배 이상 500배 미만
제3종 기계포	500배 이상 1000배 미만

▮특징

① 단백포 : 산화 변질우려, 침전, 사용온도 −5℃~30℃, 제4류 위험물 옥외저장탱크 측벽 고정포방출구(II형)용

② 합성 계면활성제포 : 셀룰로이드류, 금속칼륨, 금속나트륨, 전기설비에 부적합

포의 종류	팽창비	포방출구 종별
저발포	20배 이하	포헤드 : 홈헤드, 홈워터 스프링클러헤드
고발포	80~1000배 미만	고발포용 포방출구

③ 수성막포 : 흑갈색, 단백포보다 300% 소화효과, 홈헤드용

- 화학포 : $6NaHCO_3 + Al_2(SO_4)_3 \cdot 18H_2O \rightarrow 3Na_2SO_4 + 6CO_2 + 18H_2O + 2Al(OH)_3$

(3) 포소화설비의 종류

홈워터 스프링클러 설비, 홈헤드 설비, 고정포방출 설비, 호스릴 설비, 포소화전 설비

▌소화장치에 의한 분류

전고정식, 반고정식, 이동식

▌방출방식에 의한 분류

① 고정포방출구 방식

설치기준 : 위험물 침입 방지위한 봉판 설치, 봉판의 재질은 납, 유리, 주석, 석면, 봉판의 점검 및 교체가 용이한 점검구 설치, 외부로 방출시험 가능한 구조

- I형 포방출구 : 포가 위험물과 섞이지 않음, 콘루프 탱크에 설치, 크로스 석션 뮤러 튜브 챔버 방식, 폼 슈트 방식, 폼 드러프 방식
- II형 포방출구 : 반사판에 의하여 탱크의 벽면을 따라 흘러들어가 소화, 콘루프 탱크에 설치, 케미칼 챔버, 에어폼 메카(99.9. 실기)
- 특형 포방출구 : 플루딩루프탱크의 측면과 굽도리판에 의하여 형성된 환상부분에 포를 방출하여 소화

② 표면하 주입방식 : 콘루프 탱크에 설치, 불화단백포, 수성막포, 고압 발포기

- 장점 : 폭발시 고정포방출구의 파괴 방지 위해 심부에서 포를 방출, 탱크직경이 큰 60m 초과에 적합, 콘루프형의 대기압 상태로 저장된 탱크에 적합, 점도가 낮은 위험물에 적합, 포의 유동은 액면에서 30m 깊이가 가장 효과적이다.

③ 포헤드 방식 : 홈워터 스프링클러 설비(격납고), 홈헤드 설비(주차장)

④ 이동식 : 저발포, 포소화전, 호스릴방식

(4) 포헤드 설치기준

▌홈워터 스프링클러헤드

1개/8m^2, 홈헤드 : 1개/9m^2

▌홈헤드 표준방사량

소방대상물	포소화약제의 종류	ℓ/m^2 · 분(바닥면적 이상)
차고 및 주차장	단백포	6.5L
	합성계면활성제포	8.0L
	수성막포	3.7L
위험물제조소, 일반취급소, 옥내저장소, 옥내 탱크저장소, 특수가연물	단백포	6.5L
	합성계면활성제포	6.5L
	수성막포	6.5L
알코올류를 제조, 저장, 취급하는 소방대상물	알코올포	13L

▌상호간 거리

정방형 S = 2cos 45°, 장방형 $pt = 2r$(pt : 대각선, r : 유효반경)

(5) 포소화약제 저장량

구분	약제량	수원의 양
고정포방출구 방식	① $Q = A \times Q_1 \times T \times S$ Q : 포소화약제의 양 : 고정포방출구 A : 탱크의 액표면적 Q_1 : 단위 포소화수용액의 양(L/min · 분) T : 방출시간(분) S : 포소화 약제 사용농도 ② $Q = N \times S \times 8000L$ Q : 포소화약제의 양 : 포소화전 N : 호스접결구수(최대 3개) S : 포소화약제의 사용농도 ③ 가장 먼 탱크까지의 송액관에 충전하기 위한 양 $Q = Q_a \times S$ Q : 배관충전 필요량 Q_a : 송액관 충전량 S : 포소화약제 사용농도	$Q_w = A \times Q1 \times T \times S_w$ Q_w : 수원의 양(L) S_w : 물의 농도
※ 고정포 방출방식 약제 저장량 = 가 + 나 + 다		
옥내포소화전, 호스릴 방식	$Q = N \times S \times 6000L$ Q : 포소화약제의 양 N : 호스접결구수(최대 5개) S : 포소화약제의 사용농도	$Q_w = A \times Q1 \times T \times S_w$ Q_w : 수원의 양(L) S_w : 물의 농도
포헤드 방식	바닥면적 m^2(최대 $200m^2$) × 표준방사량 × 10분	

(6) 포소화약제 혼합장치

▌펌프 프로포셔너 방식

펌프의 토출관과 흡입기 사이의 배관 도중에 설치한 흡입기에 펌프에서 토출된 물의 일부를 보내고 농도조절 밸브에서 조정된 포소화약제의 필요량을 포소화약제탱크에서 펌프흡입측으로 보내어 혼합하는 방식

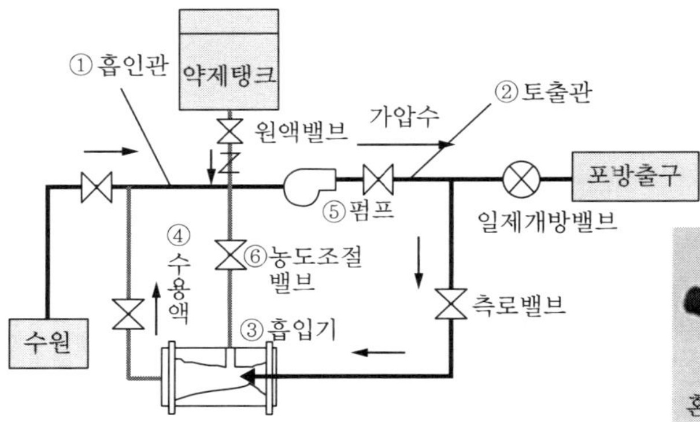

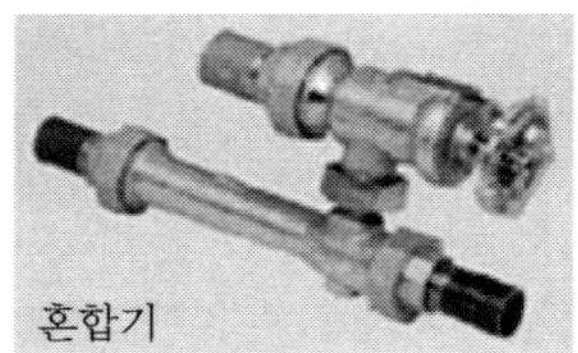

▌프레져 프로포셔너 방식

펌프와 발포기 중간에 설치된 벤츄리관의 벤츄리 작용과 펌프가압수의 포소화약제 저장탱크에 대한 압력에 의하여 포소화약제를 흡입 혼합하는 방식

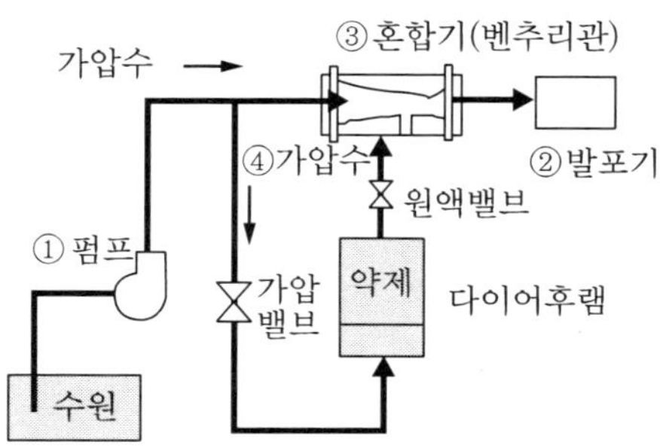

① 혼합기 압력손실이 적다
② 용량제한(800리터 이하)
③ 대유량 방호에 부적합
④ 약제의 반영구적
⑤ 격막 부식우려

▌라인 프로포셔너 방식

펌프와 발포기 중간에 설치된 벤츄리관의 벤츄리 작용에 의해 포소화약제를 흡입 혼합하는 방식

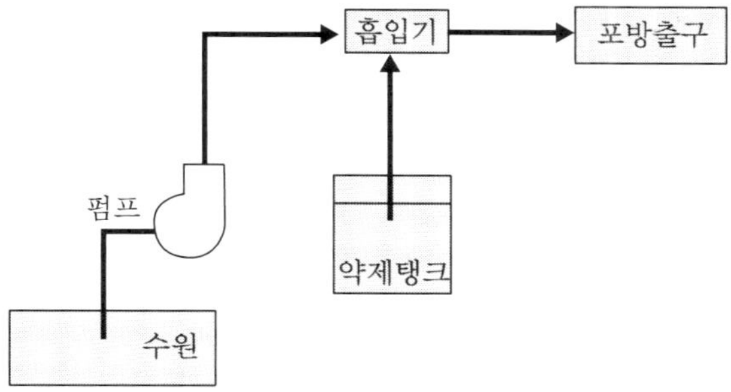

▌프레져 사이드 프로포셔너 방식

펌프의 토출관에 압입기를 설치하여 포소화약제 압입용 펌프로 포소화약제를 압입시켜 혼합하는 방식

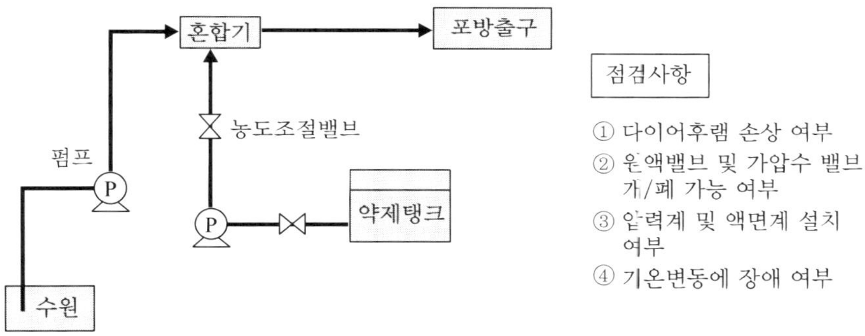

(7) 가압송수장치

옥내소화전과 동일

(8) 배관

① 적당한 기울기(1/250) 및 그 낮은 부분에 배액밸브 설치
② 위험물탱크의 경우 송액관의 끝부분과 탱크접합부분에 완충조치
③ 홈워터 스프링클러헤드 또는 홈헤드의 가지배관은 토너먼트 방식이 아니어야 하며 한쪽 가지배관의 헤드수는 8개 이하

(9) 위험물 옥외저장탱크의 고정포방출구

① 고정포방출구는 탱크주위에 균등하게 설치
② 연소표면에 충분한 포를 방출할 수 있는 탱크의 측면에 고정하여 설치
③ 납, 유리, 석면, 주석 등으로 밀봉하여 방출구내로의 위험물의 침입 방지
④ 봉판 점검 및 교체가 용이한 점검구 설치, 방출시험 가능한 구조
⑤ 점검, 교체 또는 시험이 가능하도록 발판을 갖춘 사다리 설치
⑥ 고정포방출구 입구에서의 압력은 3～7kg/cm^2 이하, 7kg/cm^2 이상일 때는 고정포방출구 입구에 오리피스 설치(표면하주입식 7～21kg/cm^2 이하)

(10) 위험물 옥외탱크 포소화전(고정포방출구 설치된 것)

① 포소화전은 방유제 밖에 설치, 방유제 미설치시 수평거리 15m 이상
② 포소화전(최대 3개) 방사압력 3.5kg/cm^2 이상, 400ℓ/min 이상의 포수용액을 수평거리 15m 이상 20 이상 방사
③ 방유제의 각 부분으로부터 수평거리 40m 이내
④ 호스 15m 2본 이상

(11) 차고, 주차장의 호스릴 설비 포소화전

① 호스릴포방수구, 포소화전(최대 5개) 방사압력 3.5kg/cm^2 이상, 300ℓ/min 이상(바닥면적 200m^2 이하시 230ℓ 이상) 포수용액을 수평거리 1.5m 이상 방사
② 저발포의 소화약제 사용
③ 호스릴 또는 호스를 분리 비치시 3m 이내에 호스릴함 또는 호스함 설치
④ 호스릴함 또는 호스함은 바닥으로부터 1.5m 이하의 위치에 설치, 적색등
⑤ 각 부분으로부터 호스릴 포방수구 거리 15m 이하(포소화전 25m 이하)가 되고 방호대상물의 각 부분에 유효하게 뿌려질 수 있게 하여야 한다.

(12) 산알칼리 소화약제

① 봉상주수일 때는 냉각시켜 소화하며 일반(A급)화재에 적용된다.
② 무상주수의 경우에는 냉각효과 및 질식효과를 가지게 되어, 일반(A급)화재, 유류(B급)화재, 전기(C급)화재에 적응 소화한다.
③ 산, 알칼리 소화기반응식(탄산수소나트륨)

$$2NaHCO_3 + H_2SO_4 \rightarrow Na_2SO_4 + 2CO_2 + 2H_2O$$

(13) 강화액 소화약제

소화약제로는 분말, 할론, 청정가스 등의 형태가 있으며, 강화액은 물에 화학제품을 섞어 소화력을 강화시킨 소화약제이다.

탄산칼륨, 인산암모늄, 계면활성제, 부동액 등으로 제조되었으며, −20℃ 이하의 환경에서도 사용할 수 있도록 설계되었다. 화재발생시 낮은 표면장력으로 침투력을 극대화시킴과 동시에 무기염의 부촉매 작용, 냉각작용 및 산소차단 작용을 효과적으로 발휘하여 목재 등과 같은 A급 화재는 물론 유류 등의 B급 화재에도 뛰어난 효과가 있다.

① 강화액 소화기반응식(화학포)

$$6NaHCO_3 + Al_2(SO_4)_3 \cdot 18H_2O \rightarrow 3Na_2SO_4 + 2Al(OH)_3 + 6CO_2 + 18H_2O$$

(14) 침윤 소화약제

주로 A급 소화약제로 개발된 것이 많이 있으나 A급 및 B급 화재를 동시에 끌 수 있는 것도 있으며, 소화작용은 강화액 소화약제와 비슷하나 겨울철 −10℃까지 얼지 않는 내한성을 가지고 있다.

(15) 가스계 소화약제

가스계 소화약제는 대표적인 것으로 할론 소화약제를 들 수 있으며, 뛰어난 성능에도 불구하고 환경오염문제와 몬트리올성명 등으로 점점 그 규제가 심해지고 생산을 줄이고 있는 실정이다. 가스계 소화약제는 크린 소화약제로 가격대가 높음에도 불구하고 소화진압 후 잔유물이 남지 않는다는 이유로 밀폐된 공간 등인 정밀기기, 통신실, 컴퓨터 룸 등에 널리 사용되고 있으나, 밀폐 공간 등에서의 사용 및 시설은 한층 주의가 요망된다.

▮ 1세대 가스계 소화약제

할론 소화약제는 가스계소화약제로 최초로 개발된 제품으로 소화기용으로 1211, 소화설비용으로 1301, 2402 등이 쓰이고 있으나 우리나라에서는 주로 1201, 1301이 쓰이고 있으며 몬트리올성명 등으로 점점 그 수요 및 생산이 감소 및 제한되고 있다.

▮ 1.5세대 가스계 소화약제

1.5세대 가스계 소화약제는 HCFC 계열(Hydrochlorofluorocarbons)을 들 수 있으며 이 계통의 가스계 소화약제는 한시적으로 사용이 허가된 제품으로 HCFC-123, HCFC-124 등 수종의 HCFC 계열의 가스를 혼합하여 만든 제품으로 대표적으로 HCFC Blend A, HCFC Blend B 등이 있다.

▮ 2세대 가스계 소화약제

2세대 가스계 소화약제는 HFC 계열(Hydrofluorocarbons)을 들 수 있으며 여기에 해당하는 소화약제로는 HFC-227ea, HFC-23, HFC-236fa, HFC-125, FC-3-1-10 등이 있으며 HCFC 계열의 제품보다는 보다 환경에 안정화된 제품들이다.

▮ 3세대 가스계 소화약제

3세대 가스계 소화약제는 FIC 계열(Fluoroiodocarbones)을 들 수 있으며 여기에 해당되는 소화약제로는 CF3I가 여기에 해당되며 HFC 계열보다 대기 중의 자연분해도가 훨씬 높은 제품이나 단가가 높아 아직 실용성이 떨어진다.

▮ 불활성가스류

불활성가스류(Inert Gases) 소화약제는 대기 중의 공존산소량을 10%~14% 정도로 낮추는 것을 목적으로 설계된 제품으로 산소량을 낮춤으로써 인화물질이 연소돼는 것을 방지하도록 설계한 제품으로 주로 알곤 또는 질소를 단독 또는 혼합 사용한다. 이 종류의 약제는 단가가 싼 면이 있으나 설치면적이 많이 들고 불씨를 소화 작용하지는 못한다.

Chapter 3 연습 문제

1. 물의 기화열과 융해열에 대해 설명하시고 얼마인가?

Solution 기화열(증발열) : 100℃의 물 1g이 수증기로 변화하는데 필요한 열량 539cal/g이다.
융해열 : 0℃의 얼음 1g이 물로 변화하는데 필요한 열량 80cal/g

2. 물의 동결방지제로 가장 많이 사용되는 제품에 대해서 서술하시오.

Solution ① 에틸렌글리콜 : 가장 많이 사용한다. ② 프로필렌글리콜 ③ 글리세린

3. Wet Water(전착제를 넣은 물)에 대해 상세히 서술하시오.

Solution Wet Water(전착제를 넣은 물) : 물의 침투성을 높여 주기 위해 Wetting agent(침투제)[4]가 첨가된 물로서 이의 특징은 다음과 같다.
① 물의 표면장력을 저하하여 침투력을 좋게 한다.
② 연소열의 흡수를 향상시킨다.
③ 다공질 표면 또는 심부화재에 적합하다.
④ 제연소방지에도 적합하다.

4. 공기포 소화약제의 특징에 대해 서술하시오.

Solution ① 유동성이 크다. ② 고체표면에 접착성이 우수하다. ③ 넓은 면적의 유류화재에 적합하다. ④ 혼합기구가 복잡하다.

---

4) Wetting agent(침투제) : 주수소화시 물의 표면장력에 의해 연소물의 침투속도를 향상시키기 위해 첨가하는 침투제

5. 단백포 장점과 단점에 대해 서술하시오.

Solution 장점 : ① 내열성이 우수하다. ② 유면봉쇄성이 우수하다.
단점 : ① 소화시간이 길다. ② 유동성이 좋지 않다. ③ 변질에 의한 저장성 불량 ④ 유류오염

6. 수성막포에 대해서 서술하시오.

Solution 수성막포는 유류화재 진압용으로 가장 뛰어나며 일명 light water라고 부른다. 표면장력이 작기 때문에 가연성 기름의 표면에서 쉽게 피막을 형성한다.

7. 수성막포의 장점과 단점에 대해서 서술하시오.

Solution 장점 : ① 석유류표면에 신속히 피막을 형성하여 유류증발을 억제한다. ② 안전성이 좋아 장기보존이 가능하다. ③ 내약품성이 좋아 타약제와 겸용사용도 가능하다. ④ 내유염성이 우수하다.
단점 : ① 가격이 비싸다. ② 내열서이 좋지 않다. ③ 부식방지용 저장설비가 요구된다.

8. 표면하 주입방식이란 무엇인가?

Solution 표면하 주입방식은 포를 직접 기름 속으로 주입하여 포가 기름 속을 부상하여 유면 위로 퍼지게 하는 방식

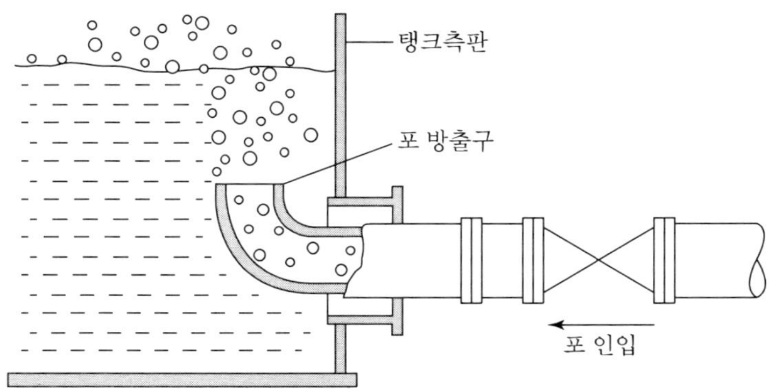

▲ 그림 3.1 표면하 주입 방출구

9. 합성계면활성제포의 장점과 단점을 서술하시오.

Solution 합성계면활성제포의 장·단점
장점 ① 유동성이 우수하다. ② 저장성이 우수하다.
단점 ① 적열(열에 의해 빨갛게 달구어진 상태)된 기름탱크 주위에는 효과가 적다. ② 가연물에 양이온이 있을 경우 발포성능이 저하된다. ③ 타약제와 겸용시 소화효과가 좋지 않을 수가 있다.

10. 3%의 포원액을 사용하여 800의 발포배율(팽창비)로 방출된 포의 체적 1,600L 속에는 몇 L의 물이 함유되어 있는가?

Solution $\text{발포배율(팽창비)} = \dfrac{\text{방출된 포의 체적}(l)}{\text{방출전 포수용액의 체적}(l)}$

$$\text{방출전 포수용액의 체적}(l) = \frac{\text{방출된 포의 체적}(l)}{\text{발포배율(팽창비)}} = \frac{1{,}600l}{800} = 2l$$

따라서, 포수용액 = 포원액 + 물
포원액이 3%이므로 물은 98%(100 − 3 = 97%)가 된다. 정답 ≫ $\text{물} = 2l \times 0.97 = 1.94l$

11. 포소화설비에서 포혼합장치에 따른 4가지 방식 종류를 쓰시오.

Solution ① 펌프 프로포셔너 방식 ② 라인 프로포셔너 방식 ③ 프레져 프로포셔너 방식 ④ 프레져 사이드 프로포셔너 방식

12. 포소화설비에서 포워터 스프링클러헤드가 5개 설치된 경우 수원의 양(m^3)은?

Solution 포워터 스프링클러헤드 표준방사량 : 75 ℓ/min 이상, 포헤드 표준방사량 : 10 min
포워터 스프링클러헤드의 수원의 양 Q는
Q = 헤드개수 × 75ℓ/min × 10min = 5 × 75ℓ/min × 10min = 3,750ℓ = $3.75m^3$

13. 고정포방출구의 보조포소화전이 6개 설치되어 있을 때 저장하여야 할 약제의 양(m^3) 및 수원의 양(m^3)을 계산하시오. (단, 3% 단백포를 사용한다.)

Solution 보조포소화전의 약제의 양 Q

$Q = N \times S \times 8{,}000$(N : 호스접결구 수 최대3개) $= 3 \times 0.03 \times 8{,}000 = 720\ell = 0.72m^3$

보조포소화전의 수원의 양 Q

$Q = N \times S \times 8{,}000$(N : 호스접결구 수 최대3개) $= 3 \times 0.97 \times 8{,}000 = 23{,}280\ell = 23.28m^3$

14. 콘루프탱크(Cone Roof Tank)에 설치하는 표면하 주입방식(III형 방출구)의 포소화설비에 대해 설명하시오.

Solution 고정지붕 구조의 탱크에 저부포주입법을 이용하는 것.

15. 석유류 저장탱크에 설치하는 포소화설비의 고정포방출구로서 I형과 II형 차이점을 서술하시오.

Solution I형 방출구

고정지붕 구조의 탱크에 상부포주입법을 이용하는 것으로서 방출된 포가 액면 아래로 몰입되거나 액면을 뒤섞지 않고 액면상을 덮을 수 있는 통계단 또는 미끄럼판 등의 설비 및 탱크내의 위험물 증기가 외부로 역류되는 것을 저지할 수 있는 구조

II형 방출구

고정지붕 구조 또는 부상덮개부착 고정지붕 구조의 탱크에 상부포주입법을 이용하는 것으로서 방출된 포가 탱크 옆판의 내면을 다라 흘러내려 가면서 액면 아래로 몰입되거나 액면을 뒤섞지 않고 액면상을 덮을 수 있는 반사판 및 탱크내의 위험물증기가 외부로 역류되는 것을 저지할 수 있는 구조

16. 석유, 벤젠 등과 같은 유기용매에 흡착하여 유면 위에 수용성은 얇은 막(경막)을 일으켜서 소화하는 포소화약제의 명칭을 쓰시오.

Solution 수성막포 소화약제

17. 다음과 같이 경유를 저장하는 직경 20m인 옥외저장탱크에 II형 포방출구를 설치하였다. 필요한 포수용액의 양(m^3)은? (단, 경유의 인화점은 35℃이다.)

포방출구의 종류 / 위험물의 구분	I형		II형		특형		III형		IV형	
	포수용액량 [ℓ/m²]	방출률 [ℓ/m²·min]	포수용액량 [ℓ/m²]	방출률 [ℓ/m²·min]	포수용액량 [ℓ/m²]	방출률 [ℓ/m²·min]	포수용액량 [ℓ/m²]	방출률 [ℓ/m²·min]	포수용액량 [ℓ/m²]	방출률 [ℓ/m²·min]
제4류 위험물 중 인화점이 21℃ 미만인 것	120	4	220	4	240	8	220	4	220	4
제 4류 위험물 중 인화점이 21℃ 이상 70℃ 미만인 것	80	4	120	4	160	8	120	4	120	4
제4류 위험물 중 인화점이 70℃ 이상인 것	60	4	100	4	120	8	100	4	100	4

Solution 포소화약제의 저장량

(1) 고정포방출구 방식

① 고정포방출구

$Q = A \times Q_1 \times T \times S$

여기서, Q : 포소화약제의 양[ℓ]
A : 탱크의 액표면적[m²]
Q_1 : 단위 포소화수용액의 양[ℓ/m²·분]
T : 방출시간[분]
S : 포소화약제의 사용농도

② 보조소화전

$Q = N \times S \times 8000$

여기서, Q : 포소화약제의 양[ℓ]
N : 호스집결구 수(최대 3개)
S : 포소화약제의 사용농도

③ 배관보정량

$\dot{Q} = A \times L \times S \times 1000\ell/m^2$(내경 75mm 초과시에만 적용)

여기서, Q : 배관보정량[ℓ]
A : 배관단면적[m²]
L : 배관길이[m]
S : 포소화약제의 사용농도

(2) 옥내포소화전방식 또는 호스릴 방식

$Q = N \times S \times 6000$(바닥면적 200m² 미만은 75%)

여기서, Q : 포소화약제의 양[ℓ]
N : 호스접결구 수(최대 5개)

* 경유는 제4류 위험물로서 인화점이 35℃이며, 포방출구는 II형이므로 표에서 방출량

$Q = 4l/\text{m}^2\text{min}$, 방사시간 $T = \dfrac{\text{포수용액량}[l/\text{m}^2]}{\text{방출량}[l/\text{m}^2\cdot\text{min}]} = \dfrac{120l/\text{m}^2}{4l/\text{m}^2\cdot\text{min}} = 30\text{min}$이다.

*포수용액의 경우 농도 S=1이다.

포방출구의 종류 / 위험물의 구분	I형		II형		특형		III형		IV형	
	포수용액량 [ℓ/m²]	방출률 [ℓ/m²·min]	포수용액량 [ℓ/m²]	방출률 [ℓ/m²·min]	포수용액량 [ℓ/m²]	방출률 [ℓ/m²·min]	포수용액량 [ℓ/m²]	방출률 [ℓ/m²·min]	포수용액량 [ℓ/m²]	방출률 [ℓ/m²·min]
제4류 위험물 중 인화점이 21℃ 미만인 것	120	4	220	4	240	8	220	4	220	4
제 4류 위험물 중 인화점이 21℃ 이상 70℃ 미만인 것	80	4	120	4	160	8	120	4	120	4
제4류 위험물 중 인화점이 70℃ 이상인 것	60	4	100	4	120	8	100	4	100	4

II형 포방출구의 포수용액의 양 Q는

$$Q = A \times Q_1 \times T \times S = \frac{\pi \times (20\text{m})^2}{4} \times 4l/\text{m}^2\cdot\text{min} \times 30\text{min} \times 1 = 37{,}699l \fallingdotseq 37.7\text{m}^3$$

18. 다음과 같이 휘발유탱크 1기와 경유탱크 1기를 1개의 방유제에 설치하는 옥외탱크 저장소에 대하여 각 물음에 답하시오.

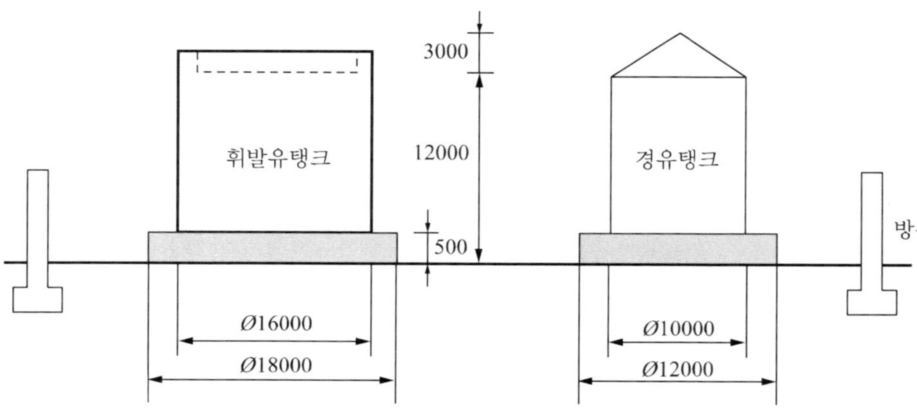

[조건]

① 탱크용량 및 형태

- 휘발유탱크 : 2,000m^3(지정수량의 20,000배) 부상지붕구조의 플루팅루프탱크(탱크내 측면과 굽도리판(foam dam) 사이의 거리는 0.6m이다.
- 경유탱크 : 콘루프탱크

② 고정포방출구

- 경유탱크 : II형, 휘발유탱크 : 설계자가 선정하도록 한다.

③ 포소화약제의 종류 : 수성막포 3%

④ 보조포소화전 : 쌍구형×2개 설치

⑤ 포소화약제의 저장탱크의 종류 : 700*l*, 750*l*, 800*l*, 900*l*, 1000*l*, 1200*l* (단, 포소화약제의 저장탱크 용량은 포소화약제의 저장량을 말한다.)

⑥ 참고 법규

1) 옥외탱크저장소의 보유 공지

저장 또는 취급하는 위험물의 최대수량	공지의 너비
지정수량의 500배 이하	3m 이상
지정수량의 501～1000배 이하	5m 이상
지정수량의 1001～2000배 이하	9m 이상
지정수량의 2001～3000배 이하	12m이상
지정수량의 3001～4000배 이하	15m 이상
지정수량의 4000 초과	당해 탱크의 수정단면의 최대치를(횡형인 경우에는 긴변)과 높이 중 큰 것과 같은 거리 이상. 다만, 30m 초과의 경우에는 30m 이상으로 할 수 있고, 15m 미만의 경우에는 15m 이상으로 하여야 한다.

2) 고정포방출구의 방출량 및 방사시간

포방출구의 종류 / 위험물의 구분	I형		II형		특형		III형		IV형	
	포수용액량 [ℓ/m²]	방출률 [ℓ/m²·min]	포수용액량 [ℓ/m²]	방출률 [ℓ/m²·min]	포수용액량 [ℓ/m²]	방출률 [ℓ/m²·min]	포수용액량 [ℓ/m²]	방출률 [ℓ/m²·min]	포수용액량 [ℓ/m²]	방출률 [ℓ/m²·min]
제4류 위험물 중 인화점이 21℃ 미만인 것	120	4	220	4	240	8	220	4	220	4
제 4류 위험물 중 인화점이 21℃ 이상 70℃ 미만인 것	80	4	120	4	160	8	120	4	120	4
제4류 위험물 중 인화점이 70℃ 이상인 것	60	4	100	4	120	8	100	4	100	4

(가) 다음 A, B, C, 및 D의 법적으로 최소 가능한 거리를 정하시오(단, 탱크 측판두께의 보온두께는 무시하시오.).

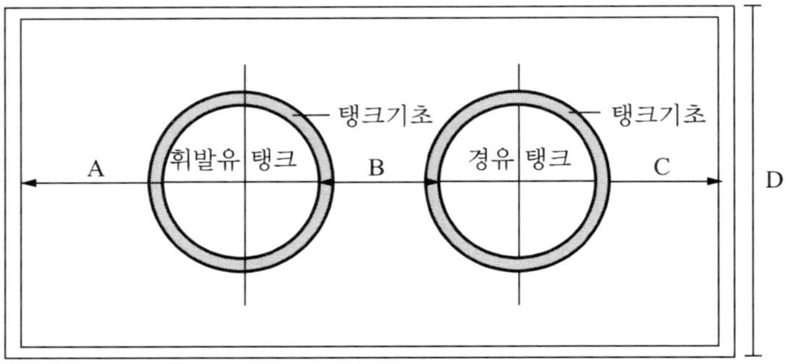

① A(휘발유탱크 측판과 방유제 내측거리, m)
② B(휘발유탱크 측판과 경유탱크 측판사이 거리, m)
③ C(경유탱크 측판과 방유제 내측거리, m)
④ D(방유제의 최소 폭, m)

(나) 다음에서 요구하는 각 장비의 용량을 구하시오.
① 포저장탱크의 용량[l](단, ∅75A 이상의 배관길이는 50m이고, 배관크기는 100A이다.)
② 소화설비의 수원(저수량 : m^3)(단, m^3 이하는 절삭하여 정수로 표시한다.)
③ 가압송수장치(펌프)의 유량(l/min)
④ 포소화약제의 혼합장치는 프레져 프로포셔너 방식을 사용할 경우에 최소유량과 최대유량의 범위를 정하시오.
- 최소유량(l/min) - 최대유량(l/min)

Solution (가) 방유제와 탱크 측면의 이격거리(단, 인화점이 200℃ 이상의 위험물을 저장 취급하는 것은 제외)

탱크지름	이격거리
15m 미만	탱크 높이의 $\frac{1}{3}$ 이상
15m 이상	탱크 높이의 $\frac{1}{2}$ 이상

① A(휘발유탱크 측판과 방유제 내측거리) : $12m \times \frac{1}{2} = 6m$

* 문제 그림에서 휘발유탱크의 지름이 ∅16,000 = 16,000mm = 16m이므로 이격거리는 위의 표에서 15m 이상을 적용하여 탱크높이의 $\frac{1}{2}$ 이상을 곱한다.

* 휘발유탱크의 높이 = 12,000mm = 12m이다(탱크높이 산정시 기초높이는 포함하며, △부분의 높

이는 포함하지 않는 것에 주의할 것).

③ C(경유탱크 측판과 방유제 내측거리) : $12\text{m} \times \frac{1}{3} = 4\text{m}$

② B(휘발유탱크 측판과 경유탱크 측판 사이 거리)

- 조건 ①에서 휘발유 탱크는 지정수량의 20,000배이므로 조건 ⑥의 옥외탱크저장소의 보유 공지 표에서 지정수량 4,000배 이상 란을 적용하면

가) 탱크의 최대지름 = 16,000mm = 16m

나) 탱크의 높이 = 12,000mm = 12m

* 탱크의 최대지름과 탱크의 높이 또는 길이 중 큰 것과 같은 거리 이상이어야 하므로 최소 16m 가 된다.

$$Q = \frac{\pi}{4} \times 10\text{m}^2 \times (12\text{m} - 0.5\text{m}) \fallingdotseq 903.21\text{m}^3$$

경유는 제4류 위험물(제2석유류)로서 지정수량은 1,000l이므로 $\frac{903.21\text{m}^3 \times 1{,}000\text{l/m}^3}{1{,}000l} \fallingdotseq 903$배

옥외탱크 저장소의 보유 공지표에서 지정수량의 501~1,000배 이하 란을 적용하면 최소 5m가 된다.

탱크와 탱크 사이의 보유 공지는 보유 공지가 긴 쪽에 따르므로 위에서 휘발유탱크는 16m 경유 탱크는 5m이므로 최소 16m가 된다.

④ D : 6m + 16m(탱크지름) + 6m = 28m

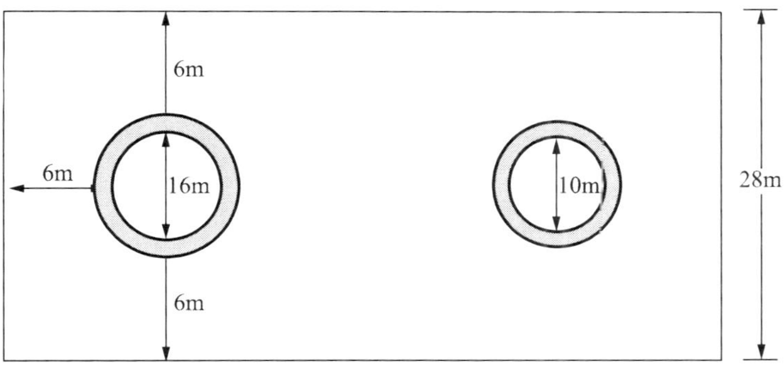

(나) ① 휘발유 탱크의 약제소요량

▼ 표 3.3 포방출구(위험물기준 133)

탱크의 종류	포방출구
고정지붕구조(콘루프탱크)	• I형 방출구 • II형 방출구 • III형 방출구(표면하 주입방식) • IV형 방출구(반표면하 주입방식)
부상덮개부착·고정지붕구조	• 특형 방출구
부상지붕구조(플루팅루프탱크)	• 특형 방출구

[표 3.3]에서 플루팅루프탱크는 특형 방출구를 선정하여야 하며 휘발유는 제4류 위험물 제1석유류로서 인화점은 21℃ 미만이므로 고정포방출구의 방출량 및 방사시간 표에서 방출률 $(Q)=8l/\text{m}^2\text{min}$, 방사시간 $(T)=\dfrac{\text{포수용액량}[l/\text{m}^2]}{\text{방출률}[l/\text{m}^2\cdot\text{min}]}=30\text{min}$이다. 또한 조건 ③에서 3%이므로 농도(s) : 0.03이다.

(1) 고정포방출구의 방출량 Q_1은

$$Q=A\times Q\times T\times S=\frac{\pi}{4}(16^2-14.8^2)\text{m}^2\times 8\text{l}/\text{m}^2\cdot\text{min}\times 30\text{min}\times 0.03=209.003=200l$$

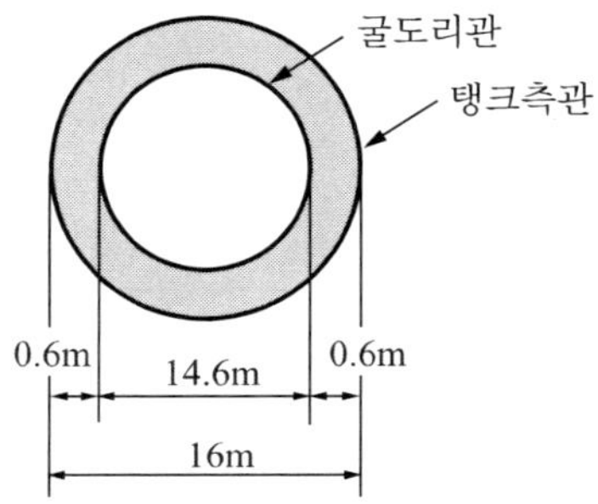

휘발유탱크의 구조

(2) 보조포소화전에서 방출에 필요한 양

$Q_2=N\times S\times 8{,}000[N\text{호스접결구 수}[\text{최대}\,3\text{개}]=3\times 0.03\times 8{,}000=720l$

조건 ④에서 보조포소화전은 쌍구형×2개로서 호스접결구 수는 총 4개이나 호스접결구는 최대 3개까지만 적용 가능하므로 호스접결구는 N=3이다. * 호스접결구 수 : 호스에 연결하는 구멍의 수

(3) 배관보정량 Q_3는 $Q_3=A\times L\times S\times 1{,}000l/\text{m}^3$(내경 75mm 초과시에만 적용)

$$=\frac{\pi}{4}(0.1\text{m})^2\times 50\text{m}\times 0.03\times 1{,}000\text{l}/\text{m}^3=11.78\text{l}$$

따라서 휘발유 탱크의 약제소요량 Q는

$Q=Q_1+Q_2+Q_3=209l+720l+11.78l=940.78l$

* 경유탱크의 소요약제량

조건 ②에서 II형 방출구를 사용하며 조건 ③에서 수성막포를 사용한다고 하였고 [표1]에서 경유는 제4류 위험물 제2석유로서 인화점은 21~70℃ 이하이므로 고정포방출구의 방출량 및 방사시간 표에서 방출률

$(Q):4l/\text{m}^2\text{min},\ \text{방사시간}(T)=\dfrac{\text{포수용액량}[l/\text{m}^2]}{\text{방출률}[l/\text{m}^2\cdot\text{min}]}=\dfrac{120[l/\text{m}^2]}{4[l/\text{m}^2\cdot\text{min}]}=30\text{min}$이다.

또한 조건 ③에서 3%이므로 농도(S) : 0.03이다.

(1) 고정포방출구의 방출량 Q_1은

$Q_1 = A \times Q \times T \times S = \frac{\pi}{4}(10\text{m})^2 \times 4l/\text{m}^2\cdot\text{min} \times 30\text{min} \times 0.03 = 282.74l$

(2) 보조포소화전에서 방출에 필요한 양 Q_2는

$Q_2 = N \times S \times 8{,}000$ [N: 호스접결구 수(최대3개) $= 3 \times 0.03 \times 8{,}000l = 720l$

(3) 배관보정량 Q_3는

$Q_3 = A \times L \times S \times 1{,}000l/\text{m}^3$ (내경 75mm 초과시에만 적용)

$= \frac{\pi}{4}(0.1\text{m})^2 \times 50\text{m} \times 0.03 \times 1{,}000l/\text{m}^3 = 11.78l$

따라서 경유탱크의 약제소요량 Q는

$Q = Q_1 + Q_2 + Q_3 = 282.74l + 720l + 11.78l = 1{,}014.52l$

소요약제량이 큰 쪽에 따르므로 1,014.52l가 되며, 조건 ⑤에서 1,014.52l보다 같거나 큰 값은 1,200l가 된다

② 경유탱크의 소요약제량이 휘발유탱크의 소요약제량보다 많으므로 당연히 저수량도 경유탱크가 많으므로 경유탱크의 저수량을 구하면 조건 ③에서 수성막포가 3%이므로 수원의 농도는 97% (100－3＝97%)가 된다.

(1) 고정포방출구의 방출량 Q_1은

$Q_1 = A \times Q \times T \times S = \frac{\pi}{4}(10\text{m})^2 \times 4\text{l}/\text{m}^2\cdot\text{min} \times 30\text{min} \times 0.97 = 9{,}142.03l$

(2) 보조포소화전에서 방출에 필요한 양 Q_2는

$Q_2 = N \times S \times 8{,}000$ [N: 호스접결구 수(최대3개) $= 3 \times 0.97 \times 8{,}000l = 23{,}280l$

(3) 배관보정량 Q_3는

$Q_3 = A \times L \times S \times 1{,}000l/\text{m}^3$ (내경 75mm 초과시에만 적용)

$= \frac{\pi}{4}(0.1\text{m})^2 \times 50\text{m} \times 0.97 \times 1{,}000l/\text{m}^3 = 380.92l$

따라서 경유탱크의 약제소요량 Q는

$Q = Q_1 + Q_2 + Q_3 = 9{,}142.03l + 23{,}280l + 380.92l = 32{,}802l \fallingdotseq 32.8\text{m}^3$

단서에서 m^3 이하는 절삭[5]하라고 하였으므로 32m^3가 된다.

③ 가압송수장치의 유량은 포수용액의 양을 기준으로 하므로 농도 S는 항상 1이며, 보조포소화전의 방사시간은 20min이다.

(1) 고정포방출구의 방출량 Q_1은

$Q_1 = A \times Q \times S = \frac{\pi}{4}(10\text{m})^2 \times 4l/\text{m}^2\cdot\text{min} \times 1 = 314.16l/\text{min}$

(2) 보조포소화전에서 방출에 필요한 양 Q_2는

5) 절삭 : 끊어 없앤다.

$Q_2 = N \times S \times 8{,}000 \div 20\text{min} = 3 \times 1 \times 8{,}000l \div 20\text{min} = 1{,}200l/\text{min}$

따라서 가압송수장치의 유량 Q는

$Q = Q_1 + Q_2 = 314.16l/\text{min} + 1{,}200l/\text{min} = 1{,}514.16l/\text{min}$ 이상

* 가압송수장치의 유량에는 배관보정량을 적용하지 않는다. 왜냐하면 배관보정량은 배관 내에 저장되어 있는 것으로 소비되는 것이 아니기 때문이다.

④ 프레져 프로포셔너 방식의 유량범위는 50~200%이므로 최소유량은 50%, 최대유량은 200%가 된다.

- 최소유량 $= 1{,}514.16l/\text{min} \times 0.5 = 757.08l/\text{min}$
- 최대유량 $= 1{,}514.16l/\text{min} \times 2 = 3{,}028.32l/\text{min}$

19. 그림은 어느 작은 주차장에 설치하고자 하는 포소화설비의 평면도이다. 그림과 주어진 조건을 이용하여 요구사항에 답하시오.

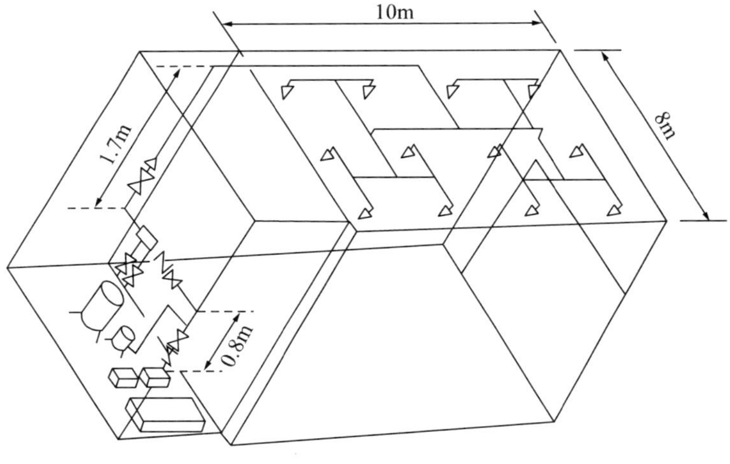

[조건]

① 사용하는 포원액은 단백포로서 3%(농도S = 0.03)용이다.

② 주차장 방사량은 $6.5l/\text{m}^2\cdot\text{min}$이며 방출시간은 10min이다.

(가) 포원액의 최소 소요량[l]은?

(나) 펌프의 ① 최소양정, ② 최소토출량, ③ 최소소요동력을 계산하시오(단, 각 포헤드에서 방사압력은 0.25MPa, 펌프 토출구로부터 포헤드까지 마찰손실압은 0.14MPa이고, 포수용액의 비중은 물의 비중과 같다고 가정하며, 펌프의 효율은 0.6, 축동력 전달계수는 1.1이다.).

Solution

소방대상물	포소화약제의 종류	방사량
• 차고 · 주차장 • 항공기격납고	• 수성막포	$3.7l/m^2$분
	• 단백포	$6.5l/m^2$분
	• 합성계면활성제포	$8.0l/m^2$분
• 특수가연물 저장 · 취급소	• 수성막포 • 단백포 • 합성계면활성제포	$6.5l/m^2$분

그림에서 소방대상물은 주차장이고 문제에서 포소화약제의 종류는 단백포이므로 방사량(단위 포소화수용액의 양) Q_1은 $6.5l/m^2$분이다. 또한, 방출시간은 화재안전기준에서 10분이다.

$Q = A \times Q \times T \times S$

여기서, Q : 포소화약제의 양[l]
A : 탱크의 액표면적[m^2]
T : 방출시간[분]
S : 포소화약제의 사용농도

포원액의 저장량 Q는

$Q = A \times Q \times T \times S = (10 \times 8)m^2 \times 6.5l/m^2 \cdot min \times 10min \times 0.03 = 156l$

① 최소양정

$H = h_1 + h_2 + h_3 + h_4$

여기서, H : 펌프의 양정[m]
h_1 : 방출구의 설계압력 환산수두 또는 노즐선단의 방사압력 환산수두[m]
h_2 : 배관의 마찰손실수두[m]
h_3 : 소방호스의 마찰손실수두[m]
h_4 : 낙차[m]

따라서 단위환산 1MPa = 100m
h_1 : 0.25MPa = 25m
h_2 : 0.14MPa = 14m
h_3 : 문제에 없기 때문에 생략한다.
h_4 : 그림에서 흡입 + 토출양정(0.8 + 1.7)m

$H = h_1 + h_2 + h_3 + h_4 = 25 + 14 + 0 + (0.8 + 1.7) = 41.5m$

② 최소토출량

차고 주차장 단백포의 방사량 $6.5l/m^2.min$이다.
따라서 펌프의 최소토출량 Q는
$Q = (10 \times 8)m^2 \times 6.5l/m^2.min = 520l/min$

③ 최소소요동력

펌프의 동력 P는

$$P=\frac{0.163QH}{\eta}K=\frac{0.163\times 0.52\mathrm{m}^3/\mathrm{min}\times 41.5\mathrm{m}}{0.6}\times 1.1=6.448=6.45\mathrm{kw}$$

여기서, Q : 유량(m^3/min)
H : 전양정(m)
η : 효율
k : 전달계수
P : 전동기용량(kw)

Chapter 04

가스계 소화약제

기체의 일반적인 성질 01

1.1 일반적인 개념

1.1.1 기체의 성질

① 분자간의 거리가 멀고 인력이 약하다.
② 빠른 속도로 자유롭게 운동한다.
③ 일정한 모양과 형태가 없다.
④ 스스로 퍼져나가는(확산) 성질이 있다.
⑤ 온도 및 압력의 변화에 의해 부피 변화가 크다.
⑥ 압력이란 기체 분자가 용기의 벽에 충돌해서 생기는 힘을 말한다.
⑦ 직선운동만 한다.

1.1.2 확산

두 물질의 기체나 액체가 접촉되어 있을 때, 분자 입자가 스스로 운동하여 기체나 액체 속으로 퍼져 나가는 현상을 확산이라고 한다. 기체 분자가 끊임없이 운동하고 있기 때문에 확산은 저절로 일어난다.

1.2 확장 개념

1.2.1 확산의 속도에 영향을 미치는 요인들

(1) 매질에 따른 확산 속도

입자들이 기체나 액체 속으로 확산될 때에는 기체나 액체를 이루는 분자들과 충돌하므로 확산을 방해한다.

진공 속 > 기체 속 > 액체 속

(2) 물질의 상태에 따른 확산 속도

기체 분자들은 액체나 고체에 비해 운동 속도가 빠르므로 확산 속도가 빠르다.

기체 > 액체 > 고체

(3) 입자의 질량과 확산 속도

입자의 질량이 작고 가벼울수록 확산 속도가 빠르다.

(4) 온도와 확산 속도

같은 물질일 경우에 온도가 높을수록 확산 속도가 빠르다.

1.2.2 그레이엄의 법칙

일정한 온도와 압력에서 두 기체의 확산 속도 비는 두 기체의 밀도의 제곱근에 반비례 한다는 것이다.

$$\frac{v_1}{v_2} = \sqrt{\frac{M_2}{M_1}} = \sqrt{\frac{d_2}{d_1}} = \frac{t_2}{t_1} = \frac{L_1}{L_2}$$

여기서, v : 확산속도
d : 밀도
M : 분자량
t : 시간
L : 이동거리

1.2.3 보일의 법칙

일정한 온도에서 기체의 부피는 압력에 반비례 한다. 그러므로 온도가 일정할 때 기체의 압력과 부피의 곱은 항상 일정하다.

$$PV = K,\ PV = P'V' = K$$

여기서, P : 압력
V : 부피
K : 일정

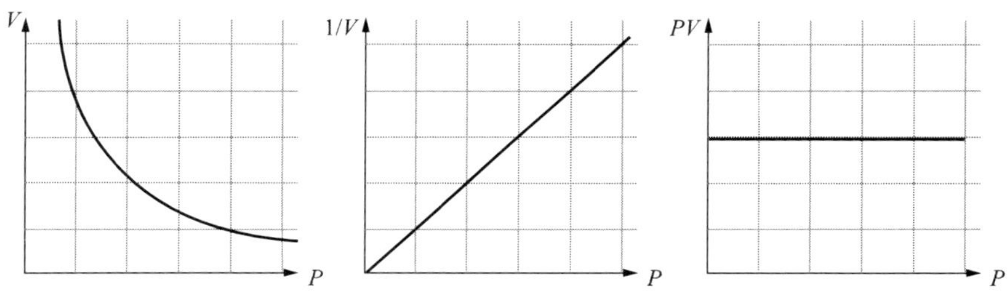

(1) 보일의 법칙의 예

- 신발에 있는 공기 주머니의 부피가 압력에 따라 달라져 발에 가해지는 충격을 줄여준다.
- 잠수부가 배출한 기포의 크기는 수면에 가까워질수록 점점 커진다.

- 풍선이 하늘 위로 올라가면 부풀어 오르다 터진다.
- 자동차 에어백은 압력에 따라 부피를 변화시킴으로써 충격을 줄여준다.
- 주사기의 피스톤을 누르면 주사기 속의 부피가 작아진다.

1.2.4 샤를의 법칙

일정한 압력에서 기체의 부피는 절대 온도에 비례한다.

$$V = V_0 + V_0 \frac{t}{273} = V_0\left(1 + \frac{t}{273}\right) = V_0\left(\frac{273+t}{273}\right) = \frac{V_0}{273} T = kT$$

$$T = 273 + t$$

따라서 $\frac{V}{T} = k$(단, t℃에서 부피 $= V$, 0℃에서 부피 $= V_0$)

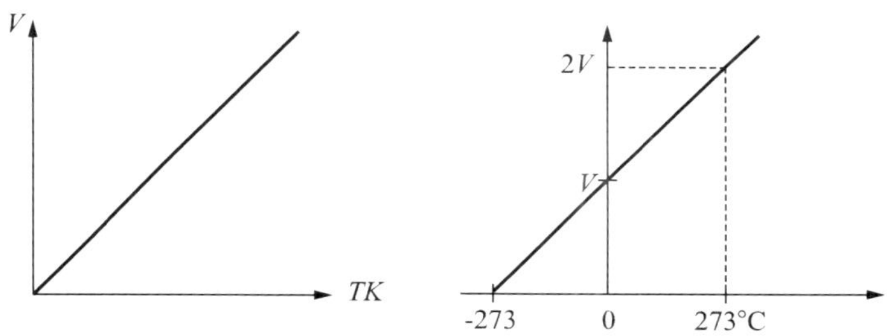

(2) 샤를의 법칙의 예

- 찌그러진 탁구공이나 쭈글쭈글한 축구공을 끓는 물에 넣으면 다시 펴진다.
- 열기구 속의 공기를 가열하면 열기구가 떠오른다.
- 여름철에는 겨울철보다 타이어에 공기를 약간 적게 넣는다.
- 액체 질소에 풍선을 넣으면 풍선의 크기가 작아지며, 이 풍선을 공기 중에 놓아두면 다시 크기가 커진다.

1.2.5 보일 샤를의 법칙

온도가 일정할 때 기체의 압력은 부피에 반비례한다는 보일의 법칙과 압력이 일정할 때 기체의 부피는 온도의 증가에 비례한다는 샤를의 법칙을 조합하여 만든 법칙으로 온도, 압력, 부피가 동시에 변화할 때 이들 사이의 관계를 나타낸다.

일정량의 기체의 압력, 부피, 온도변화에 대해서 아래와 같은 그래프로 나타낼 수 있다.

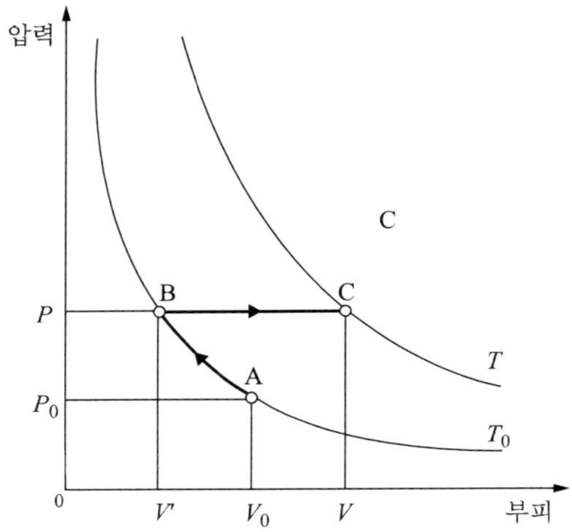

위 그래프에서 보는 바와 같이 초기상태(A점)에서 기체는 V_0의 부피, P_0의 압력, T_0의 온도를 갖는다.

압력과 부피 및 온도가 동시에 변화하여 V의 부피, P의 압력, T의 온도를 갖는 최종상태(C점)에 도달한다고 할 때 이를 온도를 일정하게 하였을 때의 과정(A → B)과 압력을 일정하게 할 경우의 과정(B → C)으로 나눌 수 있다. A점에서 B점까지의 등온변화의 경우 보일의 법칙에 의해 다음의 관계를 만족한다.

$$P_0 V_0 = P V'$$

또한 B점에서 C점까지의 등압변화의 경우 샤를의 법칙에 의해 다음의 관계가 성립한다.

$$\frac{V'}{T_0} = \frac{V}{T}$$

두 관계식을 합치면(A → C) 일정량의 기체의 상태가 A점에서 C점으로 변화할 때 성립하는 보일-샤를의 법칙을 다음 식과 같이 얻을 수 있다.

$$\frac{P_0 V_0}{T_0} = \frac{PV}{T} = 일정$$

위 법칙은 이상기체의 경우 성립하며 실제기체의 경우 근사적으로 성립한다.

에어 스프레이를 사용할 경우 용기가 차가워지는 현상 : 버튼을 눌러 용기 내부의 기체를 분출할 경우 용기 내부의 압력이 감소하게 된다. 그러나 용기의 부피는 그대로 이므로 보일-샤를의 법칙에 의해 내부 온도가 감소하게 된다.

1.2.6 아보가드로의 법칙

기체를 이해하기 위해 17세기 영국계 아일랜드인인 보일(Robert Boyle)은 기체의 압력과 부피와의 관계를, 샤를(Jacques Charles)과 게이뤼삭(Gay-Lussac)은 기체의 온도와 부피와의 관계를 설명하였다. 그 후 이탈리아 과학자 아보가드로(Amedeo Avogadro, 1776~1856)는 게이뤼삭이 주장한 기체반응의 법칙을 설명하기 위해 새로운 가설을 제안하였다.

아보가드로는 0℃, 1기압에서 여러 가지 기체의 1mol(몰) 당 부피를 측정한 결과 기체의 종류와 무관하게 몰부피가 매우 비슷함을 알아냈다. 이러한 결과로부터, '같은 온도와 압력 하에서 기체의 종류에 관계없이 같은 부피 속에는 같은 수의 분자가 들어 있다'는 아보가드로의 가설을 발표하였다. 모든 기체의 1mol은 똑같은 수의 분자를 포함한다는 것이다. 즉, 기체 분자들은 화학적, 물리적 특성과는 무관하게 같은 온도와 압력에서 기체 시료가 차지하는 부피는 기체의 mol수(분자 수)에 비례한다. 분자의 mol수(분자 수)를 2배하면 부피도 2배가 된다는 것이다.

보일, 샤를, 게이뤼삭 및 아보가드로의 발견들을 종합하여 기체의 압력(P), 부피(V), 온도(T) 및 mol 수(n) 사이에 다음과 같은 식을 얻을 수 있다.

$$PV = nRT$$

여기서 R은 기체상수로 8.31J/mol·K값을 가지며 모든 기체에 대하여 같은 값을 갖는다. 이 식에서 압력과 온도가 일정하면 부피는 분자의 mol 수에 비례한다는($V \propto n$) 아보가드로의 법칙에 따른 식으로 표현할 수 있다. 기체를 이해하는데 결정적인 공헌을 한 아보가드로를 기려 어떤 물체 1mol이 가진 입자들의 수를 아보가드로수라고 부르며 그 수는 6.022×10^{23}개/mol이다.

1.2.7 이상기체 상태 방정식

1몰의 기체에 대하여 $PV = RT$이므로 n몰의 기체는

$$PV = nRT$$

모든 기체 1몰은 1기압, 0℃(표준상태라고 함)에서 부피가 22.4ℓ이므로, $R = \frac{PV}{T}$이므로 $R = 22.4$기압·ℓ/273K = 0.083기압·ℓ/K = $1.013 \times 10^5 N/m^2 \cdot 22.4 \times 10^{-3} m^3/273K = 8.31 J/mol \cdot K$가 된다(1기압은 약 10^5 파스칼이고, 1ℓ는 $10^{-3}m^3$).

기체상수

$$R = \frac{PV}{T} = \frac{1.013 \times 10^5 N/m^2 \times 22.4 \times 10^{-3} m^3/mol}{273K} = 8.31 J/mol \cdot K$$

- 보부압반 → 보일의 법칙은 부피와 온도가 반비례
- 샤브온비 → 샤를의 법칙은 온도와 부피는 비례

보일의 법칙(등온 과정) : 보일의 법칙은 온도가 일정한 등온 과정으로 내부에너지 $\Delta U = 0$이 되고 기체의 부피와 압력은 반비례한다.

온도를 일정하게 유지시키면서 압력(P)을 증가시키면 부피(V)는 줄어

든다. 즉, 압력을 2배, 3배, 4배로 증가시키면 기체의 부피는 1/2배, 1/3배, 1/4배로 줄어든다. 이와 같이 기체의 압력과 부피 사이에는 반비례 관계가 성립한다. 비례 상수를 k로 하면 $P = K\frac{1}{V}$와 같이 쓸 수 있다. 이것은 온도가 일정할 때 부피와 압력의 곱이 $PV = k$로 일정함을 의미한다.

따라서 기체의 온도를 일정하게 유지하면서 압력이 P_1이고 부피가 V_1인 기체의 압력을 P_2로 변화시켰을 때 부피가 V_2로 변화되었다면 $P_1V_1 = P_2V_2$(PV=일정)의 관계가 성립하는데, 이것을 보일의 법칙이라고 한다.

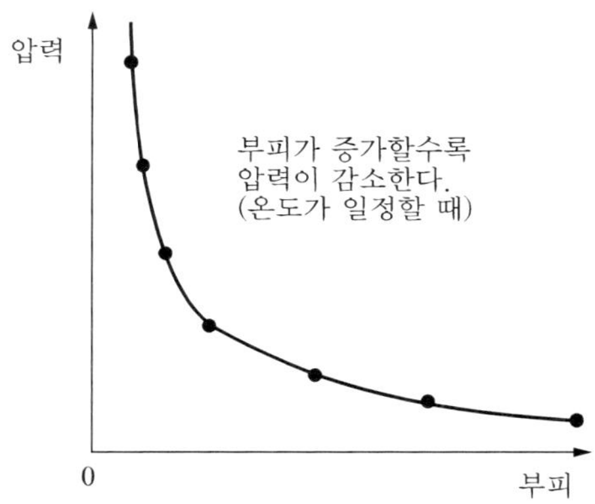

1P-V 그래프

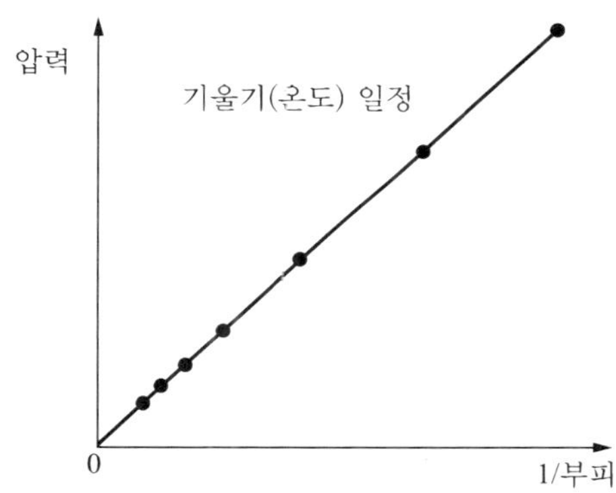

2P-(1/V) 그래프

가스계 소화약제의 저장과 방출 02

2.1 충전비와 충전밀도

충전비(充塡比)란 일본소방법에서 적용하는 용기별 가스충전량의 기준이다. 이에 비하여 NFPA Code에서는 Filling Density로 적용하며, 이를 국내에서 충전밀도로 번역한 것이다. 용기 내에 약제를 얼마까지 충전할 것이냐의 물리적 의미는 같으나, 다만 일본의 경우는 (용기체적/약제량)이며, NFPA에서는 (약제량/용기체적)으로 상호 역수(逆數)에 해당하는 수치일 뿐이다. 이를 화재안전기준의 경우 CO_2나 Halon은 일본 소방법을 준용하고, 청정약제기준은 NFPA를 준용한 결과 국내는 2가지 값으로 표현하고 있는 것이다.

또한 화재안전기준에서 정의가 없는 것이 아니라, NFSC 106 제3조(정의) 제4호에서 "충전비라 함은 용기의 용적과 소화약제의 중량의 비율을 말한다"고 정의하고 있다. 즉, A와 B의 비율이라고 정의하고 있으며 수학적으로 이는 A : B 즉, A/B(용기의 용적/소화약제의 중량)을 뜻하는 것이다. 또 충전밀도는 NFSC 107A 제3조(정의) 제4호에서 "단위용적당 소화약제의 중량의 비율"이라고 정의하고 있으며 이는 수학적으로 (소화약제 중량/단위용적)을 뜻하는 것이다. 단위는 당연히 SI단위이므로 충전밀도(kg/m^3)는 관계가 없으나 충전비는 (ℓ/kg)이기에 화재안전기준에 충전비는 단위를 표시하는 것이 원칙이다. 단위를 명시하지 않은 사유는 과거 청정약제 기준이 없던 시절부터 충전비라는 용어만 있었기에 구태여 단위를 명시하지 않은 것이다.

NFPA에서는 CO_2나 Halon도 당연히 충전밀도(Filling density)로 표시하고 있다. 그럼, 일본은 어떠할까? 당연히 청정약제도 충전비로 표시하고 있다. 그러니 충전하는 양의 값에 대한 기준을 충전비나 충전밀도, 둘 중의 어느 하나로 화재안전기준 전체를 당연히 통일할 수 있다. 그러나 국내기준의 경우 CO_2나 Halon은 일본소방법을 준용하고, 청정약제기준은 NFPA를 준용하고 있는 현실에서 50년간 사용한 충전비(充塡比)라는 용어를 일시에 바꾸기에는 쉽지 않을 것이다(구태여 잘못된 것도 없는 상황에서).

충전비는 약제를 충전하지 않으면 불능이므로 충전밀도가 옳다고 하였으나, 충전비란 반드시 용기 내에 약제를 충전할 경우의 값을 말하는 것으로 충전되지 아니한 것은 충전비를 논하지 않는 것이다. 따라서 이는 맞고 틀리고의 문제가 아니라 국가별, 지역별로 적용하는 기준 수치의 차이일 뿐이다. 그렇다고 하여 지향하고자 하는 물리적 의미(즉, 용기 내에 얼마까지 약제를 충전할 수 있느냐의 여부)가 다른 것은 아니기 때문이다.

▼ 표 4.1 충전비와 충전밀도의 비교

	충전비(充塡比)	충전밀도(Fill density)
정의	단위 약제중량당 용기의 체적	단위 용기체적당 약제의 중량
공식	$C=\dfrac{V(l)}{W(kg)}$	$F=\dfrac{W(kg)}{V(m^3)}$
개념	① 용기 체적(V)이 일정하므로 $y=a/x$의 반비례식이 된다. → 충진비가 커지면 약제량 감소 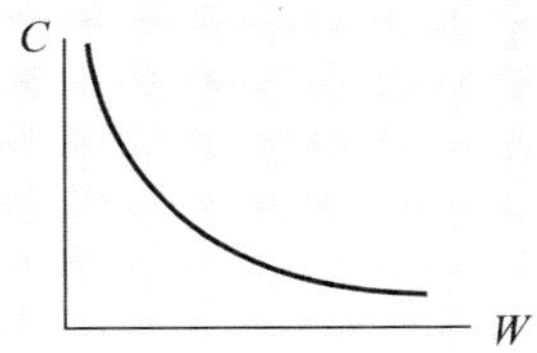 ② 최소충전비와 최대충전비를 적용한다.	① 용기 체적(V)이 일정하므로 $y=a/x$의 비례식이 된다. → 충전밀도가 커지면 약제량 증가 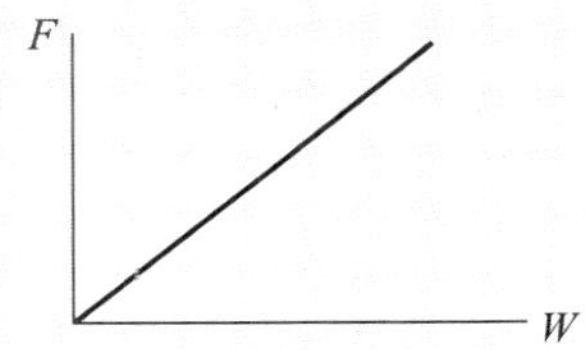 ② 최대충전밀도만 적용한다.
적용	CO_2 및 Halon 소화설비	청정약제소화설비
근거	일본소방법 기준	NFPA 기준(NFPA 12, 12A, 2001)

2.2 방호공간

소방대상물의 각 부분으로부터 0.6m의 거리에 의하여 둘러싸인 공간

2.3 가스계 소화약제의 방출방식

가스계 소화약제의 방출방식은 크게 전역방출방식, 국소방출방식, 호스릴방식의 3가지 형태가 있다. 전역방출방식은 방호 대상물이 있는 구획된 공간 전체에 대해 소화에 필요한 약제량을 빠르게 분사하는 방출방식이다. 국소방출방식은 소화약제를 화점에 직접 분사하는 방식을 말하며 일반적으로 인화성이 크고 표면화재 및 입체화재의 위험성이 있는 시설 등에 효과적이다. 호스릴방식은 이동방출방식이라고도 하며 사람이 직접 운용하는 수동식 설비이다.

2.4 표면화재 및 심부화재

(1) 표면화재

가연성 물질의 표면에서 연소하는 화재를 말한다. 액체의 기름 화재와 같이 기름의 표면에서만 화염이 발생하는 형태의 화재로서 액체 가연물의 화재는 대부분 표면 화재에 속한다.

(2) 심부화재

목재 또는 섬유류와 같은 고체 가연물에서 발생하는 화재 형태로서 가연물 내부에서 연소하는 화재를 말한다. 가연물에서 타고 있는 화재의 형태의 형태가 가연물의 외부와 가연물의 깊은 곳까지 연소하고 있는 화재 형태로서 고체 가연물의 화재는 대부분 이러한 화재 형태를 하고 있다.

가스계 소화약제의 농도와 위험성 03

3.1 소화농도

소화농도는 소화가 이루어지는 소화약제의 최소농도로서 최소소화농도 또는 최소이론농도라고 한다. 가스계 소화약제는 크게 이산화탄소 소화약제, 할론겐화합물 소화약제, 청정소화약제로 구분되며 소화농도의 크기를 결정하는 방법이 약제의 종류에 따라 다르다.

이산화탄소의 주된 소화 효과는 산소 농도 저하에 의한 질식 효과이다. 소화에 필요한 이산화탄소의 농도는 가연성 기체와 액체의 종류에 따라 [표 4.2]와 같다.

그러나 가연성 고체에 대한 소화 농도는 복사와 대류에 의한 열손실 속도가 가연물의 물리적 상태에 따라 크게 변하기 때문에 가연성 기체나 액체와 같이 나타내기는 어렵다.

최소 설계 농도(minimum design CO_2 concentration)는 이론적으로 구한 최소 소화 농도(theoretical minimum CO_2 concentration)에 일정량의 여유분([표 4.2]에서는 최소 소화 농도의 20%)을 더한 값이다.

이산화탄소의 최소 설계 농도는 보통 34vol% 이상으로 설계하기 때문에 위와 같이 구한 최소 설계 농도가 34vol% 이하일 때에도 34vol%로 설계해야 한다.

이론적인 최소 소화 농도는 보통 실험이나 공인된 자료 등을 통하여 구하지만 소화에 필요한 산소의 농도를 알 수 있는 경우는 다음 공식으로부터 계산에 의해서 구할 수 있다.

$$\%CO_2 \text{ 소화농도} = \frac{(21 - \%O_2)}{21} \times 100$$

공기 중에는 산소가 21vol% 존재하지만 이것이 희석되어 농도가 개략적으로 15vol% 이하가 되면 연소는 중단된다(가연 물질에 따라 산소 농도가 15vol% 이하가 되어도 소화되지 않는 경우도 있다). 이산화탄소의 최소 설계 농도를 34vol%로 하는 경우 산소의 농도를 위 식으로부터 구해보면 약 14vol%가 된다.

▼ 표 4.2 가연물질에 따른 CO_2의 최소 소화 농도와 최소 설계 농도

물질명	최소소화농도 (vol%)	최소설계농도 (vol%)	물질명	최소소화농도 (vol%)	최소설계농도 (vol%)
Acetylene	55	66	Gasoline	28	34
Acetone	27	34	Hexane	29	35
Benzol, Benzene	31	37	Hydrogen	62	75
Butadiene	34	41	Hydrogen Sulfide	30	36
Butane	28	34	Isobutane	30	36
Carbon Disulfide	60	72	Isobutylene	26	34
Carbon Monoxide	53	64	Isobuty Formate	26	34
Coal Natural gas	31	37	JP－4	30	36
Cyclopropane	31	37	Kerosene	28	34
Diethyl Ether	33	40	Methane	25	34
Dimethyl Ether	33	40	Methyl Acetate	29	35
Ethane	33	40	Methyl Alcohol	33	40
Ethyl Alcohol	36	43	Methyl Ethyl Ketone	33	40
Ethyl Ether	38	46	Methyl Formate	32	39
Ethylene	41	49	Pentane	29	35
Ethylene Dichloride	21	34	Propane	30	36
Ethylene Oxide	44	53	Propylene	30	36

3.2 설계농도

가스계 소화약제의 설계농도는 가스계 소화설비의 운용을 위한 설계 기준농도를 가리키며 안전율을 고려하여 약제의 종류와 무관하게 소화농도보다 20% 크게 규정되어 있다.

방호대상물	설계농도(%)	방호대상물	설계농도(%)
수소(Hydrogen)	75	석탄가스, 천연가스(Coal, Natural gas)	37
아세틸렌(Acetylene)	66	사이크로 프로판(Cyclo Propane)	37
일산화탄소(Carbon Monoxide)	64	이소부탄(Iso Butane)	36
산화에틸렌(Ethylene Oxide)	53	프로판(Propane)	36
에틸렌(Ethylene)	49	부탄(Butane)	34
에탄(Ethane)	40	메탄(Methane)	34

3.3 소화약제 허용농도

가스계 소화약제의 허용농도는 가스계 소화약제들을 운용하기 위한 소화설비의 설계 시 소화약제의 독성이 인체에 영향을 주지 않을 정도의 농도를 규정한 것이다.

3.4 소화약제 환경지수

가스계 소화약제들 중 할로겐화합물 소화약제와 청정소화약제의 환경영향성에 관한 척도는 세 가지가 대표적이며 오존파괴지수(Ozone Deple tion Potential, ODP), 지구온난화지수(Global Warming Potential, GWP), 대기잔류시간(Atmospheric Life Time, ALT)이 그것이다.

오존파괴지수란 어떤 화합물질의 오존파괴 정도를 숫자로 표현한 것으로서 숫자가 클수록 오존파괴정도가 크다. 삼염화불화탄소($CFCl_3$)의 오존파괴능력을 1로 보았을 때 상대적인 파괴능력을 나타내는 지수로서 몬트리올 의정서에서 규정한 모든 오존층파괴물질에 대해 오존층파괴지수가 산정되어 있다. CFC 계통은 오존파괴지수가 0.6～1.0이고, 할론계통은 3～10으로 매우 높으며, CFC 중간대체물질로 사용되고 있는 수소염화불화탄소(HCFCs) 계통은 0.001～0.52로 낮다.

$$\text{오존파괴지수(ODP)} = \frac{\text{시험물질 1kg에 의해 파괴된 오존량}}{\text{CFC11 1kg에 의해 파괴된 오존량}}$$

지구온난화지수란 이산화탄소, 메탄, 오존과 같이 온난화를 초래하는 가스가 지구온난화에 얼마나 영향을 미치는지를 측정하는 지수로서 이산화탄소 1kg과 비교할 때 특정기체 1kg이 지구 온난화에 얼마나 영향을 미치는지를 나타낸다. 1백년을 기준으로 이산화탄소의 온난화 효과를 1로 볼 때 메탄가스(CH_4)가 23, 일산화이질소(N_2O) 2백96, 수소불화탄소(HFCs) 1만2천 등이다.

$$\text{지구온난화지수(GWP)} = \frac{\text{시험물질 1Kg에 의한 대기 가열효과}}{\text{CO}_2\text{ 1Kg에 의한 대기 가열효과}}$$

할로겐 원소는 플루오르(불소 Fluorine, F), 염소(Chlorine, CI), 브롬(Bromine, Br), 요오드(Iodine, I)의 네 가지 원소이다.

이산화탄소 소화약제 04

4.1 개요

질식 작용에 의한 소화를 목적으로 이산화탄소를 방출하여 산소의 농도를 저하시켜 연소 작용을 정지시키는 소화설비이며, 저장용기, 화재감지장치, 분사헤드, 기동장치, 배관, 제어반, 비상전원, 자동폐쇄장치 등으로 구성되어 있다.

4.2 기동원리 및 계통도

(다음 그림 참조)

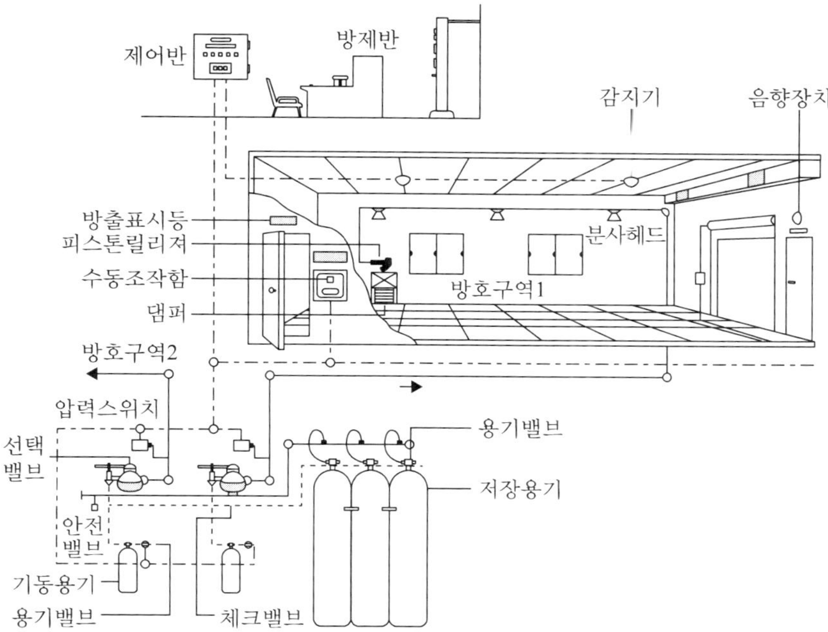

▲ 그림 4.1 이산화탄소 작동원리

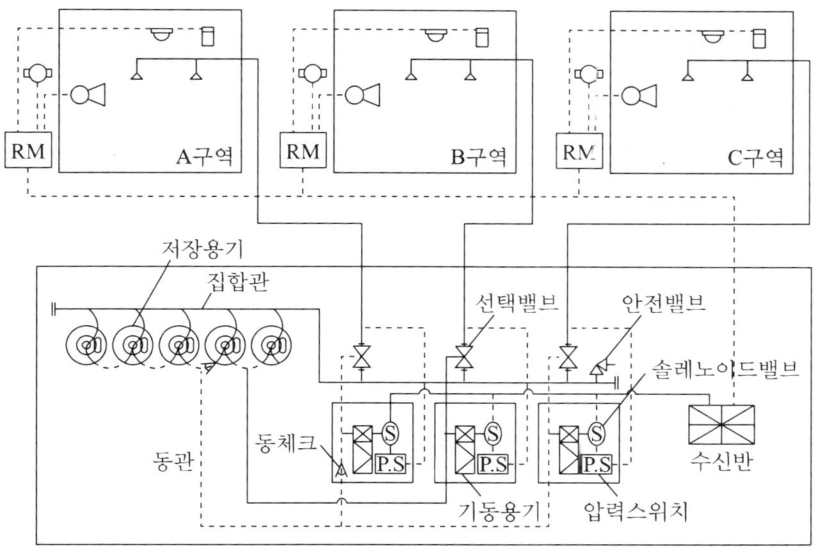

▲ 그림 4.2 이산화탄소 계통도

4.3 용어의 정의

이 기준에서 사용하는 용어의 정의는 다음과 같다.

1. "전역방출방식"이란 소화약제 공급장치에 배관 및 분사헤드 등을 고정 설치하여 밀폐 방호구역 내에 소화약제를 방출하는 방식을 말한다.
2. "국소방출방식"이란 소화약제 공급장치에 배관 및 분사헤드를 설치하여 직접 화점에 소화약제를 방출하는 방식을 말한다.
3. "호스릴방식"이란 소화수 또는 소화약제 저장용기 등에 연결된 호스릴을 이용하여 사람이 직접 화점에 소화수 또는 소화약제를 방출하는 방식을 말한다.
4. "충전비"란 소화약제 저장용기의 내부 용적과 소화약제의 중량과의 비(용적/중량)를 말한다.
5. "심부화재"란 종이 · 목재 · 석탄 · 섬유류 및 합성수지류와 같은 고체가연물에서 발생하는 화재형태로서 가연물 내부에서 연소하는 화재를 말한다.
6. "표면화재"란 가연성액체 및 가연성가스 등 가연성물질의 표면에서 연소하는 화재를 말한다.
7. "교차회로방식"이란 하나의 방호구역 내에 둘 이상의 화재감지기회로를 설치하고 인접한 둘 이상의 화재감지기에 화재가 감지되는 때에 소화설비가 작동하는 방식을 말한다.
8. "방화문"이란 「건축법 시행령」 제64조의 규정에 따른 60분+ 방화문, 60분 방화문 또는 30분 방화문을 말한다.
9. "방호구역"이란 소화설비의 소화범위 내에 포함된 영역을 말한다.
10. "선택밸브"란 둘 이상의 방호구역 또는 방호대상물이 있어 소화수 또는 소화약제를 해당하는 방호구역 또는 방호대상물에 선택적으로 방출되도록 제어하는 밸브를 말한다.
11. "설계농도"란 방호대상물 또는 방호구역의 소화약제 저장량을 산출하기 위한 농도로서 소화농도에 안전율을 고려하여 설정한 농도를 말한다.
12. "소화농도"란 규정된 실험 조건의 화재를 소화하는데 필요한 소화

약제의 농도(형식승인대상의 소화약제는 형식승인된 소화농도)를 말한다.

13. “호스릴”이란 원형의 소방호스를 원형의 수납장치에 감아 정리한 것을 말한다.

4.4 저장용기

① 이산화탄소 소화약제의 저장용기는 방호구역 외의 장소로서 방화구획된 실에 설치해야 한다.

② 이산화탄소 소화약제의 저장용기는 다음 각 호의 기준에 적합해야 한다.

1. 저장용기는 고압식은 25메가파스칼 이상, 저압식은 3.5메가파스칼 이상의 내압시험압력에 합격한 것으로 할 것
2. 저압식 저장용기에는 안전밸브, 봉판, 액면계, 압력계, 압력경보장치 및 자동냉동장치 등의 안전장치를 설치할 것
3. 저장용기의 충전비는 고압식은 1.5 이상 1.9 이하, 저압식은 1.1 이상 1.4 이하로 할 것

③ 이산화탄소 소화약제 저장용기의 개방밸브는 전기식・가스압력식 또는 기계식에 따라 자동으로 개방되고 수동으로도 개방되는 것으로서 안전장치가 부착된 것으로 해야 한다.

④ 이산화탄소 소화약제 저장용기와 집합관을 연결하는 연결배관에는 체크밸브를 설치하고, 선택밸브(또는 개폐밸브)와의 사이에는 과압방지를 위한 안전장치를 설치해야 한다. 이 경우 안전장치를 통하여 나온 소화가스는 전용의 배관 등을 통하여 건축물 외부로 배출될 수 있도록 해야 한다.

4.5 소화약제

이산화탄소 소화약제 저장량은 다음 각 호의 기준에 따른 양으로 한다.

1. 표면화재 방호대상물의 전역방출방식은 다음 각 목의 기준에 따른다.

   가. 방호구역의 체적(불연재료나 내열성의 재료로 밀폐된 구조물이 있는 경우에는 그 체적을 감한 체적) 1세제곱미터에 대하여 다음 표에 따른 양. 다만, 다음 표에 따라 산출한 양이 동표에 따른 저장량의 최저한도의 양 미만이 될 경우에는 그 최저한도의 양으로 한다.

방호구역 체적	방호구역의 체적 $1m^3$에 대한 소화약제의 양	소화약제 저장량의 최저한도의 양
$45m^3$ 미만	1.00kg	45kg
$45m^3$ 이상 $150m^3$ 미만	0.90kg	
$150m^3$ 이상 $1,450m^3$ 미만	0.80kg	135kg
$1,450m^3$ 이상	0.75kg	1,125kg

   나. 필요한 설계농도가 34퍼센트 이상인 방호대상물의 소화약제량은 가목의 기준에 따라 산출한 소화약제량에 다음 표에 따른 보정계수를 곱하여 산출한다.

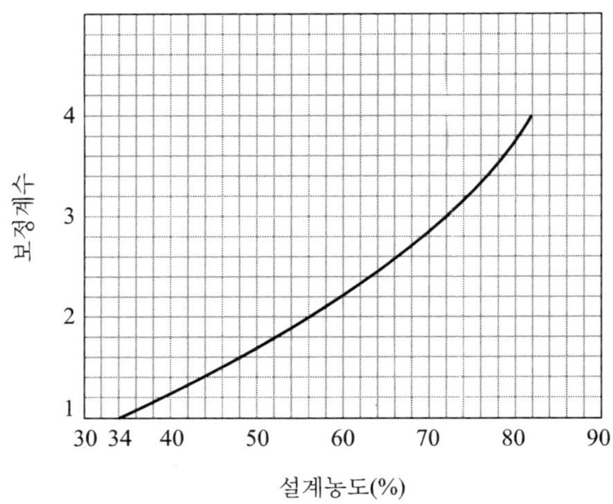

다. 방호구역의 개구부에 자동폐쇄장치를 설치하지 아니한 경우에는 가목 및 나목의 기준에 따라 산출한 양에 개구부면적 1제곱미터당 5킬로그램을 가산한다. 이 경우 개구부의 면적은 방호구역 전체 표면적의 3퍼센트 이하로 한다.

2. 심부화재 방호대상물의 전역방출방식은 다음 각 목의 기준에 따른다.

가. 방호구역의 체적(불연재료나 내열성의 재료로 밀폐된 구조물이 있는 경우에는 그 체적을 감한 체적) 1세제곱미터에 대하여 다음 표에 따른 양 이상으로 한다.

방호대상물	방호구역의 체적 $1m^3$에 대한 소화약제의 양	설계농도(%)
유압기기를 제외한 전기설비, 케이블실	1.3kg	50
체적 $55m^3$ 미만의 전기설비	1.6kg	50
서고, 전자제품창고, 목재가공품창고, 박물관	2.0kg	65
고무류, 면화류창고, 모피창고, 석탄창고, 집진설비	2.7kg	75

나. 방호구역의 개구부에 자동폐쇄장치를 설치하지 아니한 경우에는 가목의 기준에 따라 산출한 양에 개구부 면적 1제곱미터당 10킬로그램을 가산한다. 이 경우 개구부의 면적은 방호구역 전체 표면적의 3퍼센트 이하로 한다.

3. 국소방출방식은 다음 각 목의 기준에 따라 산출한 양에 고압식은 1.4, 저압식은 1.1을 각각 곱하여 얻은 양 이상으로 할 것

가. 윗면이 개방된 용기에 저장하는 경우와 화재시 연소면이 한정되고 가연물이 비산할 우려가 없는 경우에는 방호대상물의 표면적 1제곱미터에 대하여 13킬로그램

나. 가목 외의 경우에는 방호공간(방호대상물의 각부분으로부터 0.6미터의 거리에 따라 둘러싸인 공간을 말한다. 이하 같다)의 체적 1세제곱미터에 대하여 다음의 식에 따라 산출한 양

$$Q = 8 - 6\frac{a}{A}$$

Q : 방호공간 $1m^3$에 대한 이산화탄소 소화약제의 양(kg/m^3)

a : 방호 대상물 주위에 설치된 벽 면적의 합계(m^2)

A : 방호공간의 벽 면적(벽이 없는 경우에는 벽이 있는 것으로 가정한

당해 부분의 면적)의 합계(m^2)

4. 호스릴이산화탄소소화설비는 하나의 노즐에 대하여 90킬로그램 이상으로 할 것

4.6 기동장치

① 이산화탄소소화설비의 수동식 기동장치는 다음 각 호의 기준에 따라 설치해야 한다.

1. 수동식 기동장치는 오조작을 방지하기 위한 보호장치가 있는 것으로 설치할 것
2. 수동식 기동장치는 전역방출방식은 방호구역마다, 국소방출방식은 방호대상물마다 조작, 피난 및 유지관리가 용이한 장소에 설치할 것
3. 수동식 기동장치의 부근에는 소화약제의 방출을 지연시킬 수 있는 방출지연스위치를 설치할 것

② 이산화탄소소화설비의 자동식 기동장치는 자동화재탐지설비의 감지기의 작동과 연동하는 것으로서 수동으로도 기동할 수 있는 구조로 설치해야 한다.

③ 이산화탄소소화설비가 설치된 부분의 출입구 등의 보기 쉬운 곳에 소화약제의 방출을 표시하는 표시등을 설치해야 한다.

4.7 제어반 등

이산화탄소소화설비의 제어반 및 화재표시반은 다음 각 호의 기준에 따라 설치해야 한다.

1. 제어반은 수동기동장치 또는 화재감지기에서의 신호를 수신하여 음향경보장치의 작동, 소화약제의 방출 또는 지연 등 기타의 제어기능을 가진 것으로 하고, 제어반에는 전원표시등을 설치할 것
2. 화재표시반은 제어반에서의 신호를 수신하여 작동하는 기능을 가진 것으로 설치할 것
3. 제어반 및 화재표시반은 화재 및 침수 등의 재해로 인한 피해를 받을 우려가 없고 점검에 편리한 장소에 설치할 것

4.8 배관 등

① 이산화탄소소화설비의 배관은 다음 각 호의 기준에 따라 설치해야 한다.

1. 배관은 전용으로 할 것
2. 강관을 사용하는 경우의 배관은 압력 배관용 탄소 강관(KS D 3562) 중 스케줄 80(저압식은 스케줄 40) 이상의 것 또는 이와 동등 이상의 강도를 가진 것으로 아연도금 등으로 방식 처리된 것을 사용할 것
3. 동관을 사용하는 경우의 배관은 이음매 없는 구리 및 구리합금관(KS D 5301)으로서 고압식은 16.5메가파스칼 이상, 저압식은 3.75메가파스칼 이상의 압력에 견딜 수 있는 것을 사용할 것
4. 고압식의 1차측(개폐밸브 또는 선택밸브 이전) 배관부속의 최소사용설계압력은 9.5메가파스칼로 하고, 고압식의 2차측과 저압식

의 배관부속의 최소사용설계압력은 4.5메가파스칼로 할 것

② 배관의 구경은 이산화탄소 소화약제의 소요량이 다음 각 호의 기준에 따른 시간 내에 방출될 수 있는 것으로 해야 한다.

1. 전역방출방식에 있어서 가연성액체 또는 가연성가스 등 표면화재 방호대상물의 경우에는 1분
2. 전역방출방식에 있어서 종이, 목재, 석탄, 섬유류, 합성수지류 등 심부화재 방호대상물의 경우에는 7분. 이 경우 설계농도가 2분 이내에 30퍼센트에 도달하여야 한다.
3. 국소방출방식의 경우에는 30초

③ 소화약제의 저장용기와 선택밸브 사이의 집합배관에는 수동잠금밸브를 설치하되 선택밸브 직전에 설치할 것

4.9 선택밸브

하나의 특정소방대상물 또는 그 부분에 둘 이상의 방호구역 또는 방호대상물이 있어 이산화탄소 저장용기를 공용하는 경우에는 방호구역 또는 방호대상물마다 선택밸브를 설치해야 한다.

4.10 분사헤드

① 전역방출방식의 이산화탄소소화설비의 분사헤드는 다음 각 호의 기준에 따라 설치해야 한다.

1. 방출된 소화약제가 방호구역의 전역에 균일하고 신속하게 확산할 수 있도록 할 것

2. 분사헤드의 방출압력이 2.1메가파스칼(저압식은 1.05메가파스칼) 이상의 것으로 할 것
3. 특정소방대상물 또는 그 부분에 설치된 이산화탄소소화설비의 소화약제의 저장량은 제8조 제2항 제1호 및 제2호의 기준에서 정한 시간 이내에 방출할 수 있는 것으로 할 것

② 국소방출방식의 이산화탄소소화설비의 분사헤드는 다음 각 호의 기준에 따라 설치해야 한다.
1. 소화약제의 방출에 따라 가연물이 비산하지 않는 장소에 설치할 것
2. 이산화탄소 소화약제의 저장량은 30초 이내에 방출할 수 있는 것으로 할 것
3. 성능 및 방출압력이 제1항 제1호 및 제2호의 기준에 적합한 것으로 할 것

③ 화재 시 현저하게 연기가 찰 우려가 없는 장소로서 다음 각 호의 어느 하나에 해당하는 장소(차고 또는 주차의 용도로 사용되는 부분 제외)에는 호스릴이산화탄소소화설비를 설치할 수 있다.
1. 지상 1층 및 피난층에 있는 부분으로서 지상에서 수동 또는 원격조작에 따라 개방할 수 있는 개구부의 유효면적의 합계가 바닥면적의 15퍼센트 이상이 되는 부분
2. 전기설비가 설치되어 있는 부분 또는 다량의 화기를 사용하는 부분(해당 설비의 주위 5미터 이내의 부분을 포함한다)의 바닥면적이 해당 설비가 설치되어 있는 구획의 바닥면적의 5분의 1 미만이 되는 부분

④ 호스릴이산화탄소소화설비는 다음 각 호의 기준에 따라 설치해야 한다.
1. 방호대상물의 각 부분으로부터 하나의 호스접결구까지의 수평거리가 15미터 이하가 되도록 할 것
2. 노즐은 섭씨 20도에서 하나의 노즐마다 분당 60킬로그램 이상의 소화약제를 방사할 수 있는 것으로 할 것
3. 소화약제 저장용기는 호스릴을 설치하는 장소마다 설치할 것
4. 소화약제 저장용기의 개방밸브는 호스의 설치장소에서 수동으로 개폐할 수 있는 것으로 할 것
5. 소화약제 저장용기의 가장 가까운 곳의 보기 쉬운 곳에 표시등을 설치하고, 호스릴이산화탄소소화설비가 있다는 뜻을 표시한 표지

를 할 것

⑤ 이산화탄소소화설비의 분사헤드의 오리피스구경 등은 다음 각 호의 기준에 적합해야 한다.

1. 분사헤드에는 부식방지조치를 해야 하며 오리피스의 크기, 제조일자, 제조업체가 표시되도록 할 것
2. 분사헤드의 개수는 방호구역에 방출 시간이 충족되도록 설치할 것
3. 분사헤드의 방출률 및 방출압력은 제조업체에서 정한 값으로 할 것
4. 분사헤드의 오리피스의 면적은 분사헤드가 연결되는 배관구경면적의 70퍼센트 이하가 되도록 할 것

4.11 분사헤드 설치제외

이산화탄소소화설비의 분사헤드는 사람이 상시 근무하거나 다수인이 출입·통행하는 곳과 자기연소성물질 또는 활성금속물질 등을 저장하는 장소에는 설치해서는 안 된다.

4.12 자동식 기동장치의 화재감지기

이산화탄소소화설비의 자동식 기동장치는 각 방호구역 내의 화재감지기의 감지에 따라 작동되도록 하고, 화재감지기의 회로는 교차회로방식으로 설치해야 한다.

4.13 음향경보장치

① 이산화탄소소화설비의 음향경보장치는 다음 각 호의 기준에 따라 설치해야 한다.

1. 수동식 기동장치를 설치한 것은 그 기동장치의 조작과정에서, 자동식 기동장치를 설치한 것은 화재감지기와 연동하여 자동으로 경보를 발하는 것으로 할 것
2. 소화약제의 방출개시 후 1분 이상 경보를 계속할 수 있는 것으로 할 것
3. 방호구역 또는 방호대상물이 있는 구획 안에 있는 자에게 유효하게 경보할 수 있는 것으로 할 것

② 방송에 따른 경보장치를 설치할 경우에는 다음 각 호의 기준에 따라야 한다.

1. 증폭기 재생장치는 화재 시 연소의 우려가 없고, 유지관리가 쉬운 장소에 설치할 것
2. 방호구역 또는 방호대상물이 있는 구획의 각 부분으로부터 하나의 확성기까지의 수평거리는 25미터 이하가 되도록 할 것
3. 제어반의 복구스위치를 조작하여도 경브를 계속 발할 수 있는 것으로 할 것

4.14 자동폐쇄장치

전역방출방식의 이산화탄소소화설비를 설치한 특정소방대상물 또는 그 부분에 대하여 환기장치 등을 설치한 것은 소화약제가 방출되기 전에 해당 환기장치 등이 정지될 수 있도록 하고, 개구부 및 통기구가 있어 소화약제의 유출에 따라 소화효과를 감소시킬 우려가 있는 것은 소화약제가

방출되기 전에 당해 개구부 및 통기구를 폐쇄할 수 있도록 자동폐쇄장치를 설치해야 한다.

4.15 비상전원

이산화탄소소화설비(호스릴방식은 제외한다)의 비상전원은 자가발전설비, 축전지설비 또는 전기저장장치로서 다음 각 호의 기준에 따라 설치해야 한다.

1. 점검에 편리하고 화재 및 침수 등의 재해로 인한 피해를 받을 우려가 없는 곳에 설치할 것
2. 이산화탄소소화설비를 유효하게 20분 이상 작동할 수 있어야 할 것
3. 상용전원으로부터 전력의 공급이 중단된 때에는 자동으로 비상전원으로부터 전력을 공급받을 수 있도록 할 것
4. 비상전원의 설치장소는 다른 장소와 방화구획 할 것
5. 비상전원을 실내에 설치하는 때에는 그 실내에 비상조명등을 설치할 것

4.16 배출설비

지하층, 무창층 및 밀폐된 거실 등에 이산화탄소소화설비를 설치한 경우에는 방출된 소화약제를 배출하기 위한 배출설비를 갖추어야 한다.

4.17 이산화탄소의 소화약제의 특성

4.17.1 이산화탄소의 일반적 특성

① 상온에서 기체이므로 화재의 모든 부분으로 침투되고 확산된다.
② 저장용기로부터 방출될 때 자체의 압력으로 방출한다.
③ 기체로서 또는 "Dry Ice"로 불리는 미세하게 쪼개진 고체로서 비전도성이므로 통전된 전기기기에 사용될 수 있다.
④ 사용 후 잔유물을 남기지 않으므로 약제자체에 청소의 필요성이 없다.

4.17.2 이산화탄소의 열역학적 특성

① 실온과 대기압 상태에서 기상이며 압축이나 냉각에 의해 쉽게 액화되며 더욱 압축하면 고체가 된다.
② 상평형도에서와 같이 －57℃와 임계온도 31.3℃ 사이에는 용기 내의 이산화탄소가 기상과 액상으로 존재한다. 기상과 액상이 공존할 때 압력이 온도와 상관되며, 압력과 온도가 증가될 때 기상의 경우 밀도가 증가하나, 액상의 경우 밀도가 감소한다.
③ 임계점에서는 기상의 밀도와 액상의 밀도가 같아져서 두 상간의 구분이 없어지며 이와 같이 임계온도 이상에서는 고압의 이산화탄소는 유체 상태로만 존재한다.
④ 5.14kg/cm^2 상태에서 －56.4℃로 감소되던 기상, 액상, 고상이 공존하는 Triple Point가 되며, 3중점 이하에서는 기상과 고상으로만 존재함으로서 액상의 이산소화탄소가 대기압으로 방출될 때 부분적으로 증발하여 증기가 되며, 이러한 증발에 의해 기화열을 빼앗겨 냉각되며, 결국 －79℃ 부근에서 Dry Ice가 생성된다.

4.17.3 이산화탄소 저장관련 특성

① 저장용기 내의 이산화탄소는 대기온도에 따라 저장압력이 변화하는 특성에 따라 상온에서는 고압 실린더에 저장하고, −18℃ 부근 온도에서는 저압냉동용기에 저장한다.

② 저장 방식에 따라 고압저장방식과 저압저장방식으로 분류된다.

항목	고압식	저압식
저장압력	20℃에서 6MPa	−18℃에서 2.1MPa
저장용기	45kg/68 용기사용	대형저장탱크사용
충전비	1.5 ~ 1.9	1.1 ~ 1.4
배관	압력배관용 탄소강관 스케쥴80	압력배관용 탄소강관 스케쥴40
방사압	분사헤드 기준 2.1MPa	분사헤드 기준 1.05MPa
적용	소용량의 방호구역	대용량의 방호구역

4.17.4 소화약제의 인체의 영향특서

① 이산화탄소는 호흡을 조절하는 역할을 함으로서 적당한 산소를 체내에 공급하게 된다.

② 공기 중에 6～7%일 때 호흡은 최대로 촉진되며 더 이상 증가하면 호흡은 서서히 감소된다.

③ 공기 중에 25～30% 정도에 이르면 최면효과가 나타나며, 이어서 호흡도 중지된다.

농도	신체 이상 증상
2%	불쾌감이 있다.
3%	호흡수가 늘어나며, 호흡이 가빠진다.
4%	눈, 목의 점막에 자극이 있다.
8%	두통, 기울림, 어지럼증, 혈압상승 등이 일어난다.
9%	호흡이 곤란해진다.
10%	구토를 한다. 실신한다.
20%	시력장애, 몸이 떨리며 1분 이내 실신한다.

4.18 이산화탄소소화설비의 장 · 단점

① 장점
- 소화 후 약제의 잔존물이 없다.
- 전기부도체로서 C급 화재에 매우 효과적이다.
- 가스 상태로 화재심부까지 침투가 용이하다(비중 = 1.53).
- 약제 수명이 반영구적이며 가격이 저렴하다.
- 기화잠열이 크므로 열 흡수에 의한 냉각작용이 크다.

② 단점
- 질식의 위험이 있어 사용이 제한된다.
- 용기 및 배관 밸브 등이 고압설비이다.
- 기화시 온도가 급랭하여 동결의 위험이 있으며 정밀 기계에 손상을 줄 수 있다.
- 방사시 소음시 매우 심하여 시야를 가리게 된다.

4.19 이산화탄소소화설비의 법적 설치 대상물

소방대상물		기준
공장 및 창고에서의 특수가연물 저장, 취급		지정수량의 1,000배 이상
비행기 격납고		전부
주차용도의 건축물	주차용 건축물	연면적 $800m^2$ 이상
	차고 및 주차장으로서 주차의 용도인 부분	바닥면적 $200m^2$ 이상
	승강기 등 기계장치에 의한 주차시설	20대 이상
자동차 검사장, 자동차 정비공장		자동차를 상시 보관하는 장소의 바닥면적 $200m^2$ 이상
전기실, 발전실, 변전실, 축전지실, 통신기실, 전산실		바닥면적 $300m^2$ 이상

4.20 이산화탄소소화 저장방식

4.20.1 저장방식에 의한 분류

저장방식에 따라 고압저장방식과 저압저장방식으로 분류된다.

(1) 고압저장방식

이 방식에서는 탄산가스가 액체 상태로 용기에 저장된다. 고압저장용기의 충전비는 1.5 이상 1.9 이하로 하는 데 충전비는 $C=\frac{V}{G}$[C : 충전비, V : 용기의 내용적(l), G : 충전하는 액화탄산가스의 중량(kg)]로 계산된다.

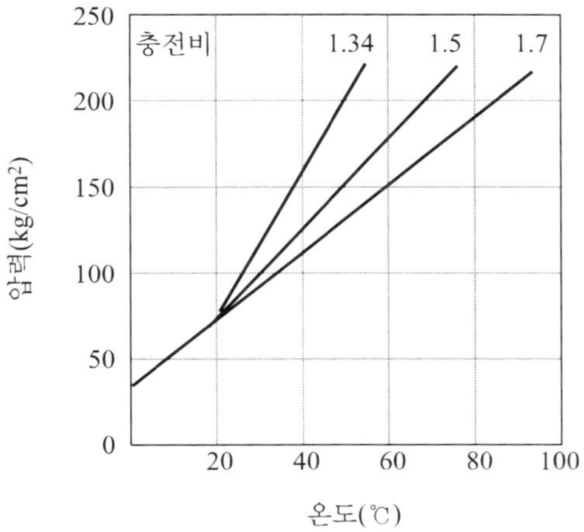

▲ 그림 4.3 탄산가스 용기내의 충전비에 의한 온도 압력 관계표

그림에서와 같이 충전비에 따른 온도와 압력의 관계는 15℃에서 게이지압력 53kg/cm^{2}의 압력을 갖는 것으로 주위 온도의 변화에 따라 용기 내 압력도 변화하므로 소방법상 용기 설치장소를 40℃ 이하이고 온도 변화가 작은 곳에 설치토록 하고 있으며 이러한 저장방식을 고압저장방식의 설비라 하고 일반적으로 가장 많이 설치하는 방식이다.

(2) 저압저장방식

상온에서 저장하는 고압저장방식에 대하여 단열구조 자동냉동기를 장치한 저압용기를 사용하여 약 －18℃ 게이지 압력 20kg/cm^{2}으로 유지하며 액화탄산가스를 저장하여 사용하는 방식으로 충전비는 법상 1.1 이상 1.4 이하로 하도록 되어 있는데 특히 저압저장방식은 소화상 대량의 탄산가스가 필요한 곳에 유효한 설비로 쓰일 수 있다.

4.20.2 방출방식에 의한 분류

(1) 전역방출방식

전역방출방식은 화재시 밀폐된 공간에 고정된 배관 분사헤드를 따라서 저장된 규정량의 탄산가스를 전량 방출하여 산소농도를 저하시켜 연소를 정지시키는 소화방식이다.

공기 중에 포함되는 산소량은 체적비로 약 21%정도인데 유류화재시 일반적으로 산소농도를 15% 이하로 떨어뜨리면 즉시 소화된다. 산소농도는 가연성 물질의 종류와 표면화재 심부화재의 종류에 따라 서로 다르며 전역방출방식은 이와 같은 원리를 응용한 소화방식이다.

(2) 국소방출방식

위험물이 밀폐되어 있지 않거나 방호구역이 전역방출방식에 맞지 않는 곳에서 인화성 액체, 가스, 얇은 고체에서의 표면화재 소화용으로 적합하며 고정된 배관과 분사헤드에서 저장된 탄산가스를 국소연소부분에 직접 분사하여 효과적으로 연소부분을 덮고 산소공급을 급격히 차단함으로서 소화하는 방식이다.

(3) 호스릴 방식

분사헤드가 배관에 고정되어 있지 않고 저장된 규정량의 탄산가스를 호스를 통해서 수동으로 직접 연소부분에 분사하여 소화를 행하는 것으로서 기본적으로 국소방출방식과 같은 것으로 일명 이동식이라고 한다.

4.20.3 기동장치에 의한 분류

(1) 기계식

약제 저장용기밸브를 수동으로 직접 개방하거나 와이어로프 등을 이용하여 개방하는 방식으로 쉽게 조작하여 저장용기를 개방할 수 있는 구조로 되어 있어야 한다.

(2) 전기식

용기밸브로 전자개방밸브(솔레노이드밸브)를 장치하고 전기적으로 솔레노이드밸브를 작동하여 밸브를 개방하는 방식이며 약제 저장용기 7병 이상을 동시에 개방하는 설비에 있어서는 2병 이상의 약제 저장용기에 전자개방밸브를 부착하여야 한다.

(3) 가스압력시

가장 많이 사용하는 방식으로 액체 이산화탄소가 충전된 기동용기를 별도로 설치하고 화재시 이 용기를 개방하여 분출된 가스압력 에너지로 약제 저장용기의 밸브를 개방한다.

4.21 이산화탄소의 주요설비

4.21.1 저장용기

이산화탄소 소화약제를 고압으로 저장하는 저장용기는 고압가스안전관리법의 적용을 받는 것으로 보통 68ℓ의 내용적을 가지는 용기를 사용한다.

4.21.2 저장용기 밸브

기동용기로부터 압종된 가스압력으로 저장가스를 개방하는 밸브로서 용기 밸브를 개방하는 니들밸브가 부착된다.

저장용기밸브

니들 밸브

4.21.3 연결관 및 집합관

연결관은 이산화탄소 저장용기와 집합관을 연결시키는 것으로 후렉시블튜브로 신축성이 있는 관이이다. 집합관은 각각의 저장용기에서 방출된 이산화탄소 소화약제를 모아주는 관으로서 높은 압력에 견디는 압력배관으로 설치하여야 한다.

연결과

집합관

4.21.4 안전밸브

약제 저장용기와 선택밸브 사이 배관 도중에 설치하여 저장용기의 용기밸브는 개방되었으나 선택밸브가 개방되지 아니하였을 때 설비의 안전을 위하여 개방되는 안전장치이다.

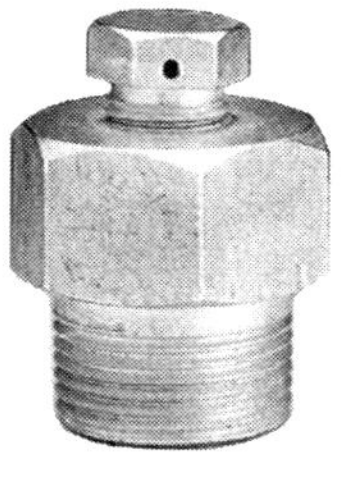

안전밸브

4.21.5 선택밸브

방호구역 및 방호대상물이 여러 곳인 소방대상물에서 저장용기는 공용으로 하고 당해 방호구역 및 방호대상물마다 설치하여 방사구역을 선택하여주는 밸브이며, 저장용기가 개방되기 전에 잠금장치를 해제시켜 주는 피스톤릴리져가 부착되어 있다.

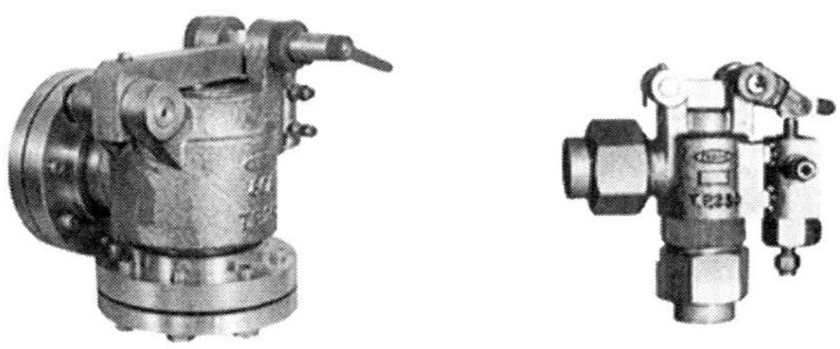

선택밸브

4.21.6 기동용기함

(1) 기동용 가스용기

기동용 가스용기를 냉하는 함으로서 선택밸브와 같이 하나의 방호구역마다 1개씩 설치되며 기동용기 기동용 솔레노이드 및 압력스위치가 함께 내장된다.

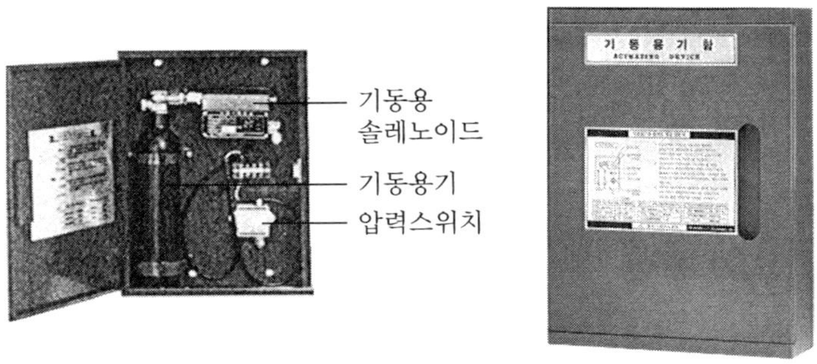

기동 용기함

(2) 기동용기

저장용기밸브를 개방시키기 위한 가압용 가스를 저장하는 용기로서 내용적이 1ℓ 이상으로 액체 이산화탄소가 0.6kg 이상 충전되어 있다.

(3) 기동용 솔레노이드

화재감지기의 작동에 따라 화재신호가 수신부(제어반)로 수신되면 솔레노이드가 작동되어 커터(파괴침)가 기동용기밸브의 봉판을 뚫어서 기동용가스를 방출시키는 역할을 한다.

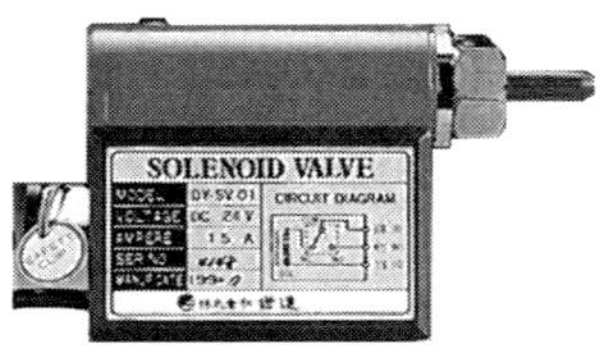

기동용 솔레노이드

(4) 압력스위치 및 방출표시등

압력스위치는 저장용기의 가스가 방출될 때 가스압력에 의해 접점신호를 제어반으로 입력시켜 방출표시등을 점등시키는 역할을 하는 스위치로서 일반적으로 선택밸브 2차측 배관상에서 동관으로 분기하고 동관을 연장시켜 기동용기함 내에 설치한다.

방출표시등은 방호구역의 출입구마다 설치하는데 출입구 바깥쪽 상단에 설치하여 가스 방출시 점등("CO_2 방출 중"이라는 문자로 표기됨)되어 옥내로 사람이 입실하는 것을 막아주는 역할을 한다. 이는 출입구 상단 외에 수동조작함과 제어반 등에도 점등되어 가스가 방출 중임을 표시한다.

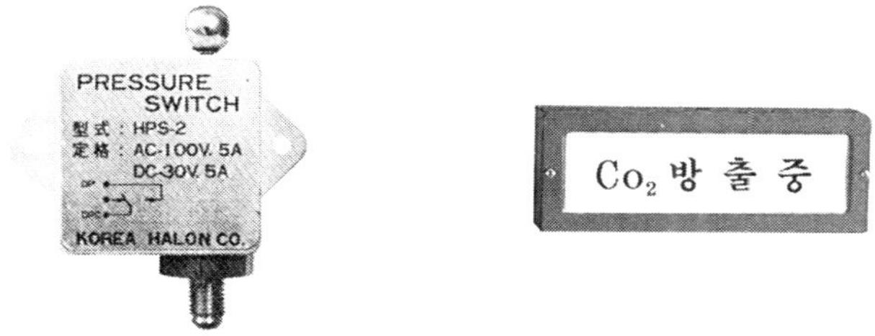

압력스위치 및 방출표시등

4.21.7 체크밸브

체크밸브는 기동용 동관 및 집합관과 연결관 사이 설치하여 가스가 역류하는 것을 방지하는 밸브로서 ← 표가 표시되어 있어 가스 흐름 방향을 나타내고 있으므로 설치시 방향에 주의하여야 하며, 저장용기를 공용으로 하고 각 방호구역마다 필요로 하는 소요 저장용기만을 개방시켜 주고 개방되지 아니한 다른 용기의 개방을 방지하기 위하여 설치한다.

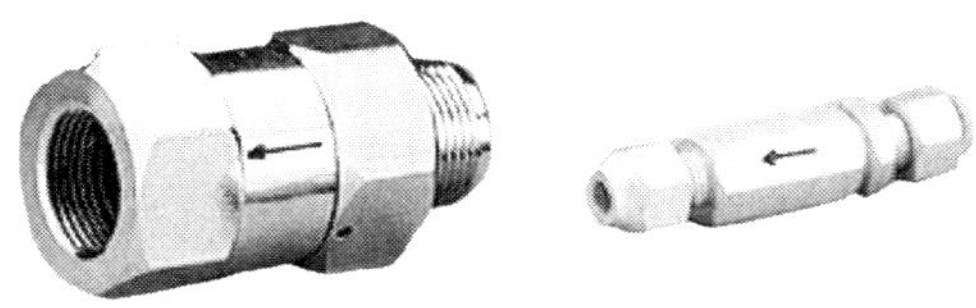

가스체크밸브

4.21.8 자동폐쇄장치

자동폐쇄장치는 이산화탄소 소화약제를 방사하는 실내에 출입문, 창문, 환기구 등 개구부가 있을 때 방출 전 이들 개구부를 폐쇄하여 방사된 가스의 누출로 인한 소화 효과의 감소를 최소화하기 위하여 설치한다. 이는 방출되는 소화약제의 방사압력으로 피스톤릴리져를 작동하여 개구부를 폐쇄하게 된다.

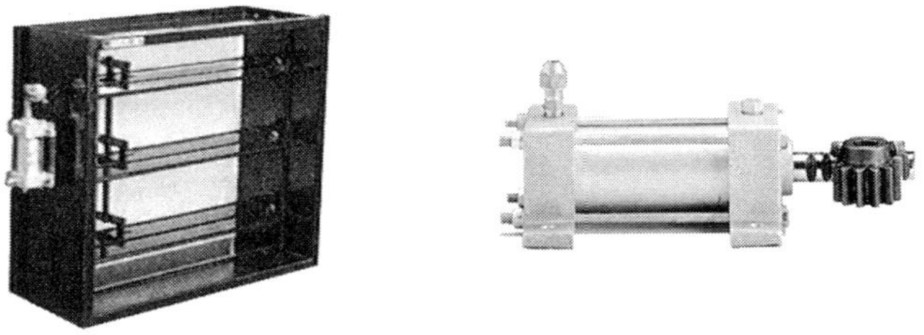

댐퍼와 피스톤릴리져

Chapter 4 연습 문제

1. 대기압이 수은주 740 mmHg일 때 수주로 몇 m인가? (단, 수은의 비중량은 1,360 kg/m^3, 물의 비중량은 1,000 kg/m^3)

Solution $1atm = 760mmHg = 10.332mH_2O$ 이다.

따라서 $\frac{740mmHg}{760mmHg} \times 10.332m = 10.06m$

2. 0.015kg/cm^2의 압력은 몇 mmAq인가?

Solution $1atm = 760mmHg = 10.332mH_2O = 1.0332kg/cm^2$, $1m = 1,000mm$

따라서 $\frac{0.015kg/cm^2}{1.0332kg/cm^2} \times 10.332mAq = 0.15mAq = 150mmAq$

3. 29,400Pa은 중력단위로 몇 kg/cm^2인가? (단, 중력가속도는 $9.8m/sec^2$이다.)

Solution $1atm = 760mmHg = 10.332mH_2O = 1.0332kg/cm^2 = 101.325kpa$

따라서 $\frac{29.400kpa}{101.325kpa} \times 1.0332kg/cm^2 = 0.3kg/cm^2$

* 중력단위로 계산할 때는 중력가속도가 이미 포함되어 있으므로 중력가속도는 문제에 적용하지 않아도 된다.

4. 0℃의 기체가 몇 ℃가 되면 부피가 2배로 되는가? (단, 압력의 변화는 없을 경우)

Solution 절대온도 K는 $K = 273 + ℃ = 273 + 0 = 273K$
샤를의 법칙

$$\frac{V_1}{T_1} = \frac{V_2}{T_2},\ T_2 = T_1 \times \frac{V_2}{V_1} = 273K \times \frac{2}{1} = 546K \qquad K = 273 + ℃$$

온도 ℃는 $℃ = K - 273 = 546 - 273 = 273℃$ 이다.
계산기 SOV 기능을 사용해서 푸는 방법
샤를의 법칙

$$\frac{V_1}{T_1} = \frac{V_2}{T_2} \Rightarrow \frac{1}{273 + 0℃} = \frac{2}{273 + ℃},\ ℃ = 273℃$$

5. 보일의 법칙, 샤를의 법칙, 보일-샤를의 법칙에 대해서 아는 대로 서술하고 그래프를 그리시오.

Solution 보일의 법칙 : 온도가 일정할 때 기체의 부피는 절대압력에 반비례한다.

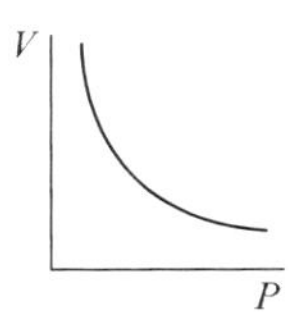

$$P_1 V_1 = P_2 V_2$$

여기서, P_1, P_2 : 기압[amt], V_1, V_2 : 부피[m^3]
샤를의 법칙 : 압력이 일정할 때 기체의 부피는 절대온도에 비례한다.

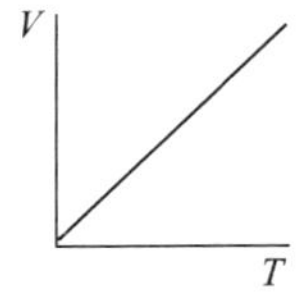

$$\frac{V_1}{T_1} = \frac{V_2}{T_2}$$

여기서, V_1, V_2 : 부피[m^3], T_1, T_2 : 절대온도[K]

보일-샤를의 법칙 : 기체가 차지하는 부피는 압력에 반비례하며, 절대온도에 비례한다.

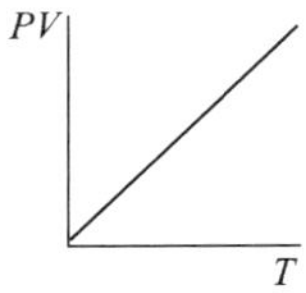

$$\frac{P_1 V_1}{T_1} = \frac{P_2 V_2}{T_2}$$

여기서, P_1, P_2 : 기압[amt], V_1, V_2 : 부피[m^3], T_1, T_2 : 절대온도[K]

6. 22g의 이산화탄소(CO_2) 기체, 32g의 산소(O_2) 기체, 42g의 질소(N_2) 기체가 들어있는 용기 내 전압이 120kPa이라면 각 성분 기체의 분압은 얼마인가?

Solution $CO_2 = \frac{22g}{44g} = 0.5M$, $O_2 = \frac{32g}{32g} = 1M$, $N_2 = \frac{42g}{28g} = 1.5M$

전체몰수는 $0.5M + 1M + 1.5M = 3M$이다.

- 이산화탄소의 분압은 $0.5M + 1M + 1.5M = 3M$이다.
- 산소의 분압은 $\frac{1}{3} \times 120kPa = 40kPa$이다.
- 질소의 분압은 $\frac{1.5}{3} \times 120kPa = 60kPa$이다.

7. 온도가 70℃, 130mmHg에서 $1l$의 부피를 차지하며 질량이 대략 0.17g인 이 기체의 분자량은 얼마인가? (단, 이 기체는 이상기체와 같이 행동한다.)

Solution 이상기체상태방정식을 이용하여 분자량을 구하면

$PV = nRT = \frac{W}{M}RT$, $PM = \frac{W}{V}RT$, $M(\text{분자량}) = \frac{WRT}{PV}$ 이다.

여기서, P : 압력(atm), V : 부피(l), n : mol수, M : 분자량, W : 무게[g], T : 절대온도(273+℃), R : 기체상수($0.082(l \cdot atm/g-mol \cdot K)$)

분자량을 구하면 $M(\text{분자량}) = \frac{WRT}{PV} = \frac{0.17g \times 0.082 \times (273+70)K}{(\frac{130mmHg}{760mmHg} \times 1atm) \times 1l} = 28.14g$

8. 이산화탄소 약제저장용기의 내용적이 $100l$이다. 이 용기에 이산화탄소 80kg을 저장하였을 경우 충전비는 얼마인가?

Solution $C=\dfrac{V}{G}$

여기서, C : 충전비[l/kg], V : 내용적[l], G : 저장량[kg]

따라서 충전비 C는 $C=\dfrac{V}{G}=\dfrac{100l}{80\text{kg}}=1.25l/\text{kg}$

9. CO_2 소화설비의 방호구역 내에 경보장치를 사이렌으로 할 경우 CO_2 소화설비를 설치하였다는 표지를 그 구역 내에 설치하는데 가장 적합하다고 생각되는 문안 내용을 기술하시오.

Solution 해당 구역 내 CO_2 소화설비 했을 경우 소화약제 방출 전에 사이렌이 울리므로 이때에는 즉시 안전한 장소로 대피해야 한다.

10. 피스톤릴리저란 무엇인가를 서술하시오.

Solution 가스의 방출에 따라 가스의 누설이 발생될 수 있는 급배기댐퍼나 자동개폐문 등에 설치하여 가스의 방출과 동시에 자동적으로 개구부를 차단시키기 위한 장치이다.

11. 이산화탄소의 특성 중에서 삼중점에 대하여 서술하시오.

Solution 고체, 액체, 기체가 공존하는 점이며, 이때의 온도는 약 −56.3℃이다.

12. 이산화탄소 소화설비에서 저장용기에 있던 이산화탄소가스가 대기압상태에서 대기 중에 20kg 방출되었다. 대기 중에 방출된 CO_2 가스의 체적(m^3)은? [단, 대기온도는 20℃이며, 대기압은 1기압(atm)이다.]

Solution $PV=\dfrac{W}{M}RT$

여기서, P : 기압[atm], V : 방출가스량[m^3], W : 무게[kg], M : 분자량[CO_2 : 44], R : 0.082[atm·

m^3/kg mole·K], T : 절대온도(273+℃)[K]

방출가스량 $V[m^3]$는

$$PV = \frac{W}{M}RT = \frac{20\text{kg}}{1\text{atm} \times 44} \times 0.082\ \text{atm} \cdot \text{m}^3/\text{kg mole} \cdot \text{K} \times (273+20)\text{K} = 10.92\text{m}^3$$

13. 체적이 $500m^3$인 방호구역에 전역방출방식의 이산화탄소를 방사하였을 때 산소의 설계농도가 10%이었다. 이 때 방사된 이산화탄소의 양은 얼마인가? [단, 내부압력은 1.2기압(atm), 내부온도는 15℃이었다.]

Solution 방출가스량 $= \frac{21 - O_2}{O_2} \times$ 방호구역체적

여기서, O_2 : O_2의 농도[%]

$$\text{방출가스량} = \frac{21 - O_2}{O_2} \times \text{방호구역체적} = \frac{21-10}{10} \times 500\text{m}^3 = 550\text{m}^3$$

여기서 이상기체 상태방정식 적용

$$PV = \frac{W}{M}RT$$

CO_2의 양(무게) W는 $W = \frac{PVM}{RT} = \frac{1.2\ \text{atm} \times 550\ \text{m}^3 \times 44}{0.082\ \text{atm} \cdot \text{m}^3/\text{kg mole} \cdot \text{K} \times (273+15)\text{K}} = 1229.67\,\text{kg}$

14. 그림과 같은 위험물탱크에 국소방출방식으로 CO_2 소화설비를 설치하려고 한다. 다음 물음에 답하시오. (단, 고압식이며, 방호대상물 주위에는 방호 대상물과 동일한 크기의 벽이 설치되어 있다.)

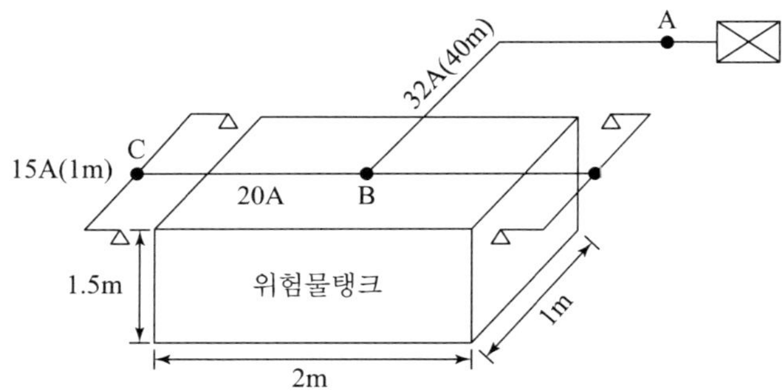

(가) 방호공간의 체적(m^3)은 얼마인가?

(나) 소화약제 저장량(kg)은 얼마인가?

(다) 하나의 분사헤드에 대한 방사량(kg/s)은 얼마인가?

Solution (가) 방호공간 : 방호대상물의 각 부분으로부터 0.6m의 거리에 둘러싸인 공간
방호공간체적 = 가로 3.2m × 세로 2.2m × 높이 2.1m = 14.78m^3

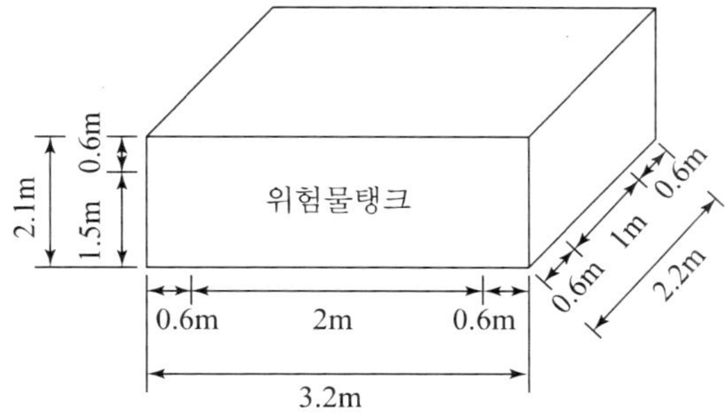

(나) 국소방출방식의 이산화탄소 저장량

소방대상물	고압식	저압식
• 연소면 한정 및 비산 우려가 없는 경우 • 윗면개방용기	방호대상물표면적 × 13kg/m^2 × 1.4	방호대상물표면적 × 13kg/m^2 × 1.1
• 기타	방호공간체적 × $(8-6\frac{a}{A})$ × 1.4	방호공간체적 × $(8-6\frac{a}{A})$ × 1.1

여기서, a : 방호대상물 주위에 설치된 벽면적의 합계[m^2], A : 방호공간의 벽면적의 합계[m^2]
상기 문제는 국소방출방식 고압식이며 그림과 같이 적용하면

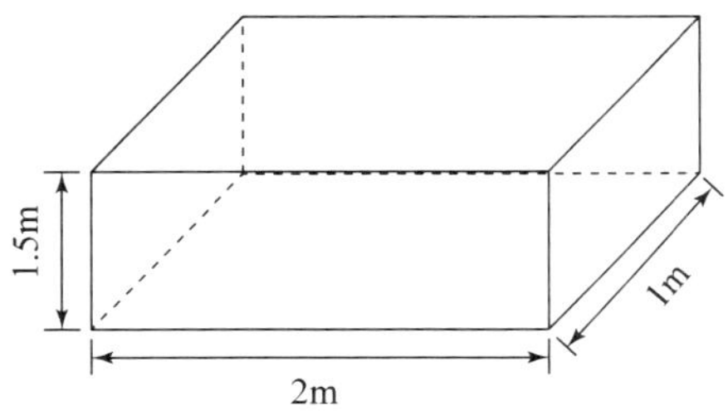

a = (가로 2m × 높이 1.5m × 2면) + (세로 1m × 높이 1.5m × 2면) = 9m^2

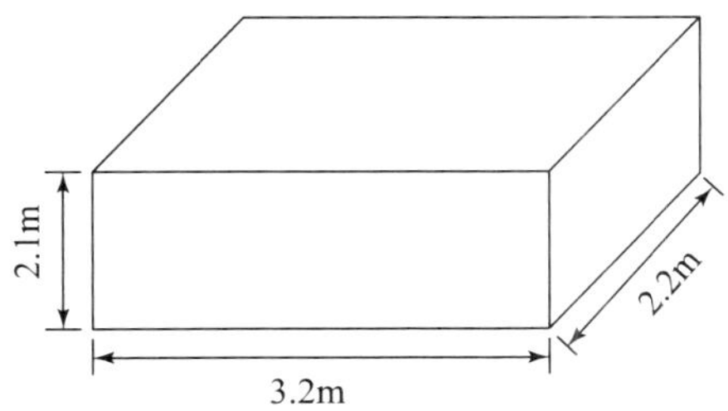

A = (가로 3.2m × 높이 2.1m × 2면) + (세로 2.2m × 높이 2.1m × 2면) + (가로 3.2m × 세로 2.2m) = 29.72m^2

소화약제저장량 공식 적용하면

$$소화약제저장량 = 방호공간체적 \times (8 - 6\frac{a}{A}) \times 1.4$$

$$= 14.78\text{m}^3 \times (8 - 6\frac{9}{29.72}) \times 1.4 = 127.939 = 127.94\text{kg}$$

(다) 국소방출방식의 약제방사시간은 30sec 이내

$$분사헤드에\ 대한\ 방사량(kg/s) = \frac{127.94\text{kg}}{30\text{sec} \times 4개} = 1.066 = 1.07\text{kg/sec}$$

약제 방사시간

소화설비		전역방출방식		국소방출방식	
		일반건축물	위험물제조소	일반건축물	위험물제조소
할로겐화합물 소화설비		10초 이내	30초 이내	10초 이내	30초 이내
분말소화설비		30초 이내		30초 이내	
CO_2 소화설비	표면화재	1분 이내	60초 이내		
	심부화재	7분 이내			

- 표면화재 : 가연성 액체 · 가연성 가스
- 심부화재 : 종이 · 목재 · 석탄 · 석유류 · 합성수지류

15. 그림과 같이 에탄을 저장하는 창고에 CO_2 소화설비를 설치하려고 할 때 다음 사항에 답하시오.

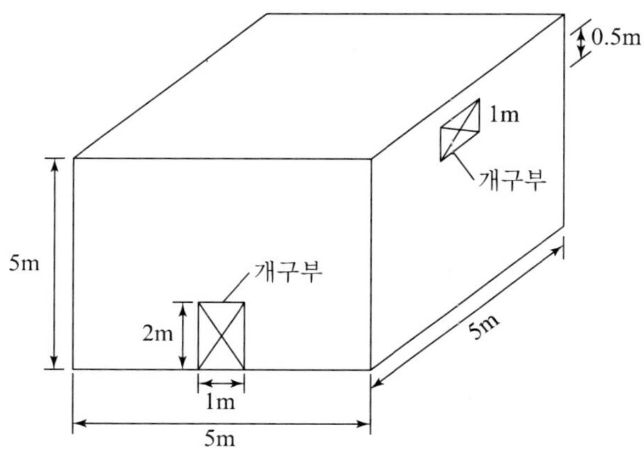

① 소화설비의 방식 : 전역방출방식(고압식)
② 저장창고의 규모 : 5m×5m×5m
③ 에탄소화에 필요한 이산화탄소의 설계농도 : 40%
④ 저장창고의 개구부크기와 개수
(가) 1m×0.5m×1개소
(나) 2m×1m×1개소
⑤ 표면화재의 전역방출방식에서 방호구역의 체적당 이산화탄소의 약제량

방호구역의 체적[m^3]	방호구역의 체적[m^3]에 대한 소화약제의 양	소화약제 저장량의 최저한도의 양[kg]
45 미만	1.00	45
45 이상~ 150 미만	0.90	
150 이상~1,450 미만	0.80	135
1,450 이상	0.75	1,125

⑥ 설계농도에 대한 보정계수

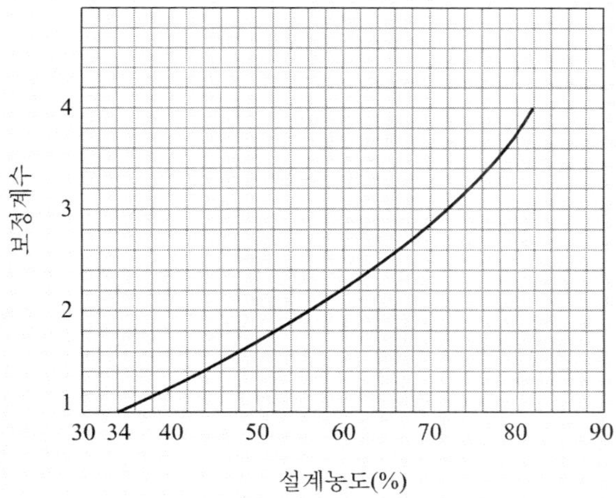

(가) 필요한 CO_2 약제의 양(kg)을 계산하시오.
(나) 방호구역 내에 CO_2가 설계농도로 유지될 때의 산소의 농도(%)는 얼마인가?
(다) CO_2 저장용기의 충전비를 최대 1.9로 할 경우의 저장용기(68ℓ) 1병당 저장약제의 중량(kg)은 얼마인가?
(라) (다)와 같이 충전비를 최대(1.9)로 할 경우 필요한 저장용기는 몇 병인가?

$$저장용기수 = \frac{약제의\ 양}{1병당\ 약제중량} = \frac{147.5\text{kg}}{35.79\text{kg}} = 4.2 = 5병$$

∴ 저장용기수는 항상 절상한다(4.2병은 없다.).

Solution (가)

CO_2 약제의 양(kg) = 방호구역체적(m^3) × 약제량(kg/m^3) × 보정계수 + 개구부 면적(m^2) × 개구부 가산량(kg/m^2)

방호구역체적(m^3) = 가로 5m × 세로 5m × 높이 5m = $125m^3$

개구부면적(m^2) = (1m × 0.5m × 1개소) + (2m × 1m × 1개소) = $2.5m^2$

* 개구부가산량 조건 ⑤ 표면화재는 $5kg/m^2$이며 심부화재는 $10kg/m^2$이다.

CO_2 약제의 양(kg) = ($125m^3 \times 0.9kg/m^3 \times 1.2$) + ($2.5m^2 \times 5kg/m^2$) = 147.5kg

(나) $CO_2[\%] = \frac{21 - O_2[\%]}{21} \times 100$에서

산소의 농도 $O_2[\%]$는 조건 ③에서 $CO_2[\%]$는 40%이다.

$$40 = \frac{21 - O_2[\%]}{21} \times 100$$

$40 \times 21 = (21 - O_2) \times 100$

$840 = (21 \times 100) - (O_2 \times 100)$

$840 = 2,100 - (100O_2)$

$$\therefore\ O_2 = \frac{2,100 - 840}{100} = 12.6\%$$

(다) $C = \frac{V}{G}$

C: 충전비$[l/kg]$

V: 내용적$[l]$

G: 저장량$[kg]$

1병당 약제중량 G는

$$G = \frac{V}{C} = \frac{68l}{1.9l/\text{kg}} = 35.789\text{kg} = 35.79\text{kg}$$

(라) 하나의 방호구역 내에 2개 이상의 화재감지기회로를 설치하고 인접한 2개 이상의 화재감지기가 동시에 감지될 때 CO_2 소화설비가 작동하여 소화약제가 방출될 수 있도록 즉 감지기회로의 오동작 방지를 위해 교차회로방식으로 해야 한다.

16. 체적이 $500m^3$인 방호구역에 전역방출방식으로 CO_2를 방사하였을 때 다음 조건을 참조하여 각 물음에 답하시오.

[조건]

① 실내온도는 15℃이고, 대기 중 온도는 21℃이다.

② CO_2 방사 후 실내의 O_2 농도는 13%이고, 대기 중의 O_2 농도는 21%이다.

③ 실내 압력은 1215.9hPa이고, 대기 중 압력은 101.325kPa이다.

(가) CO_2 방사시 CO_2 가스가 하얗게 보이는 이유는 무엇인가?

(나) 방사시 CO_2의 양[kg]은 얼마인가?

(다) 방호구역 내의 CO_2 농도는 얼마인가?

Solution (가) 액체로 된 CO_2가 방사되면 대부분 기화되지만 일부는 온도가 급격히 강하하여 고체 탄산가스가 생성되므로 이것이 하얗게 보이게 되는 것이다. 이것을 우리는 "운무현상"이라고 한다.

(나) 이상기체 상태 방정식으로 적용하면 $PV = \frac{W}{M}RT$

여기서, 방출가스량$(V) = \frac{21 - O_2[\%]}{O_2[\%]} \times$ 방호구역체적 $= \frac{21-13}{13} \times 500\text{m}^3 = 307.69 = 307.69\text{m}^3$

$1\text{atm} = 101.325\text{kPa}$에서 1hPa에서 h는 10^2이다.

$$1215.9\text{hPa} = \frac{1215.9\text{hPa}}{101.325\text{kPa}} \times 1\text{atm} = \frac{121.59\text{kPa}}{101.325\text{kPa}} \times 1\text{atm} = 1.2\text{atm}$$

CO_2의 양 W는 $W = \frac{1.2\text{atm} \times 307.69\text{m}^3 \times 44}{0.082\text{atm}\cdot\text{m}^3/\text{kg}\cdot\text{mole}\cdot\text{K} \times (273+15)\text{K}} = 687.92\text{kg}$

(다) 방호구역 내의 CO_2 농도[%] $= \frac{21 - O_2[\%]}{21} \times 100 = \frac{21-13}{21} \times 100 = 38.1\%$

할로겐화합물 소화약제 05

5.1 개요

할로겐 화합물 소화설비는 불소, 염소, 취소, 수소와 같은 할로겐화합물의 원소 중 하나 또는 여러 개의 원자를 함유하고 있으며, 화학적으로 안정되고 우수한 성능을 가지고 있다.

할론이 최초에 개발된 것은 항공기의 소화설비용이었으나 그 우수성에 따라 지상의 주요대상에 대한 소화용으로도 사용된 것이다. 할론은 중량 및 용적이 적어도 단위용적당의 소화력이 우수하고 또한 액체연료 화재시 소화시간이 짧다.

할로겐화합물 소화약제는 할론 1211, 할론 2402, 할론 1301 등이 주로 사용되며 소화설비의 구성은 소화약제 저장용기, 가압용 가스용기, 기동장치, 분사헤드, 화재감지장치, 음향경보장치, 배관, 전자개방장치 등으로 구성되어 있다.

한편 내성이 크고 내금속부식성, 안정성, 휘발성 등이 크며 방사 후에는 오염과 소화흔적이 전혀 없다는 것이 특징이다. 고가의 소화약제이므로 사용용도는 항공기, 컴퓨터실, 전기실 등에 주로 사용되고 있으며, 통상 액화된 상태로 저장되어 가스로 방사한다.

5.2 장점과 단점

5.2.1 장점

① 화학적 부촉매에 의한 연소억제작용이 크며, 소화능력이 양호하다.
② 전기적 부도체로서 C급 화재에 매우 효과적이다.
③ 저농도로서 소화가 가능하며, 질식의 우려가 없다.
④ 소화 후 잔존물이 없다.
⑤ 금속에 대한 부식성이 적고, 독성이 비교적 적다.

5.2.2 단점

① CFC(Chloro Fluoro Carbon, 불화염화탄소) 계열의 물질로 오존층 파괴의 원인물질이다.
② 가격이 매우 비싸다.
③ 약제 생산 및 사용제한으로 안정적 수급이 불가능하다.

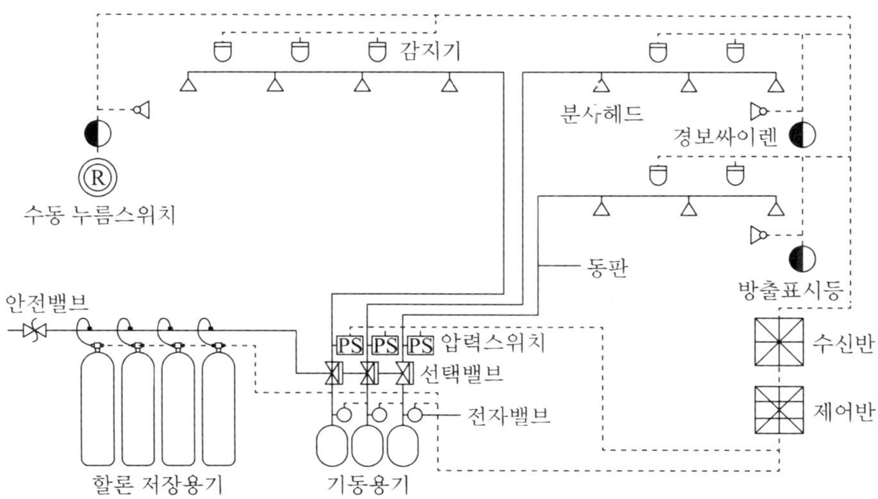

▲ 그림 4.4 할로겐 화합물 소화설비 계통도

5.2.3 용어의 정의

용어의 정의는 다음과 같다.

1. "전역방출방식"이란 소화약제 공급장치에 배관 및 분사헤드 등을 고정 설치하여 밀폐 방호구역 내에 소화약제를 방출하는 방식을 말한다.
2. "국소방출방식"이란 소화약제 공급장치에 배관 및 분사헤드를 설치하여 직접 화점에 소화약제를 방출하는 방식을 말한다.
3. "호스릴방식"이란 소화수 또는 소화약제 저장용기 등에 연결된 호스릴을 이용하여 사람이 직접 화점에 소화수 또는 소화약제를 방출하는 방식을 말한다.
4. "충전비"란 소화약제 저장용기의 내부 용적과 소화약제의 중량과의 비(용적/중량)를 말한다.
5. "교차회로방식"이란 하나의 방호구역 내에 둘 이상의 화재감지기회로를 설치하고 인접한 둘 이상의 화재감지기가 화재를 감지하는 때에 소화설비가 작동하는 방식을 말한다.
6. "방화문"이란 「건축법 시행령」 제64조의 규정에 따른 60분+ 방화문, 60분 방화문 또는 30분 방화문을 말한다.
7. "방호구역"이란 소화설비의 소화범위 내에 포함된 영역을 말한다.
8. "별도 독립방식"이란 소화약제 저장용기와 배관을 방호구역별로 독립적으로 설치하는 방식을 말한다.
9. "선택밸브"란 둘 이상의 방호구역 또는 방호대상물이 있어 소화수 또는 소화약제를 해당하는 방호구역 또는 방호대상물에 선택적으로 방출되도록 제어하는 밸브를 말한다.
10. "집합관"이란 개별 소화약제(가압용 가스 포함) 저장용기의 방출관이 접속되어 있는 관을 말한다.
11. "호스릴"이란 원형의 형태를 유지하고 있는 소방호스를 수납장치에 감아 정리한 것을 말한다.

5.2.4 소화약제의 저장용기 등

① 할론소화약제의 저장용기는 방호구역 외의 장소로서 방화구획된 실에 설치해야 한다.

② 할론소화약제의 저장용기는 다음 각 호의 기준에 적합해야 한다.

1. 축압식 저장용기의 축압용 가스는 질소가스로 할 것
2. 저장용기의 충전비는 소화약제의 종류에 따를 것
3. 동일 집합관에 접속되는 저장용기의 소화약제 충전량은 동일 충전비의 것으로 할 것

③ 가압용 가스용기는 질소가스가 충전된 것으로 해야 한다.

④ 할론소화약제 저장용기의 개방밸브는 전기식·가스압력식 또는 기계식에 따라 자동으로 개방되고 수동으로도 개방되는 것으로서 안전장치가 부착된 것으로 해야 한다.

⑤ 저장용기와 집합관을 연결하는 연결배관에는 체크밸브를 설치할 것

⑥ 가압식 저장용기에는 압력조정장치를 설치해야 한다.

⑦ 하나의 구역을 담당하는 소화약제 저장용기의 소화약제량의 체적합계보다 그 소화약제 방출시 방출경로가 되는 배관(집합관 포함)의 내용적이 1.5배 이상일 경우에는 해당 방호구역에 대한 설비는 별도 독립방식으로 한다.

5.2.5 소화약제

할론소화약제의 저장량은 다음 각 호의 기준에 따라야 한다.

1. 전역방출방식은 다음 각 목의 기준에 따라 산출한 양 이상으로 할 것
   가. 방호구역의 체적(불연재료나 내열성의 재료로 밀폐된 구조물이 있는 경우에는 그 체적을 제외한다) 1세제곱미터에 대하여 다음 표에 따른 양

<table>
<tr><th colspan="2">소방대상물 또는 그 부분</th><th>소화약제의 종별</th><th>방호구역의 체적 1m³당 소화약제의 양</th></tr>
<tr><td colspan="2">차고·주차장·전기실·통신기기실·전산실 기타 이와 유사한 전기설비가 설치되어 있는 부분</td><td>할론 1301</td><td>0.32kg 이상 0.64kg 이하</td></tr>
<tr><td rowspan="3">화재의 예방 및 안전관리에 관한 법률 시행령 별표 2의 특수가연물을 저장·취급하는 특정소방대상물 또는 그 부분</td><td>가연성고체류·가연성액체류</td><td>할론 2402
할론 1211
할론 1301</td><td>0.40kg 이상 1.1 kg 이하
0.36kg 이상 0.71kg 이하
0.32kg 이상 0.64kg 이하</td></tr>
<tr><td>면화류·나무껍질 및 대팻밥·넝마 및 종이부스러기·사류·볏짚류·목재가공품 및 나무부스러기를 저장·취급하는 것</td><td>할론 1211
할론 1301</td><td>0.60kg 이상 0.71kg 이하
0.52kg 이상 0.64kg 이하</td></tr>
<tr><td>합성수지류를 저장·취급하는 것</td><td>할론 1211
할론 1301</td><td>0.36kg 이상 0.71kg 이하
0.32kg 이상 0.64kg 이하</td></tr>
</table>

나. 방호구역의 개구부에 자동폐쇄장치를 설치하지 않은 경우에는 "가"목에 따라 산출한 양에 다음 표에 따라 산출한 양을 가산한 양

<table>
<tr><th colspan="2">소방대상물 또는 그 부분</th><th>소화약제의 종별</th><th>가산량(개구부의 면적 1m²당 소화약제의 양)</th></tr>
<tr><td colspan="2">차고·주차장·전기실·통신기기실·전산실 기타 이와 유사한 전기설비가 설치되어 있는 부분</td><td>할론 1301</td><td>2.4kg</td></tr>
<tr><td rowspan="3">화재의 예방 및 안전관리에 관한 법률 시행령 별표 2의 특수가연물을 저장·취급하는 특정소방대상물 또는 그 부분</td><td>가연성고체류·가연성액체류</td><td>할론 2402
할론 1211
할론 1301</td><td>3.0kg
2.7kg
2.4kg</td></tr>
<tr><td>면화류·나무껍질 및 대팻밥·넝마 및 종이부스러기·사류·볏짚류·목재가공품 및 나무부스러기를 저장·취급하는 것</td><td>할론 1211
할론 1301</td><td>4.5kg
3.9kg</td></tr>
<tr><td>합성수지류를 저장·취급하는 것</td><td>할론 1211
할론 1301</td><td>2.7kg
2.4kg</td></tr>
</table>

2. 국소방출방식은 다음 각 목의 기준에 따라 산출한 양에 할론 2402 또는 할론 1211은 1.1을, 할론 1301은 1.25를 각각 곱하여 얻은 양 이상으로 할 것

가. 윗면이 개방된 용기에 저장하는 경우와 화재시 연소면이 1면에 한정되고 가연물이 비산할 우려가 없는 경우에는 다음 표에 따른 양

소화약제의 종별	방호구역의 체적 $1m^3$당 소화약제의 양
할론 2402	8.8kg
할론 1211	7.6kg
할론 1301	6.8kg

나. 가목 외의 경우에는 방호공간(방호대상물의 각부분으로부터 0.6미터의 거리에 따라 둘러싸인 공간을 말한다. 이하 같다)의 체적 1세제곱미터에 대하여 다음의 식에 따라 산출한 양

$$Q = X - Y\frac{a}{A}$$

Q : 방호공간 $1m^3$에 대한 할론소화약제의 양(kg/m^3)

a : 방호대상물의 주위에 설치된 벽의 면적의 합계(m^2)

A : 방호공간의 벽면적(벽이 없는 경우에는 벽이 있는 것으로 가정한 당해 부분의 면적)의 합계(m^2)

X 및 Y : 다음 표의 수치

소화약제의 종별	X의 수치	Y의 수치
할론 2402	5.2	3.9
할론 1211	4.4	3.3
할론 1301	4.0	3.0

3. 호스릴방식의 할론소화설비는 하나의 노즐에 대하여 50킬로그램(할론 1301은 45킬로그램) 이상으로 할 것

5.2.6 기동장치

① 할론소화설비의 수동식 기동장치는 조작, 피난 및 유지관리가 용이한 장소에 설치하되 전역방출방식은 방호구역마다, 국소방출방식은 방호대상물마다 설치해야 한다. 이 경우 수동식 기동장치의 부근에는 소화약제의 방출을 지연시킬 수 있는 방출지연스위치를 설치해야 한다.

② 할론소화설비의 자동식 기동장치는 자동화재탐지설비의 감지기의 작동과 연동하는 것으로서 수동으로도 기동할 수 있는 구조로 설치해야 한다.

③ 할론소화설비가 설치된 부분의 출입구 등의 보기 쉬운 곳에 소화약제의 방출을 표시하는 표시등을 설치해야 한다.

5.2.7 제어반 등

할론소화설비의 제어반 및 화재표시반은 다음 각 호의 기준에 따라 설치해야 한다.

1. 제어반은 수동기동장치 또는 화재감지기에서의 신호를 수신하여 음향경보장치의 작동, 소화약제의 방출 또는 지연 등 기타의 제어기능을 가진 것으로 하고, 제어반에는 전원표시등을 설치할 것
2. 화재표시반은 제어반에서의 신호를 수신하여 작동하는 기능을 가진 것으로 설치할 것
3. 제어반 및 화재표시반은 화재 및 침수 등의 재해로 인한 피해를 받을 우려가 없고 점검에 편리한 장소에 설치할 것

5.2.8 배관

할론소화설비의 배관은 다음 각 호의 기준에 따라 설치해야 한다.

1. 배관은 전용으로 할 것
2. 강관을 사용하는 경우의 배관은 압력 배관용 탄소 강관(KS D

3562) 중 스케줄 80(저압식은 스케줄 40) 이상의 것 또는 이와 동등 이상의 강도를 가진 것으로 아연도금 등으로 방식 처리된 것을 사용할 것

3. 동관을 사용하는 경우의 배관은 이음이 없는 구리 및 구리합금관(KS D 5301)으로서 고압식은 16.5메가파스칼 이상, 저압식은 3.75메가파스칼 이상의 압력에 견딜 수 있는 것을 사용할 것
4. 배관부속 및 밸브류는 강관 또는 동관과 동등 이상의 강도 및 내식성이 있는 것으로 할 것

5.2.9 선택밸브

하나의 특정소방대상물 또는 그 부분에 둘 이상의 방호구역 또는 방호대상물이 있어 할론 저장용기를 공용하는 경우에는 방호구역 또는 방호대상물마다 선택밸브를 설치해야 한다.

5.2.10 분사헤드

① 전역방출방식의 할론소화설비의 분사헤드는 다음 각 호의 기준에 따라 설치해야 한다.

1. 방출된 소화약제가 방호구역의 전역에 균일하고 신속하게 확산할 수 있도록 할 것
2. 할론 2402를 방출하는 분사헤드는 해당 소화약제가 무상으로 분무되는 것으로 할 것
3. 분사헤드의 방출압력은 0.1메가파스칼(할론 1211을 방출하는 것은 0.2메가파스칼, 할론1301을 방출하는 것은 0.9메가파스칼) 이상으로 할 것
4. 제5조에 따른 기준저장량의 소화약제를 10초 이내에 방출할 수 있는 것으로 할 것

② 국소방출방식의 할론소화설비의 분사헤드는 다음 각 호의 기준에 따라 설치해야 한다.

1. 소화약제의 방출에 따라 가연물이 비산하지 않는 장소에 설치할 것
2. 할론 2402를 방출하는 분사헤드는 해당 소화약제가 무상으로 분무되는 것으로 할 것
3. 분사헤드의 방출압력은 0.1메가파스칼(할론 1211을 방출하는 것은 0.2메가파스칼, 할론1301을 방출하는 것은 0.9메가파스칼) 이상으로 할 것
4. 제5조에 따른 기준저장량의 소화약제를 10초 이내에 방출할 수 있는 것으로 할 것

③ 화재 시 현저하게 연기가 찰 우려가 없는 장소로서 다음 각 호의 어느 하나에 해당하는 장소에는 호스릴방식의 할론소화설비를 설치할 수 있다. 다만, 차고 또는 주차의 용도로 사용되는 장소는 제외한다.

1. 지상 1층 및 피난층에 있는 부분으로서 지상에서 수동 또는 원격조작에 따라 개방할 수 있는 개구부의 유효면적의 합계가 바닥면적의 15퍼센트 이상이 되는 부분
2. 전기설비가 설치되어 있는 부분 또는 다량의 화기를 사용하는 부분(해당 설비의 주위 5미터 이내의 부분을 포함한다)의 바닥면적이 해당 설비가 설치되어 있는 구획의 바닥면적의 5분의 1 미만이 되는 부분

④ 호스릴방식의 할론소화설비는 다음 각 호의 기준에 따라 설치해야 한다.

1. 방호대상물의 각 부분으로부터 하나의 호스접결구까지의 수평거리는 20미터 이하가 되도록 할 것
2. 소화약제의 저장용기의 개방밸브는 호스릴의 설치장소에서 수동으로 개폐할 수 있는 것으로 할 것
3. 소화약제의 저장용기는 호스릴을 설치하는 장소마다 설치할 것
4. 노즐은 섭씨 20도에서 하나의 노즐마다 분당 45킬로그램(할론 1211은 40킬로그램, 할론 1301은 35킬로그램) 이상의 소화약제를 방사할 수 있는 것으로 할 것
5. 소화약제 저장용기의 가장 가까운 곳의 보기 쉬운 곳에 표시등을 설치하고, 호스릴방식의 할론소화설비가 있다는 뜻을 표시한 표지를 할 것

⑤ 할론소화설비의 분사헤드의 오리피스구경 등은 다음 각 호의 기준에

적합해야 한다.

1. 분사헤드에는 부식방지조치를 해야 하며 오리피스의 크기, 제조 일자, 제조업체가 표시되도록 할 것
2. 분사헤드의 개수는 방호구역에 방출 시간이 충족되도록 설치할 것
3. 분사헤드의 방출률 및 방출압력은 제조업체에서 정한 값으로 할 것
4. 분사헤드의 오리피스의 면적은 분사헤드가 연결되는 배관구경 면적의 70퍼센트 이하가 되도록 할 것

5.2.11 할로겐화합물의 소화약제

(1) 소화약제 특성

① 할론 소화약제는 탄화수소의 수소원자를 주기율표 VII족의 할로겐족(Halogen) 원소로 치환한 것으로 할로겐족원소란 불소(Fluorine), 염소(Chlorine),브롬 또는 취소(Bromine), 요드 또는 옥소(Iodine)를 말한다. 할론 소화약제의 정식 명은 할론 1301(CF_3Br)의 경우 Bromo trifluoro methane으로 불러지는 긴 이름이다. 따라서 이와 같이 긴 명칭으로 인한 불편함을 해소하기 위하여 미국 육군에서 고안한 방법인 할론 명명법을 국제적으로 사용하고 있다.

② 할론 명명법은 탄소(C)를 맨 앞에 두고 Halogen 원소를 주기율표 순서대로 불소(F) → 염소(Cl) → 브롬(Br) → 요드(I)의 원자수 만큼 해당하는 숫자를 부여하며 맨 끝의 숫자가 0일 경우는 이를 생략한다.

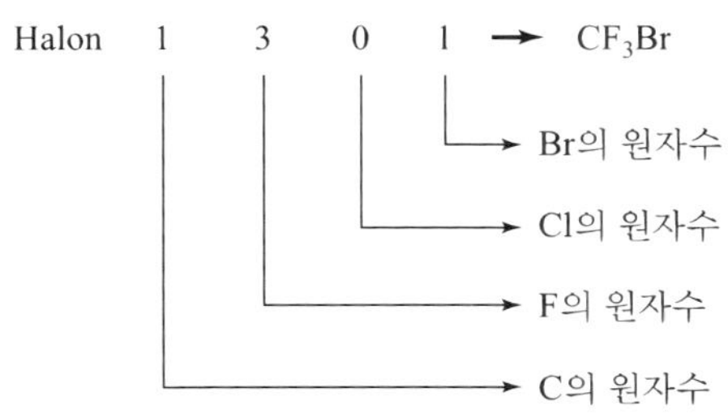

▲ 그림 4.5 할론(Halon) 1301 명명법

(2) Halon의 구조식(Structural formula)

① 할론은 파라핀(Paraffin)계 탄화수소(C_nH_{2n+2})에서 수소원자 H를 할로겐원자로 치환한 것으로 따라서 탄소원자 1개에 대하여 할로겐족(Halogen Group)원소 4개 탄소원자 2개이면 할로겐족 원소 6개가 연결되는 구조식이 되어야 한다.

② 구조식에서 탄소는 원자가가 4가이며 할로겐족은 7족으로 원자가가 −1가이므로 탄소원자 1개에 4개의 할로겐족 원자가 연결되는 구조로서 이를 구조식으로 표현하면 다음과 같다.

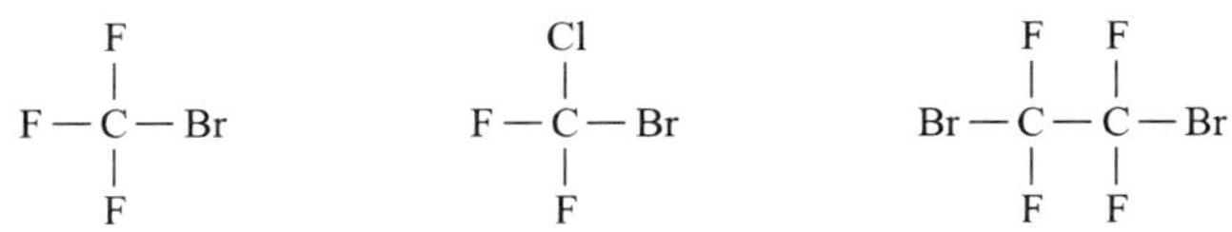

하론 1301 CF_3Br　　하론 1211 CF_2CLBr　　하론 2402 CF_2BrCF_2Br

▲ 그림 4.6 할론(Halon) 의 구조식

- Halon 1301(CF_3Br)

  증기압 1.4MPa(14kg/cm²), 비점 −57.8℃

  원래 용도는 저온냉매로 사용하는 화합물로서 상온에서 공기 밀도는 약 5배 정도이며 무색무취의 기체이다. Critical Point는 67℃로서 임계온도까지는 압축하여 액화 사용할 수 있다.

  - 상온에서는 기체 상태이나 액화시켜 액상으로 저장한다.
  - 할론 약제 중 대표적인 소화약제로서 이산화탄소에 비해 저농도(5%)로 사용
  - 열분해시 HF 등 미량의 독성 물질이 발생되나, 인체에 안정성은 매우 높다.
  - 전역방출 방식 등 고정식 설비에 주로 사용된다.

- Halon 1211(CF_2ClBr) : 증기압 0.25MPa(2.5kg/cm²), 비점 −3.4℃

  주로 소화기용으로 사용되며, 사용시 독성의 우려가 있으므로 Halon 1211 소화기는 지하층, 무창층, 밀폐된 거실로서 바닥면적 20m² 미만의 경우 사용을 제한한다.

  - Halon 1301보다는 독성이 높은 관계로 소규모 공간 사용 금지

- 증기압 낮아 낮은 압력에서도 액화 저장 가능하다.
- ABC 급 소화기로 주로 사용된다.

- Halon 2402(CF_4Br_2) : 증기압 0.048MPa(0.48kg/cm^2), 비점 47.5℃
  독성문제로 Halon 2402는 소화약제의 기준에서 제외되었으며, 국내에서도 검정 기준에서 삭제되었다. 화재안전 기준(NFSC)에서 일본 소방법을 준용하여 소화약제로는 적용하고 있다.
  - 상온에서 액상으로 증기비중이 크고, 독성이 강하다.
  - 약제가 액상이므로 가압식으로 사용한다.
  - FRT(Floating Roof Tank) 등 옥외 위험물 저장탱크 시설과 같은 옥외 시설물에 국한되어 사용한다.

Chapter 4 연습 문제

1. Halon 1301(CF_3Br)성질에 대해 서술하시오.

Solution 원래 용도는 저온냉매로 사용하는 화합물로서 상온에서 공기 밀도는 약 5배 정도이며 무색무취의 기체이다. Critical Point는 67℃로서 임계온도까지는 압축하여 액화 사용할 수 있다.

2. 할로겐화합물 소화설비에서 약제의 저장용기에 질소가스를 충전하는 이유를 설명하시오.

Solution 할로겐화합물 소화약제를 효과적으로 방출시키기 위함.

3. 할로겐화합물 소화설비의 방출방식 중 전역방출방식, 국소방출방식, 호스릴 방식에 대해 서술하시오.

Solution • 전역방출방식 : 고정식 이산화탄소 공급장치에 배관 및 분사헤드를 고정 설치하여 밀폐 방호구역 내에 이산화탄소를 방출하는 설비를 말한다.

• 국소방출방식 : 고정식 이산화탄소 공급장치에 배관 및 분사헤드를 설치하여 직접 화점에 이산화탄소를 방출하는 설비로 화재발생 부분에만 집중적으로 소화약제를 방출하도록 설치하는 방식을 말한다.

• 호스릴방식 : 분사헤드가 배관에 고정되어 있지 않고 소화약제 저장용기에 호스를 연결하여 사람이 직접화점에 소화약제를 방출하는 이동식 소화설비를 말한다.

4. 그림과 같은 전산실에 할론 1301 소화설비를 하려고 한다. 법정최소 소요약제는 몇 [kg] 이상으로 하여야 되는가? (단, 개구부 $2m^2$ 1개소 있다. 전역방출방식)

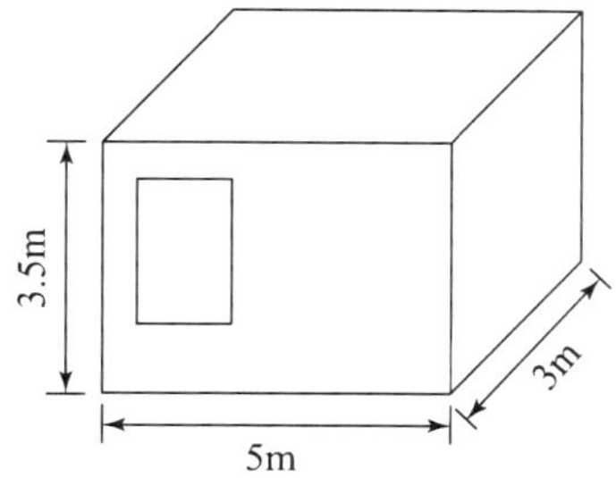

Solution 상기 그림에 할론 1301의 약제량(0.32kg/m^3) 및 개구부면적(2m^2×1개소)
이 문제처럼 자동폐쇄장치에 대한 언급이 없을 때는 개구부면적 및 개구부가산량을 적용할 것
할론저장량(kg) = [방호구역체적(m^3) × 약제량(kg/m^3)] + [개구부 면적(m^2) × 개구부가산량(kg/m^2)]
할론저장량(kg) = [방호구역체적(5m × 3m × 3.5m) × 약제량(0.32kg/m^3)] + [개구부면적(2m^2 × 1개소) × 개구부 가산량(2.4kg/m^2)] = 21.6kg

5. 그림과 같은 통신기기실에 할로겐화합물 소화설비를 설계하려고 한다. 조건을 참고하여 다음 각 물음에 답하시오.

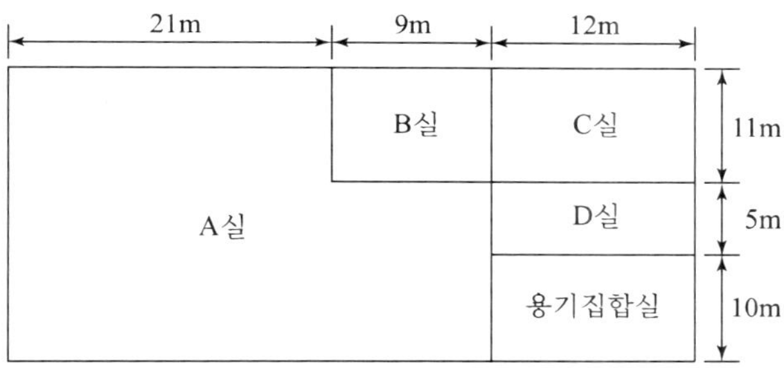

[조건]

(가) 각 실의 높이는 3m이다.
(나) 각 실에는 자동폐쇄장치가 설치되어 있다.
(다) 사용약제는 할론 1301이로서, 약제방출은 전역방출방식이다.
(라) 용기의 내용적은 68ℓ, 약제충전량은 50kg이다.
(마) 각 실의 개구부면적은 A실 2.4m^2, B실 0.9m^2, C실 1.8m^2, D실 1.2m^{2}이다.

(1) 각 실별 소화약제의 저장용기 수량은?
(2) 용기집합실에 설치하여야 할 소화약제의 저장용기 수량은?

Solution (1) A실

할론저장량 = [(21×26+9×15)m^2×3m]×0.32kg/m^3 = 653.76kg

$$저장용기\ 수 = \frac{할론저장량}{약제충전량} = \frac{653.76\text{kg}}{50\text{kg}} = 13.07 = 14병$$

B실

할론저장량 = [(9×11)m^2×3m]×0.32kg/m^3 = 95.04kg

$$저장용기\ 수 = \frac{할론저장량}{약제충전량} = \frac{95.04\text{kg}}{50\text{kg}} = 1.9 = 2병$$

C실

할론저장량 = [(12×11)m^2×3m]×0.32kg/m^3 = 126.72kg

$$저장용기\ 수 = \frac{할론저장량}{약제충전량} = \frac{126.72\text{kg}}{50\text{kg}} = 2.53 = 3병$$

D실

할론저장량 = [(12×5)m^2×3m]×0.32kg/m^3 = 57.6kg

$$저장용기\ 수 = \frac{할론저장량}{약제충전량} = \frac{57.6\text{kg}}{50\text{kg}} = 1.15 = 2병$$

(2) 각각 방호구역 저장용기 수 중 가장 많은 것을 기준으로 하기 때문에 A실 14병이다.

6. 다음과 같은 조건이 주어질 때 할론 1301의 소화설비를 설계하는데 필요한 다음 각 물음에 답하시오.

[조건]

① 약제소요량 120kg(출입구 자동폐쇄장치 설치)
② 초기압력강하 1.6MPa
③ 고저에 의한 압력손실 0.04MPa
④ A·B간의 마찰저항에 의한 압력손실 0.04MPa
⑤ B－C, B－D간의 각 압력손실 0.02MPa
⑥ 약제저장압력 4.2MPa
⑦ 작동 30초 이내에 약제전량이 방출된다.

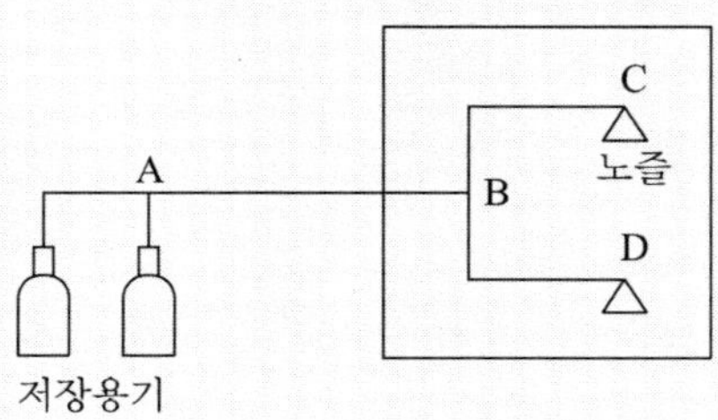

(1) 소화설비가 작동하였을 때 A－B간의 배관 내를 흐르는 유량(Kg/s)은 얼마인가?
(2) B－C간의 배관 내를 흐르는 유량(Kg/s)은 얼마인가? (단, B－D간의 유량과 같다.)
(3) C점 노즐에서 방출되는 약제의 압력(MPa)은 얼마인가? (단, D점의 방사압력과 같다.)
(4) 노즐 1개당 방사량(kg/개)은 얼마인가?
(5) C점 노즐에서의 방출량이 2.5Kg/s · cm^{2}일 때 헤드의 등가분구면적(cm^2)은 얼마인가? (단, 헤드의 개수가 오리피스구멍개수이다.)

Solution (1) $\text{유량} = \dfrac{\text{약제소요량}}{\text{약제방출시간}} = \dfrac{120\text{kg}}{30\text{sec}} = 4\text{kg/sec}$

(2) A－B간의 유량은 B－C간과 B－D간으로 흐르므로 B－C간의 유량은 A－B간의 유량을 2로 나누면 된다.

$\text{B－C간의 유량} = \dfrac{4\text{kg/sec}}{2} = 2\text{kg/sec}$

(3) C점 노즐 방사압력＝약제저장압력－(초기압력강하＋고저에 의한 압력손실＋A, B간의 마찰 손실에 의한 압력손실＋B－C간의 압력손실)＝4.2MPa－(1.6＋0.04＋0.04＋0.02)MPa＝2.5MPa

(4) 그림에서 노즐이 2개이므로 $\text{노즐 1개당 방사량} = \dfrac{\text{약제소요량}}{\text{노즐개수}} = \dfrac{120\text{kg}}{2\text{개}} = 60\text{kg/개}$

(5) $\text{등가분구면적} = \dfrac{\text{유량[kg/sec]}}{\text{방출량[kg/sec}\cdot cm^2] \times \text{오리피스구멍개수}} = \dfrac{2\text{kg/sec}}{2.5\text{kg/sec}\cdot\text{cm}^2 \times 1\text{개}} = 0.8\,cm^2$

7. 내용적이 100m^{3}인 어느 실에 대해 할론 1301 설비를 하고자 한다. 소화에 필요한 할론의 설계농도를 8%라고 하면 필요한 약제는 몇 [kg]인가? (단, 설계기준온도는 21℃이고 이 온도에서의 할론 1301의 비체적은 0.16m^3/kg이며, 개구부에 대한 소요량은 무시한다.)

Solution $\text{할론농도[\%]} = \dfrac{21 - O_2}{21} \times 100$

$$8 = \frac{21 - O_2}{21} \times 100$$

$$168 = (21 - O_2) \times 100$$

$$\frac{168}{100} = 21 - O_2$$

$$O_2 = 19.32\%$$

$$\text{방출가스량} = \frac{21 - O_2}{O_2} \times \text{방호구역체적(내용적)} = \frac{21 - 19.32}{19.32} \times 100\text{m}^3 = 8.695 = 8.7\text{m}^3$$

$$\text{약제량} = \frac{\text{방출가스량}}{\text{비체적}} = \frac{8.7\text{m}^3}{0.16\text{m}^3/\text{kg}} = 54.375 = 54.38\text{kg}$$

8. 다음 도면과 같이 방호대상물에 할론 1301 소화설비를 설계하고자 한다. 설계조건을 참조하여 각 물음에 답하시오.

[조건]

① 건물의 층고는 5m이다.
② 약제 방출방식은 전역방출방식이다.
③ 개구부는 자동폐쇄장치가 설치되어 있다.
④ 약제 저장용기는 50kg/병이다.
⑤ A, C실의 기본 약제량은 $0.33kg/cm^3$, B, D실의 기본 약제량은 $0.52kg/m^3$이다.

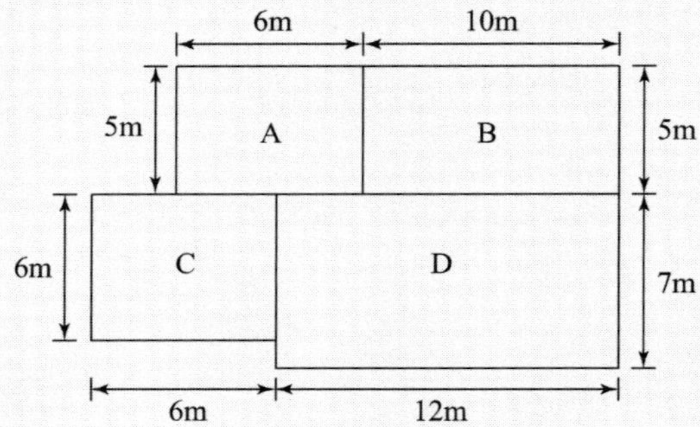

(1) 각 실의 약제소요량과 용기 수를 구하시오.
(2) 할론 1301 소화설비의 Isometric Diagram을 설계하시오.

Solution ① A실 : $\text{할론저장량(kg)} = (5\text{m} \times 6\text{m} \times 5\text{m}) \times 0.33\text{kg/m}^3 = \dfrac{49.5\text{kg}}{50\text{kg/병}} = 0.99 = 1\text{병}$

② B실 : $\text{할론저장량(kg)} = (5\text{m} \times 10\text{m} \times 5\text{m}) \times 0.33\text{kg/m}^3 = \dfrac{82.5\text{kg}}{50\text{kg/병}} = 1.65 = 2\text{병}$

③ C실 : $\text{할론저장량(kg)} = (6\text{m} \times 6\text{m} \times 5\text{m}) \times 0.52\text{kg/m}^3 = \dfrac{93.6\text{kg}}{50\text{kg/병}} = 1.87 = 2\text{병}$

④ D실 : $\text{할론저장량(kg)} = (12\text{m} \times 7\text{m} \times 5\text{m}) \times 0.52\text{kg/m}^3 = \dfrac{218.4\text{kg}}{50\text{kg/병}} = 4.37 = 2\text{병}$

(2)

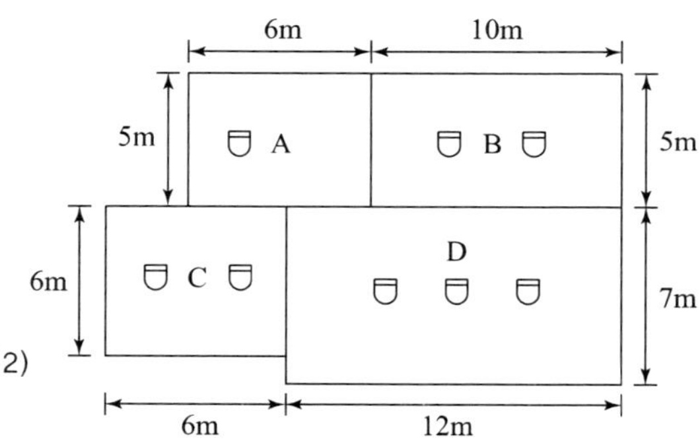

9. 다음은 할로겐화합물 소화설비의 배치도이다. 그림의 조건에 적합하도록 체크밸브를 도시하시오.

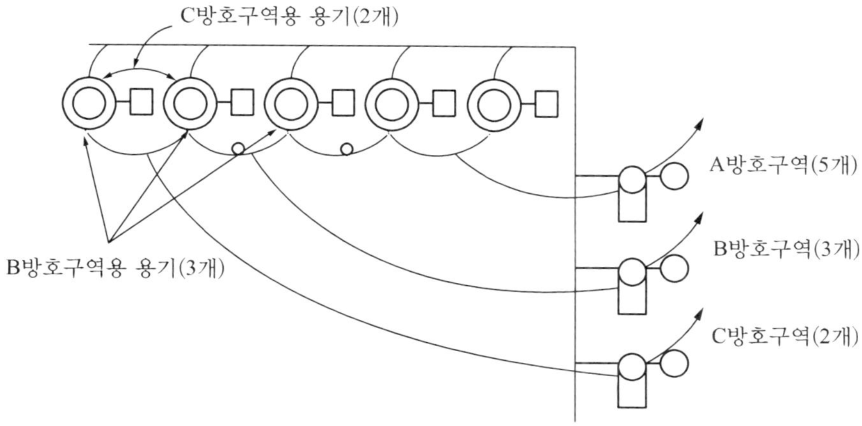

Solution * 역류방지를 목적으로 할론저장용기와 선택밸브 사이에는 반드시 가스체크밸브를 1개씩 설치하여야 한다.

* 원칙적으로 가스체크밸브는 집합관과 할론저장용기 사이에도 1개씩 설치하여야 한다. 단 이 문제에서는 집합관과 할론저장용기가 이미 연결되어 있어서 배치도에서 생략된 것으로 본 것이다. 원칙적으로 가스체크밸브는 총 10개가 필요하다.

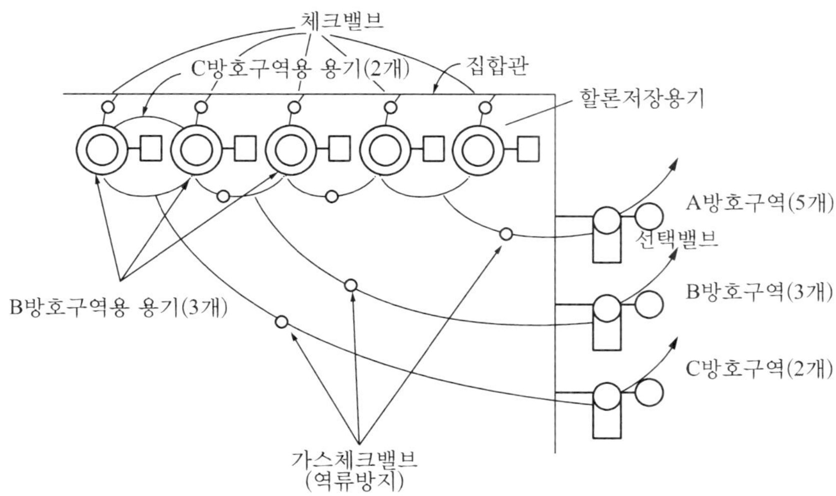

10. 도면은 어느 전기실, 발전기실, 방재반실 및 밧데리실을 방호하기 위한 할론 1301설비의 배관평면도이다. 도면과 주어진 조건을 참고하여 할론 소화약제의 최소용기개수와 용기집합실에 설치하여야 할 저장용기수를 구하시오.

[조건]

① 약제용기는 고압식이다.
② 용기의 내용적은 68l, 약제충전량은 50kg이다.
③ 용기실내의 수직배관을 포함한 각 실에 대한 배관 내용적은 다음과 같다.

A실(전기실)	B실(발전기실)	C실(방재관실)	D실(밧데리실)
198l	78l	28l	10l

④ A실에 대한 할론 집합관의 내용적은 88l이다.
⑤ 할론 용기밸브와 집합관간의 연결관에 대한 내용적은 무시한다.
⑥ 설계기준온도는 20℃이다.
⑦ 20℃에서의 액화할론 1301의 비중은 1.6이다.
⑧ 각 실의 개구부는 없다고 가정한다.
⑨ 소요약제량 산출시 각실 내부의 기둥과 내용물의 체적은 무시한다.
⑩ 각 실의 바닥으로부터 천장까지의 높이는 다음과 같다.
- A실 및 B실 : 5m
- C실 및 D실 : 3m

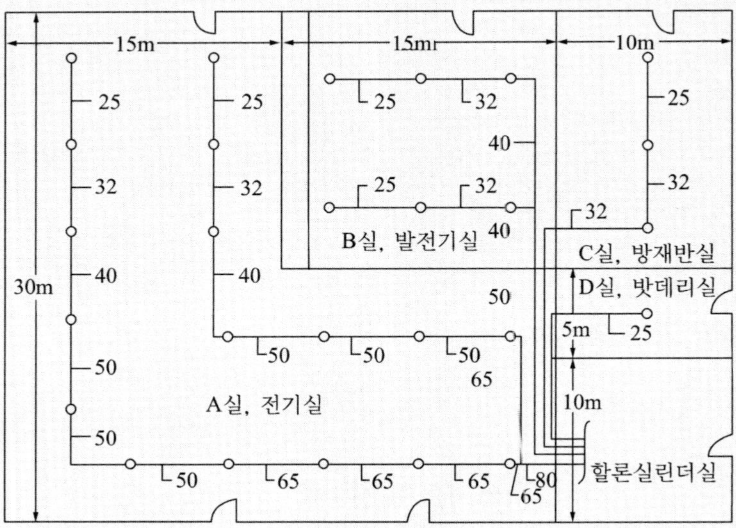

(1) A실의 저장용기 수는 몇 병인가?
(2) B실의 저장용기 수는 몇 병인가?
(3) C실의 저장용기 수는 몇 병인가?
(4) D실의 저장용기 수는 몇 병인가?
(5) 용기집합실의 저장용기 수는 몇 병인가?

Solution (1) 할론 1301의 약제량 및 개구부가산량

방호대상물	약제량	개구부가산량(자동폐쇄장치 미설치)
차고 · 주차장 · 전기실 · 전산실 · 통신기기실	$0.32kg/m^3$	$2.4kg/m^2$
사류 · 면화류	$0.52kg/m^3$	$3.9kg/m^2$

위 표에서 전기실·발전기실·방재반실·밧데리실의 약제량은 $0.32kg/m^3$

할론저장량[kg] = 방호구역체적[m^3] × 약제량[kg/m^3] + 개구부면적[m^2] × 개구부가산량[kg/m^2]

비중

$$s = \frac{\gamma}{\gamma_w}$$

여기서, s : 비중, γ : 어떤 물질의 비중량[kg/m^3], γ_w : 물의 비중량($1000kg/m^3$)

액화 할론 1301의 비중량 γ는

$$\gamma = s \times \gamma_w = 1.6 \times 1000kg/m^3 = 1600kg/m^3$$

비체적

$$V_s = \frac{1}{\gamma}$$

여기서, V_s : 비체적[m^3/kg], γ : 비중량[kg/m^2]

$$\text{비체적 } V_s = \frac{1}{\gamma} = \frac{1}{1600kg/m^3} = 0.625 \times 10^{-3} m^3/kg = 0.625\,l/kg$$

약제체적[l] = 할론저장량[kg] × 병수 × 비체적

- $1m^3 = 1000l$ 이므로 $0.625 \times 10^{-3} m^3/kg = 0.625\,l/kg$

① A실

할론저장량 $= [(30 \times 30 - 15 \times 15)m^2 \times 5m] \times 0.32kg/m^3 = 1{,}080kg$

배관내용적 $= 198l + 88l = 286l$

$$\text{저장용기수} = \frac{\text{할론저장량}}{\text{약제충전량}} = \frac{1{,}080kg}{50kg} = 21.6 = 22\text{병}$$

약제체적 $= 50kg \times 22\text{병} \times 0.625l/kg = 687.5l$

*조건 ⑩ 높이는 5m, ⑧ 개구부가 없기 때문에 개구부면적 및 개구부가산량 제외, ③·④에서 전체배관 내용적은 $286l(198+88=286l)$, ⑦ 비중은 1.6, ② 약체충전량은 50kg이다.

(2) 할론저장량 $=[(15\times15)\text{m}^2\times5\text{m}]\times0.32\text{kg/m}^3=360\text{kg}$

배관내용적 $=78l+88l=166l$

저장용기수 $=\dfrac{\text{할론저장량}}{\text{약제충전량}}=\dfrac{360\text{kg}}{50\text{kg}}=7.2=8\text{병}$

약제체적 $=50\text{kg}\times8\text{병}\times0.625l/\text{kg}=250l$

(3) 할론저장량 $=[(15\times10)\text{m}^2\times3\text{m}]\times0.32\text{kg/m}^3=144\text{kg}$

배관내용적 $=28l+88l=116l$

저장용기수 $=\dfrac{\text{할론저장량}}{\text{약제충전량}}=\dfrac{144\text{kg}}{50\text{kg}}=2.88=3\text{병}$

약제체적 $=50\text{kg}\times3\text{병}\times0.625l/\text{kg}=93.75l$

(4) 할론저장량 $=[(10\times5)\text{m}^2\times3\text{m}]\times0.32\text{kg/m}^3=48\text{kg}$

배관내용적 $=10l+88l=98l$

저장용기수 $=\dfrac{\text{할론저장량}}{\text{약제충전량}}=\dfrac{48\text{kg}}{50\text{kg}}=0.96=1\text{병}$

약제체적 $=50\text{kg}\times1\text{병}\times0.625l/\text{kg}=31.25l$

(5) • A실 : $\dfrac{\text{배관내용적}}{\text{약제체적}}=\dfrac{286l}{687.5l}=0.416\text{배}$

• B실 : $\dfrac{\text{배관내용적}}{\text{약제체적}}=\dfrac{166l}{250l}=0.664\text{배}$

• C실 : $\dfrac{\text{배관내용적}}{\text{약제체적}}=\dfrac{116l}{93.75l}=1.237\text{배}$

• D실 : $\dfrac{\text{배관내용적}}{\text{약제체적}}=\dfrac{98l}{31.25l}=3.136\text{배}$(1.5배 이상으므로 별도 독립방식)

* 할론겐화합물 소화약제 저자용기는 내용적이 1.5배 이상일 경우에는 별도 독립방식으로 하여야 한다.

용기집합실의 저장용기 : 각 방호구역의 저장용기수 중 가장 많은 것 + 별도 독립방식 병수 = 22병(A실) + 1병(D실) = 총 23병이다.

청정소화약제 06

6.1 개요

지구오존층 보존을 위해 1987년 9월 16일부터 발효된 몬트리올 의정서에 따라 할론 1211 및 할론 1301 소화약제가 사용에 제한을 받게 되었다. 이에 선진국은 1994년 1월 1일부터 생산 및 사용이 중지되었고, 우리나라를 포함한 개발도상국은 2010년 1월 1일 이후부터는 생산 및 사용을 중지하여야 한다.

이와 관련 우리나라에서는 “청정소화약제의 종류 및 소화설비의 기술기준”을 1994년 6월 18일 최초 제정하고, 그동안 수차례 개정을 거쳐 현재는 청정소화약제소화설비의 화재안전기준(NFSC 107A)을 제정하려 그 설치 기준 등에 대하여 규정하고 있다.

할론 대체물질인 청정소화약제 및 소화설비는 선진국에서 개발한 것을 국내 도입사용해서 사용되고 있으며, 선진국시스템 구성 등에 대한 상이함을 고려하지 않고 적용함에 따라 많은 문제점이 나타나고 있는 것이 사실이다.

6.2 용어의 정의

1. “할로겐화합물 및 불활성기체소화약제”란 할로겐화합물(할론 1301, 할론 2402, 할론 1211 제외) 및 불활성기체로서 전기적으로 비전도성이며 휘발성이 있거나 증발 후 잔여물을 남기지 않는 소화약제를 말한다.
2. “할로겐화합물소화약제”란 불소, 염소, 브롬 또는 요오드 중 하나 이상의 원소를 포함하고 있는 유기화합물을 기본성분으로 하는 소화약제를 말한다.
3. “불활성기체소화약제”란 헬륨, 네온, 아르곤 또는 질소가스 중 하나 이상의 원소를 기본성분으로 하는 소화약제를 말한다.
4. “충전밀도”란 소화약제의 중량과 소화약제 저장용기의 내부 용적과의 비(중량/용적)를 말한다.
5. “방화문”이란 「건축법 시행령」 제64조의 규정에 따른 60분+ 방화문, 60분 방화문 또는 30분 방화문을 말한다.
6. “교차회로방식”이란 하나의 방호구역 내에 둘 이상의 화재감지기회로를 설치하고 인접한 둘 이상의 화재감지기에 화재가 감지되는 때에 소화설비가 작동하는 방식을 말한다.
7. “방호구역”이란 소화설비의 소화범위 내에 포함된 영역을 말한다.
8. “별도 독립방식”이란 소화약제 저장용기와 배관을 방호구역별로 독립적으로 설치하는 방식을 말한다.
9. “선택밸브”란 둘 이상의 방호구역 또는 방호대상물이 있어 소화수 또는 소화약제를 해당하는 방호구역 또는 방호대상물에 선택적으로 방출되도록 제어하는 밸브를 말한다.
10. “설계농도”란 방호대상물 또는 방호구역의 소화약제 저장량을 산출하기 위한 농도로서 소화농도에 안전율을 고려하여 설정한 농도를 말한다.
11. “소화농도”란 규정된 실험 조건의 화재를 소화하는 데 필요한 소화약제의 농도(형식승인대상의 소화약제는 형식승인된 소화농도)를 말한다.

12. "집합관"이란 개별 소화약제(가압용 가스 포함) 저장용기의 방출관이 접속되어 있는 관을 말한다.
13. "최대허용 설계농도"란 사람이 상주하는 곳에 적용하는 소화약제의 설계농도로서, 인체의 안전에 영향을 미치지 않는 농도를 말한다.

(1) 소화설비에 적용되는 할로겐화합물 및 불활성기체소화약제는 다음 표에서 정하는 것에 한한다.

소화약제	화학식
퍼플루오로부탄(이하 "FC-3-1-10"이라 한다)	C_4F_{10}
하이드로클로로플루오로카본혼화제 (이하 "HCFC BLEND A"라 한다)	HCFC-123($CHCl_2CF_3$) : 4.75% HCFC-22($CHClF_2$) : 82% HCFC-124($CHClFCF_3$) : 9.5% $C_{10}H_{16}$: 3.75%
클로로테트라플루오르에탄(이하 "HCFC-124"라 한다)	$CHClFCF_3$
펜타플루오로에탄(이하 "HCFC-125"라 한다)	CHF_2CF_3
헵타플루오로프로판(이하 "HCFC-227ea"라 한다)	$CHClFCF_3$
트리플루오로메탄(이하 "HFC-23"라 한다)	CHF_3
헥사플루오로프로판(이하 "HFC-236fa"라 한다)	$CF_3CH_2CF_3$
트리플루오로이오다이드(이하 "FIC-1311"라 한다)	CF_3I
불연성·불활성기체혼합가스(이하 "IG-01"라 한다)	Ar
불연성·불활성기체혼합가스(이하 "IG-100"라 한다)	N_2
불연성·불활성기체혼합가스(이하 "IG-541"라 한다)	N_2 : 52%, Ar : 40%, CO_2 : 8%
불연성·불활성기체혼합가스(이하 "IG-55"라 한다)	N_2 : 50%, Ar : 50%
도데키플루오로-2-메틸펜탄-3-원(이하 "FK-5-1-12"라 한다)	$CF_3CF_2C(O)CF(CF_3)_2$

(2) 설치제외

할로겐화합물 및 불활성기체소화설비는 사람이 상주하는 곳으로 최대허용 설계농도를 초과하는 장소 또는 소화성능이 인정되지 않는 위험물을 저장・보관・사용하는 장소 등에는 설치할 수 없다.

(3) 저장용기

① 할로겐화합물 및 불활성기체소화약제의 저장용기는 방호구역 외의 장소로서 방화구획된 실에 설치해야 한다.

② 할로겐화합물 및 불활성기체소화약제의 저장용기는 다음 각 호의 기준에 적합해야 한다.

1. 저장용기의 충전밀도 및 충전압력은 할로겐화합물 및 불활성기체소화약제의 종류에 따라 적용할 것
2. 동일 집합관에 접속되는 저장용기는 동일한 내용적을 가진 것으로 충전량 및 충전압력이 같도록 할 것
3. 저장용기의 약제량 손실이 5퍼센트를 초과하거나 압력손실이 10퍼센트를 초과할 경우에는 재충전하거나 저장용기를 교체할 것. 다만, 불활성기체 소화약제 저장용기의 경우에는 압력손실이 5퍼센트를 초과할 경우 재충전하거나 저장용기를 교체해야 한다.

③ 하나의 방호구역을 담당하는 저장용기의 소화약제의 체적 합계보다 소화약제의 방출 시 방출경로가 되는 배관(집합관을 포함한다)의 내용적의 비율이 할로겐화합물 및 불활성기체소화약제 제조업체(이하 "제조업체"라 한다)의 설계기준에서 정한 값 이상일 경우에는 해당 방호구역에 대한 설비는 별도 독립방식으로 해야 한다.

④ 할로겐화합물 및 불활성기체소화약제 저장용기와 선택밸브(또는 개폐밸브)와의 사이에는 과압방지를 위한 안전장치를 설치해야 한다. 이 경우 안전장치를 통하여 나온 소화가스는 전용의 배관 등을 통하여 건축물 외부로 배출될 수 있도록 해야 한다.

6.3 소화약제량의 산정

6.3.1 산정

① 소화약제의 저장량은 다음 각 호의 기준에 따른다.

1. 할로겐화합물소화약제의 경우, 방호구역의 체적, 소화약제별 선형상수, 소화약제의 설계농도 등을 고려하여 다음 공식에 따라 산출한 양 이상으로 할 것

$$W = V/S \times [C/(100 - C)]$$

W : 소화약제의 무게(kg)
V : 방호구역의 체적(m^2)
S : 소화약제별 선형상수($K_1 + K_2 \times t$)(m^3/kg)

소화약제	K_1	K_2
FC-3-1-10	0.094104	0.00034455
HCFC BLEND A	0.2413	0.00088
HCFC-124	0.1575	0.0006
HFC-125	0.1825	0.0007
HFC-227ea	0.1269	0.0005
HFC-23	0.3164	0.0012
HFC-236fa	0.1413	0.0006
FIC-1311	0.1138	0.0005
FK-5-1-12	0.0664	0.0002741

C : 체적에 따른 소화약제의 설계농도(%)
t : 방호구역의 최소예상온도(℃)

2. 불활성기체소화약제의 경우, 소화약제의 비체적, 소화약제별 선형상수, 소화약제의 설계농도 등을 고려하여 다음 공식에 따라 산출한 양 이상으로 할 것

$$X = 2.303(Vs/S) \times \log 10[100/100 - C]$$

X : 공간체적당 더해진 소화약제의 부피(m^3/m^3)
S : 소화약제별 선형상수($K_1 + K_2 \times t$)(m^3/kg)

소화약제	K_1	K_2
IG-01	0.5685	0.00208
IG-100	0.7997	0.00293
IG-541	0.65799	0.00239
IG-55	0.6598	0.00242

C : 체적에 따른 소화약제의 설계농도(%)
Vs : 20℃에서 소화약제의 비체적(m^3/kg)
t : 방호구역의 최소예상온도(℃)

3. 체적에 따른 소화약제의 설계농도(%)는 상온에서 제조업체의 설계기준에 따라 인증받은 소화농도(%)에 A · B · C급 화재별 안전계수를 곱하여 산출한 값 이상으로 할 것

② 제1항의 기준에 의해 산출한 소화약제량은 사람이 상주하는 곳에서는 소화약제의 종류에 따른 최대허용 설계농도를 초과할 수 없다.

③ 방호구역이 둘 이상인 장소의 소화설비가 제6조 제3항의 기준에 해당하지 않는 경우에 한하여 가장 큰 방호구역에 대하여 제1항의 기준에 의해 산출한 양 이상이 되도록 해야 한다.

6.3.2 기동장치

① 할로겐화합물 및 불활성기체소화설비의 수동식 기동장치는 다음 각 호의 기준에 따라 설치해야 한다.

1. 수동식 기동장치는 오조작을 방지하기 위한 보호장치가 있는 것으로 설치할 것
2. 수동식 기동장치는 방호구역마다 조작, 피난 및 유지관리가 용이한 장소에 설치할 것
3. 수동식 기동장치의 부근에는 소화약제의 방출을 지연시킬 수 있는 방출지연스위치를 설치할 것

② 할로겐화합물 및 불활성기체소화설비의 자동식 기동장치는 자동화

재탐지설비의 감지기의 작동과 연동하는 것으로서 수동식 기동장치를 함께 설치해야 한다.

③ 할로겐화합물 및 불활성기체소화설비가 설치된 부분의 출입구 등의 보기 쉬운 곳에 소화약제의 방출을 표시하는 표시등을 설치해야 한다.

6.3.3 제어반

할로겐화합물 및 불활성기체소화설비의 제어반 및 화재표시반은 다음 각 호의 기준에 따라 설치해야 한다.

1. 제어반은 수동기동장치 또는 감지기에서의 신호를 수신하여 음향경보장치의 작동, 소화약제의 방출 또는 지연 등 기타의 제어기능을 가진 것으로 하고, 제어반에는 전원표시등을 설치할 것
2. 화재표시반은 제어반에서의 신호를 수신하여 작동하는 기능을 가진 것으로 설치할 것
3. 제어반 및 화재표시반은 화재 또는 침수 등의 재해로 인한 피해를 받을 우려가 없고 점검에 편리한 장소에 설치할 것

6.3.4 배관

① 할로겐화합물 및 불활성기체소화설비의 배관은 다음 각 호의 기준에 따라 설치해야 한다.

1. 배관은 전용으로 할 것
2. 배관・배관부속 및 밸브류는 저장용기의 방출내압을 견딜 수 있어야 하며 다음 각 목의 기준에 적합할 것. 이 경우 설계내압은 최소사용설계압력 이상으로 한다.
   가. 강관을 사용하는 경우의 배관은 압력 배관용 탄소 강관(KS D 3562) 또는 이와 동등 이상의 강도를 가진 것으로서 아연도금 등에 따라 방식처리된 것을 사용할 것
   나. 동관을 사용하는 경우의 배관은 이음이 없는 구리 및 구리합

금관(KS D 5301)의 것을 사용할 것

다. 배관의 두께는 다음의 계산식에서 구한 값(t) 이상일 것 다만, 방출헤드 설치부는 제외한다.

$$관의\ 두께(t) = \frac{PD}{2SE} + A$$

t : 배관의 두께(mm)

P : 최대허용압력(KPa)

D : 배관의 바깥지름(mm)

SE : 최대허용응력(KPa)(배관재질 인장강도의 1/4 값과 항복점의 2/3 값 중 작은 값×배관이음효율×1.2

A : 나사이음, 홈이음 등의 허용 값(mm)(헤드 설치부분은 제외한다)

- 나사이음 : 나사의 높이
- 절단홈이음 : 홈의 깊이
- 용접이음 : 0

Point

배관이음효율

- 이음매 없는 배관 : 1.0
- 전기저항 용접배관 : 0.85
- 가열맞대기 용접배관 : 0.60

3. 배관부속 및 밸브류는 강관 또는 동관과 동등 이상의 강도 및 내식성이 있는 것으로 할 것

② 배관과 배관, 배관과 배관 부속 및 밸브류의 접속은 나사접합, 용접접합, 압축접합 또는 플랜지접합 등의 방법을 사용해야 한다.

③ 배관의 구경은 해당 방호구역에 할로겐화합물소화약제는 10초 이내에, 불활성기체소화약제는 A·C급 화재 2분, B급 화재 1분 이내에 방호구역 각 부분에 최소설계농도의 95퍼센트 이상에 해당하는 약제량이 방출되도록 해야 한다.

6.3.5 선택밸브

하나의 특정소방대상물 또는 그 부분에 둘 이상의 방호구역이 있어 소화약제의 저장용기를 공용하는 경우에는 방호구역마다 선택밸브를 설치해야 한다.

6.3.6 분사헤드

① 할로겐화합물 및 불활성기체소화설비의 분사헤드는 다음 각 호의 기준에 따라야 한다.
  1. 분사헤드의 설치높이는 방호구역의 바닥으로부터 최소 0.2미터 이상 최대 3.7미터 이하로 하며 천장높이가 3.7미터를 초과할 경우에는 추가로 다른 열의 분사헤드를 설치할 것
  2. 분사헤드의 개수는 방호구역에 제10조제3항을 충족되도록 설치할 것
  3. 분사헤드에는 부식방지조치를 해야 하며 오리피스의 크기, 제조일자, 제조업체가 표시되도록 할 것

② 분사헤드의 방출률 및 방출압력은 제조업체에서 정한 값으로 한다.

③ 분사헤드의 오리피스의 면적은 분사헤드가 연결되는 배관구경 면적의 70퍼센트 이하가 되도록 할 것

6.4 자동식 기동장치의 화재감지기

할로겐화합물 및 불활성기체소화설비의 자동식 기동장치는 각 방호구역 내의 화재감지기의 감지에 따라 작동되도록 하고, 화재감지기의 회로는 교차회로방식으로 설치해야 한다.

6.5 음향경보장치

① 할로겐화합물 및 불활성기체소화설비의 음향경보장치는 다음 각 호의 기준에 따라 설치해야 한다.

1. 수동식 기동장치를 설치한 것은 그 기동장치의 조작과정에서, 자동식 기동장치를 설치한 것은 화재감지기와 연동하여 자동으로 경보를 발하는 것으로 할 것
2. 소화약제의 방출 개시 후 1분 이상 경보를 계속할 수 있는 것으로 할 것
3. 방호구역 또는 방호대상물이 있는 구획 안에 있는 자에게 유효하게 경보할 수 있는 것으로 할 것

② 방송에 따른 경보장치를 설치할 경우에는 다음 각 호의 기준에 따라야 한다.

1. 증폭기 재생장치는 화재 시 연소의 우려가 없고, 유지관리가 쉬운 장소에 설치할 것
2. 방호구역 또는 방호대상물이 있는 구획의 각 부분으로부터 하나의 확성기까지의 수평거리는 25미터 이하가 되도록 할 것
3. 제어반의 복구스위치를 조작하여도 경보를 계속 발할 수 있는 것으로 할 것

6.6 자동폐쇄장치

할로겐화합물 및 불활성기체소화설비를 설치한 특정소방대상물 또는 그 부분에 대하여 환기장치 등을 설치한 것은 소화약제가 방출되기 전에 해당 환기장치 등이 정지될 수 있도록 하고, 개구부 및 통기구가 있어 소화약제의 유출에 따라 소화효과를 감소시킬 우려가 있는 것은 소화약제가

방출되기 전에 당해 개구부 및 통기구를 폐쇄할 수 있도록 자동폐쇄장치를 설치해야 한다.

6.7 비상전원

할로겐화합물 및 불활성기체소화설비의 비상전원은 자가발전설비, 축전지설비 또는 전기저장장치로서 다음 각 호의 기준에 따라 설치해야 한다.

1. 점검에 편리하고 화재 및 침수 등의 재해로 인한 피해를 받을 우려가 없는 곳에 설치할 것
2. 할로겐화합물 및 불활성기체소화설비를 유효하게 20분 이상 작동할 수 있어야 할 것
3. 상용전원으로부터 전력의 공급이 중단된 때에는 자동으로 비상전원으로부터 전력을 공급받을 수 있도록 할 것
4. 비상전원의 설치장소는 다른 장소와 방화구획 할 것
5. 비상전원을 실내에 설치하는 때에는 그 실내에 비상조명등을 설치할 것

6.8 과압배출구

할로겐화합물 및 불활성기체소화설비의 방호구역에는 소화약제 방출시 발생하는 과(부)압으로 인한 구조물 등의 손상을 방지하기 위해 과압배출구를 설치해야 한다. 다만, 과(부)압이 발생해도 구조물 등에 손상이 생길 우려가 없음을 시험 또는 공학적인 자료로 입증하는 경우 설치하지 않을 수 있다.

6.9 설계프로그램

할로겐화합물 및 불활성기체소화설비를 설계프로그램을 이용하여 설계할 경우에는 「가스계소화설비 설계프로그램의 성능인증 및 제품검사의 기술기준」에 적합한 설계프로그램을 사용해야 한다.

6.10 설치 · 유지기준의 특례

소방본부장 또는 소방서장은 기존건축물이 증축 · 개축 · 대수선되거나 용도 변경되는 경우에 있어서 이 기준이 정하는 기준에 따라 당해 건축물에 설치해야 할 할로겐화합물 및 불활성기체소화설비의 배관 · 배선 등의 공사가 현저하게 곤란하다고 인정되는 경우에는 당해 설비의 기능 및 사용에 지장이 없는 범위 안에서 이 기준의 일부를 적용하지 않을 수 있다.

6.11 재검토기한

소방청장은 「훈령 · 예규 등의 발령 및 관리에 관한 규정」에 따라 이 고시에 대하여 2023년 1월 1일을 기준으로 매 3년이 되는 시점(매 3년째의 12월 31일까지를 말한다)마다 그 타당성을 검토하여 개선 등의 조치를 해야 한다.

Chapter 4 연습 문제

1. 할론겐화합물 대체 소화약제 중 현재 국가화재 안전기준에 의하여 고시된 약제를 2가지만 기술하시오.

Solution ① IG-55, ② IG-541

2. 청정소화약제 소화설비의 배관과 배관, 배관과 배관부속 및 밸브류의 접속방법을 4가지 쓰고 그에 대해 간단하게 설명하시오.

Solution (1) 나사접합 : 나사가 있는 관 부속품
(2) 용접접합 : 50A 이상의 관이음시 사용하며 전기용접, 가스용접 등에 의하여 접속하는 방법이다.
(3) 압축접합 : 고무링 등을 사용해서 배관과 배관 사이를 압축하여 접속하는 방법이다.
(4) 플랜지접합 : 배관이음부분에 가스켓 등을 삽입하고 볼트로 체결하는 관이음방법이다.

3. $100m^3$의 방호구역에 청정소화약제 소화설비를 설치하고자 한다. 청정소화약제로는 HCFC-124를 사용한다고 할 때 청정소화약제의 무게(Kg)는? (단, 방호구역의 온도는 20℃이고 HCFC-124 K1 = 0.1575, K2 = 0.0006, 설계농도는 1이다)

Solution 할로겐화합물 청정소화약제

$$W = \frac{V}{S} \times \left(\frac{C}{100 - C} \right)$$

W : 소화약제의 무게[kg], V : 방호구역의 체적[m^3], S : 소화약제별 선형상수($K_1 + K_2 t$)[m^3/kg], C : 체적에 따른 소화약제의 설계농도[%], t : 방호구역의 최소예상온도[℃]

$S = K_1 + K_2 t = (0.1575) + (0.0006 \times 20℃) = 0.1695$

소화약제의 무게(kg) W는 $W = \frac{V}{S} \times \left(\frac{C}{100 - C} \right) = \frac{100m^3}{0.1695} \times \left(\frac{1}{100 - 1} \right) = 5.959 = 5.96kg$

Chapter 05

분말소화약제

개요 01

분말소화설비는 분말약제탱크에 저장된 소화분말을 가압가스 용기 내의 질소가스 압력으로 밀어내어 배관을 통하여 그 말단에 설치된 분사헤드 또는 호스릴에 의해 방호 대상물에 방사하여 소화하는 설비이다.

소화원리는 약제가 열분해로 생성되는 탄산가스에 의한 질식작용과 연소의 연쇄반응을 억제하는 화학작용에 의하여 소화한다.

이 설비는 이산화탄소소화설비 및 할로겐 화합물 소화설비 등과 같이 물에 의한 소화방식으로 적당하지 않은 대상물의 소화를 목적으로 한 것으로써 설비의 구성, 형식 등도 앞의 이산화탄소소화설비 등과 동일하다. 소방대상물로서는 주로 기름이나 전기화재이지만 일부의 약제는 일반화재에도 유효한 것으로 알려져 있다. 일반적으로는 주차장, 통신기기실, 제4류 위험물, 변전설비 및 발전설비에 이용된다.

설치기준 02

2.1 소화약제

분말소화설비는 소화능력이 우수하고 소화시간이 짧아 특히 표면화재에 대하여 유효하며 화재확대 및 급속한 인화성 액체의 소화에 적합하다. 분말소화약제는 전기절연성이 높아 고압변압기의 소화에도 안전하고 약제의 수명이 반영구적이다.

분말소화약제는 위와 같이 분류하며 분말소화설비에는 주로 제1종 분말인 중탄산나트륨을 많이 사용한다. 다만, 차고 또는 주차장에는 제3종 분말을 사용해야 한다.

▼ 표 5.1 분말 소화약제의 종류 및 특성

종별	주성분	분자식	색상	적응화재
제1종 분말	탄산수소나트륨 (Sodium bicarbonate)	$NaHCO_3$	백색	B급, C급
제2종 분말	탄산수소칼륨 (Potasium bicarbonate)	$KHCO_3$	담회색	B급, C급
제3종 분말	제1인산암모늄 (Monoammonium phosphate)	$NH_4H_2PO_4$	담홍색 (또는 황색)	A급, B급, C급
제4종 분말	탄산수소칼륨과 요소와의 반응물 (Urea-based potassium bicarbonate)	$KC_2N_2H_3O_3$	회색	B급, C급

분말소화약제의 소요저장량은 다음의 기준에 의한다. 이 경우 동일한 소방대상물 또는 그 부분에 2 이상의 방호구역 또는 방호대상물이 있는 경우에는 각 방호구역 또는 방호대상물별 계산량 중 최대의 것으로 한다.

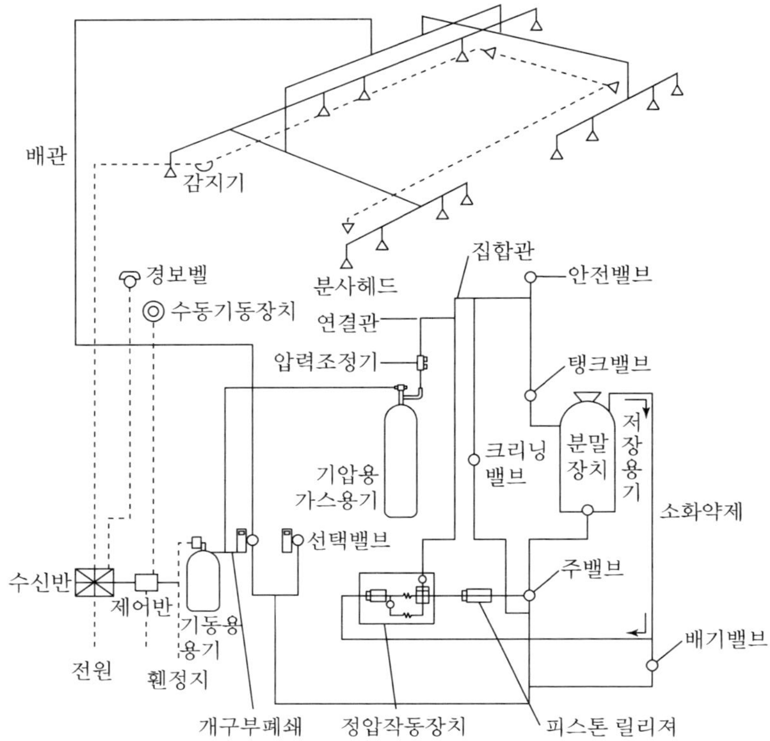

▲ 그림 4.7 분말소화설비 계통도

2.1.1 전역방출방식

소화약제량(kg) = 방호구역의 체적(m^3) × 체적 $1m^3$당 필요소화약제량(kg) + 개구부의 면적(m^3) × 개구부 면적 $1m^3$당 가산 소화약제량(kg)(※ 단, 개구부 면적은 자동폐쇄장치를 설치하지 않는 개구부 면적의 합계이다.)

▼ 표 5.2 분말소화약제의 소화약제 소요량(전역방출방식)

소화약제의 종별	방호구역 체적 $1m^3$당 필요소화약제량(kg)	개구부 면적 $1m^2$당 가산소화약제량(kg)
제1종 분말	0.60	4.5
제2종 · 제3종 분말	0.36	2.7
제4종 분말	0.24	1.8

2.1.2 국소방출방식

▼ 표 5.3 분말소화약제의 소화약제 소요량(국소방출방식)

소방대상물	소화약제의 종류	소화약제 소요량(kg)
제4류 위험물 및 특수가연물(제1종 · 제2종)을 윗면 개방 용기에 저장하는 경우와 화재시 연소면이 1면으로 한정되고 가연물이 비산할 우려가 없는 경우	제1종 분말	방호대상물 표면적(m^2)×8.8
	제2종 · 제3종 분말	방호대상물 표면적(m^2)×5.2
	제4종 분말	방호대상물 표면적(m^2)×3.6
상기 이외의 것	제1종 분말	방호공간 체적(m^2)×(X−Y)
	제2종 · 제3종 분말	
	제4종 분말	

※ 주1 : a : 방호대상물의 주변에 설치된 벽면적의 합계(m^2)

A : 방호공간의 벽면적(벽이 없는 경우에는 벽이 있는 것으로 가정한 당 해 부분의 면적)의 합계(m^2)

※ 주2 : X 및 Y의 수치

소화약제의 종류	X	Y
제1종 분말	5.2	3.9
제2종 · 제3종 분말	3.2	2.4
제4종 분말	2.0	1.5

2.1.3 호스릴 방식

▼ 표 5.4 분말소화약제의 소화약제 소요량(노즐 하나에 대한)

소화약제의 종별	소화약제량(kg)
제1종 분말	50
제2종 · 제3종 분말	30
제4종 분말	20

▼ 표 5.5 호스릴 소화설비 노즐 1개당 약제 방사량

소화약제의 종별	1분당 방사하는 소화약제량(kg)
제1종 분말	45
제2종 · 제3종 분말	27
제4종 분말	18

※ 호스릴 분말소화설비는 다음의 기준에 맞도록 설치한다.

a. 화재시 연기가 현저히 충만되지 않는 장소에 설치할 것.
b. 방호대상물의 각 부분으로부터 하나의 호스접결구까지의 수평거리가 15m 이하가 되도록 설치할 것.
c. 소화약제의 저장용기는 호스릴을 설치하는 장소마다 설치.
d. 노즐은 하나의 노즐마다 소화약제를 방사할 수 있는 것으로 할 것.
e. 저장용기에는 그 가까운 곳에 적색표시등을 설치하여 이동식 분말소화설비가 있다는 뜻을 표시한다.

2.2 분사헤드

분사헤드는 방출방식, 대상물 등에 따라서 여러 종류의 것이 사용되나 탄환형(팽이형), 윈뿔형(캡슐형), 측사형(부채형), 밀봉형(스핀들형)을 많이 사용하며, 각 방출방식별 소화약제 저장량을 30초 이내에 방사할 수 있어야 한다.

2.3 소화약제 저장용기

2.3.1 소화약제 저장용기

(1) 저장용기 내용적

소화약제의 종별	저장용기 내용적
제1종 분말	소화약제량(kg)×0.80(L)
제2종 · 제3종 분말	소화약제량(kg)×1.00(L)
제4종 분말	소화약제량(kg)×1.25(L)

(2) 저장용기에 설치하여야 할 시설

① 안전밸브
- 가압식 : 최고사용압력의 1.8배 이하에서 작동
- 축압식 : 용기 내압시험압력의 1.8배 이하에서 작동

② 정압작동장치

③ 청소장치

④ 지시압력계(축압식)

(3) 충전비는 0.8 이상으로 하여야 한다.

2.3.2 가압용 가스용기

① 화약제 저장용기에 접속하여 설치

② 압용 가스용기에 설치하여야 할 시설
- 압력조정기(25kg/cm^{2}의 압력으로 조정가능한 것)
- 전자개방밸브(가압용 가스용기 3개 이상 설치시 2개 이상 용기에 부착)

③ 가스량([표 5.6] 참조)

▼ 표 5.6 가압용 가스량

가스 종류	저장용기 내용적
질소(가압용)	소화약제량(kg)×40(L)(35℃, 0kg/cm^2에서 환산)
질소(축압용)	소화약제량(kg)×10(L)(35℃, 0kg/cm^2에서 환산)
이산화탄소(가압·축압용)	소화약제량(kg)×(20+배관청소에 필요한 량)(g)

2.4 배관

배관은 전용으로 할 것.

① 강관을 사용하는 경우 배관은 아연도금에 의한 배관용 탄소강관(KS D 3507)이나 이와 동등 이상의 강도, 내식성 및 내열성을 가진 것으로 하여야 한다.(※ 축압식 설비 중 20℃에서 압력 25kg/cm^2 이상 42kg/cm^2 이하인 것에 있어서는 압력배관용 탄소강관(KS D 3562) 중 이음매 없는 스케줄 40 이상의 것)

② 동관은 고정압력 또는 사용압력의 1.5배에 견딜 수 있는 것을 사용하여야 한다.

③ 밸브류는 개폐위치 또는 개폐방향을 표시한 것으로 한다.

④ 배관의 관부속 및 밸브류는 배관과 동등 이상의 강도 및 내식성이 있는 것으로 한다.

분말소화설비부분 03

3.1.1 저장용기 등

가압식 분말소화설비와 이산화탄소 소화설비를 비교할 때 크게 다른 점은 구성상 이산화탄소 소화설비의 저장용기 및 용기밸브 개방장치 대신 분말소화설비에는 가압용 가스용기 및 용기밸브 개방장치, 압력조정장치, 방출밸브 및 방출밸브개방 장치, 정압작동장치, 배출장치, 크리닝 장치와 같이 각종 밸브류를 설치한 저장탱크로 되어 있다.

충전용 덮개를 저장탱크로부터 떼어내는 경우는 먼저 내부압력이 있는 지를 염두에 두고 신중히 할 것.

① 나사형태의 충전용 덮개인 경우는 나사산의 이상 유무에 유의할 것.
② 밀폐형 플랜지식 충전용 덮개의 경우는 상당한 중량이 있으므로 낙하 등에 유의할 것.

3.1.2 소화약제

(1) 가압식 또는 축압식 모두 사용 가능한 분말소화약제는

① 제1종 분말(탄산수소나트륨을 주성분으로 하는 것) – 백색 또는 담청색
② 제2종 분말(탄산수소칼륨을 주성분으로 하는 것) – 자색계
③ 제3종 분말(인산염류를 주성분으로 하는 것) – 담홍색
④ 제4종 분말(탄산수소칼륨과 요소의 반응물) – 쥐색

의 4종류이고, 주차용도 부분에 설치하는 소화약제는 제3종 분말로 할 것.

(2) **소화약제량**

① 충전덮개를 떼어내고 충전구로부터 소화약제까지의 높이를 계산하거나 각 저장용기를 저울로 측정한다.

② 소량(약 300g)의 샘플을 채취하여 색조, 고형물의 유무 및 촉감 상태 등으로 이상이 있는지 여부를 확인할 것.

※ 유의사항 : 온도 40℃ 이상, 습도 60%를 초과하는 경우는 점검을 보류할 것.

3.1.3 충전비

소화약제의 종별	충전비
제1종 분말	0.85 이상 1.45 이하
제2종 · 제3종 분말	1.05 이상 1.75 이하
제4종 분말	1.50 이상 2.50 이하

3.1.4 밸브류

(1) 소화약제를 방사하는 경우에 있어서 소화약제와 가압용 또는 축압용 가스가 확실히 분리되고 또 소화약제가 잔류할 우려가 적은 구조일 것.

(2) 접속관의 구경과 같은 크기일 것.

(3) 개폐위치 또는 개폐방향을 표시한 것으로써 항상 정위치에 둘 것.

(4) 수동개폐조작이 용이한지 여부를 확인할 것.

(5) 방출밸브의 개폐기능 정상 여부를 시험용 가스를 사용하여 확인하고 가스누설이 없는지를 확인할 것.

(6) 방출밸브, 선택밸브 및 가압가스용 용기밸브의 수동조작부는 화재시 쉽게 접근할 수 있고 또한 안전한 장소에 설치되어 있을 것. 또한, 소

화약제가 통과하는 곳에 설치된 선택밸브와 방출밸브는 마찰손실이 작은 볼코크, 메인코크 또는 그랜드코크 등을 사용하고, 스톱밸브, 글로브밸브 등은 사용하지 말 것.

※ 유의사항 : 가스 전용의 배관은 글로브 밸브 구조인 것도 무방하다.

(7) 방출밸브 및 선택밸브는 가스압 또는 전기 등으로 신속하고 확실히 개방되고 또한 수동개방이 가능할 것.

※ 유의사항 : 가스압으로 개방하는 방출밸브(또는 선택밸브)의 복구는 실린더 기구의 것에 있어서는 방출밸브(또는 선택밸브)용의 당해 개방장치에 설치된 가스배출밸브 등으로 작동가스를 방출시켜 수동으로 핸들을 "닫힘" 위치에 놓는다.

다만, 방출밸브 개방의 가스압원이 가스용기용 가스에 의한 것에 있어서는 가스배출밸브 등의 개방 조작을 하기 전에 시험용 배관부에 설치된 밸브 또는 개방상태의 가압용 가스용기의 모든 용기밸브를 닫은 후에 행할 것.

(8) 지시압력계

① 축압식의 저장용기 등에는 사용압력 범위를 녹색으로 표시한 지시압력계를 설치할 것.

② 저장용기 등의 압력배출밸브로 압력을 배출하고 지침이 0점에 오는지를 확인할 것.

(9) 정압작동장치

① 가압식의 분말소화설비(이동식 제외)에 있어서는 소화약제를 효과적으로 방출하기 위하여 기동장치의 작동 후 저장탱크의 내부압력이 설정압력이 될 때 자동적으로 방출밸브를 개방시키는 것으로써 저장탱크마다 설치할 것.

② 점검시에는 기능, 구조 등에 대하여 설계도서 등을 검토하고 충분히 숙지한 후 실시할 것.

- 스프링 방식
  - 시험용 가스용기의 밸브를 연다.
  - 압력조정장치의 조정핸들을 돌려 조정압력을 0kg/cm^{2}에서 조금

씩 상승시켜 설정압력치만큼 지침이 작동하는지 여부를 확인할 것.

- 압력스위치 방식
  - 시험용 가스용기의 밸브를 연다.
  - 압력조정장치의 조정핸들을 돌려 조정압력 $0kg/cm^2$에서 조금씩 상승시켜 설정압력치에서 접점이 닫히는지 여부를 확인할 것.
- 기계적 방식
  - 시험용 가스용기의 밸브를 연다.
  - 압력조정장치의 조정핸들을 돌려 조정압력 $0kg/cm^2$에서 조금씩 상승시켜 설정압력치에서 밸브록이 열리는지 여부를 확인할 것.

3.1.5 기동용 가스용기

분말소화설비에 사용하는 것은 내용적이 0.7ℓ이고, 당해 용기에 저장하는 CO_2의 양은 145g 이상으로서 충전비는 1.5 이상일 것.

3.1.6 배관

방호대상물 또는 방호구역의 위쪽에 설치한 배관은 동시 방사하는 분사헤드의 방사압력이 균일하게 되도록 헤드의 취부 가지관에 도달할 때까지의 분기는 토너먼트 형식으로 할 것.

또한, 배관의 분기는 그림에 표시한 것처럼 저장용기 또는 저장탱크측에 있는 골곡 부분에서 분기관까지의 길이가 당해 관경의 20배 이상이 되도록 할 것.

다만, 소화약제와 가압용 또는 축압용 가스가 분리되지 않도록 조치를 강구한 것은 예외로 한다.

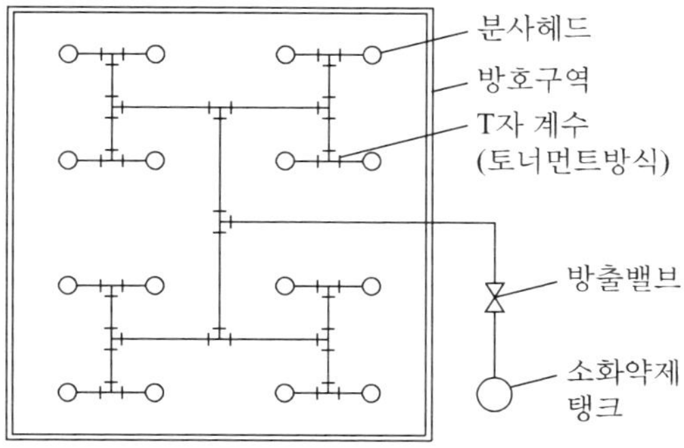

토너먼트 배관의 설치 예

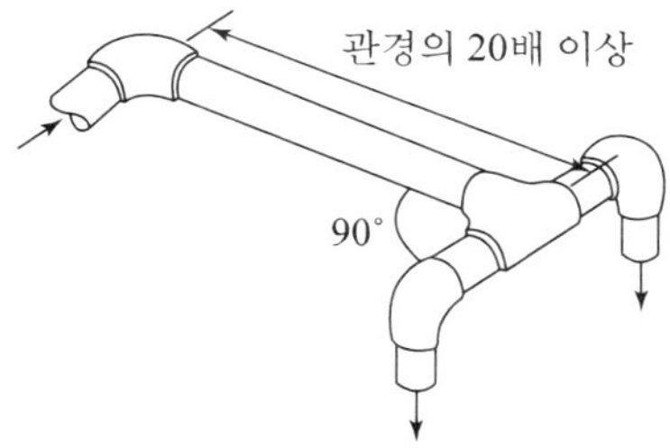

관경의 분기

3.1.7 가압용 가스용기 등

(1) 가압용 가스용기

① 저장탱크의 직근에 설치하고 확실히 접속시킬 것.

※ 고정식 설비에 설치하는 것은 내용적에 따라 40ℓ형, 47ℓ형, 68ℓ형 등의 것이 일반적으로 사용되고 용기밸브는 개폐 가능한 구조의 것이 많이 사용되고 있다.

② 가압용 가스용기는 당해 설비에 설치되는 전체를 동시에 사용하는 기구의 것이기 때문에 점검시에는 이것을 알고 실시할 것.

③ 가압용 가스용기의 운반, 보관시 필히 보호캡을 정착시켜 안전을 기할 것.

④ 가압용 가스용기를 소정의 위치에 놓은 후 보호캡은 당해 설치장소의 직근에 정돈하여 보관할 것.

(2) 용기밸브 개방장치

용기밸브와 개방장치를 간접적으로 조합하여 개방시키는 것과 용기밸브에 직접 개방 기구를 조립하여 일체화한 상태에서 기동용 가스의 압력으로 용기밸브를 개방시키는 것 등으로 대별한다. 용기밸브 개방장치에는 여러 구조의 것이 있고 제조업체에 따라 각각의 특성을 갖는 것이 사용되고 있으므로 주의하여 취급할 것. 일시적 대체품으로 다른 용기를 설치해야만 할 경우에는 같은 형식번호의 인정 합격품을 사용할 것.

※ 유의사항 : 가압용 가스용기의 가스량 확인은 ① 질소가스의 경우 용기 내부압력에 의한다.(가스량＝용기 내용적의 수치×용기내압측정 수치) ② CO_2인 경우는 기동용 가스용기의 중량 측정에 준한다. ③ 가압용 또는 축압용 가스 가압용 또는 축압용 가스는 질소가스 또는 CO_2이다. 소화약제의 방사에 필요한 가압용 또는 축압용 가스의 소요량은 소화약제 1kg에 대하여 아래의 수치에 따라 산출한다.

▼ 표 5.7 가압 또는 축압용 가스량

가압용 가스	질소가스	40L 이상
	CO_2	20g 이상*
축압용 가스	질소가스	10L 이상*
	CO_2	20g 이상*

※ 유의사항
① 가압용 가스에 질소가스를 사용하는 경우의 수치에는 크리닝용 가스의 양도 포함되어 있다.
② *표시의 경우는 크리닝용으로 동량 이상의 양을 별도 용기에 저장하여 보유
③ 가압용 또는 축압용 가스로 CO_2를 사용하는 경우는 소화약제의 저장량 50kg 이하의 설비에 한한다.

3.1.8 압력조정장치

일반적으로 $25kg/cm^2$ 이하의 압력으로 조정될 수 있는 것이 설치되어 있다.

※ 유의사항

① 통상 상태에 있어서는 1차 측 압력계와 2차 측 압력계도 지침은 0점을 지시하고 있는 것이 정상이다.

② 가압용 가스용기의 내부압력, 조정압력을 확인할 경우는 용기밸브의 핸들을 끝까지 가볍게 돌려 용기밸브를 개방한다. 소량의 가스가 압력조정장치에 흐르게 되면 각각의 수치 확인이 가능하므로 대량의 가스를 방출하는 핸들 조작은 피해야 한다.

③ 압력조정장치 본체에는 여러 개의 작은 구멍이 설치되어 있다. 다이

아프램에 손상 등이 있을 경우 압력을 외부에 안전하게 방출시키기 위하여 안전구가 있으므로 이유 없이 막히는 일이 없도록 할 것.

3.1.9 이동식

설비 구성상 배출장치, 클리닝장치 등이 배관 중에 설치되어 있어 장치 전부를 격납함에 수납하고 가압용 또는 축압용 가스로는 CO_2를 사용하는 것이 많다.

또, 호스릴을 사용하지 않고 호스걸이에 의한 수납을 한다.

① 호스접속구는 모든 방호대상물을 유효하게 포용할 수 있도록 방호대상물의 각 부분으로부터 하나의 호스접속구까지의 수평거리가 15m 이하가 되는지 여부를 확인할 것.

② 클리닝용 가스용기의 보관 상태에 대해서도 확인할 것.

3.1.10 종합점검

(1) 고정식

방사에 사용하는 시험용 가스의 양은 점검대상, 소요약제량을 방사하는 데 필요한 가스의 10%(1개 미만은 1개로 함) 이상으로써 설치되어 있는 가압용 가스용기를 사용할 것.

① 저장탱크에 설치된 가스 도입용의 밸브를 조작하여 클리닝 회로 측으로 바꾼다. 전용클리닝 밸브가 있는 구조에 있어서는 클리닝 밸브만 개방한다.

※ 유의사항

종합점검에는 저장탱크에 설치된 모든 밸브와 선택밸브를 「닫힘」 위치에 놓고 가스를 방출할 때 클리닝 회로 밸브만을 「열림」의 상태로 실시한다.

시험용 가스의 방출시 클리닝용 밸브를 처음부터 「열림」에 놓고 실시하는 방법도 있으나 그 경우는 기동용 가스로부터 가압용 가스용기용 용기밸브 및 선택밸브의 개방과 동시에 가압용 가스가 순식간에 분사헤드로 흐르기 때문에 각부의 작동 상태를 확인할 수 없다. 종합점검은 단순히 가압용 가스를 방출하는 것만이 목적은 아니다. 용기밸브가 개방되어 선택밸브가 작동하여도 가압용 가스의 움직임은 클리닝용 밸브의 가까운 쪽에 일시 정지시켜 놓고, 그 사이에 작동된 기동장치와 기동용 가스용기는 동일 계통인가? 선택밸브의 작동 계통이 바른가? 방출밸브는 정위치에 있는가? 조정압력은 설정수치를 만족하고 있는가? 접속부에 누설은 없는가? 제어반 등도 만족할 기능을 갖고 있는가? 등 일련의 상태를 확인하는 일이다.
다만, 저장탱크 주위의 확인은 단시간 내에 행함이 바람직하다.

② 안전대책
가스방출시에는 분사헤드로부터 고정 배관 내의 이물질 등이 가압용 가스와 같이 방출될 염려가 있으므로 분사헤드 아래쪽에서의 관찰을 피할 것.

(2) 이동식

① 소화약제 방사는 저장용기 5개 이내마다의 임의의 저장용기로써 가압용 가스용기 또는 클리닝용 가스용기 1개의 시험용 가스를 방사하여 행할 것.

② 방사에 사용하는 가압용 가스용기 또는 클리닝용 가스용기를 클리닝용 배관계통에 접속할 것.

Chapter 5 연습 문제

1. 분말소화설비에 사용되는 소화약제 제1종, 제2종, 제3종, 제4종에 대해서 상세히 서술하시오.

Solution

종별	주성분	분자식	색상	적응 화재
제1종 분말	탄산수소나트륨(Sodium bicarbonate)	$NaHCO_3$	백색	B급, C급
제2종 분말	탄산수소칼륨(Potasium bicarbonate)	$KHCO_3$	담회색	B급, C급
제3종 분말	제1인산암모늄 (Monoammonium phosphate)	$NH_4H_2PO_4$	담홍색 (또는, 황색)	A급, B급, C급
제4종 분말	탄산수소칼륨과 요소와의 반응물 (Urea-based potassium bicarbonate)	$KC_2N_2H_3O_3$	회색	B급, C급

2. 비누화현상(Saponification Phenomenon)이란 무엇인가?

Solution 에스테르가 알칼리에 의해 가수분해되어 알코올과 산의 알칼리염이 되는 반응으로 주방의 식용유화재시에 나트륨이 기름을 둘러쌓아 외부와 분리시켜 질식소화 및 재발화 억제효과를 나타내는 것.

3. 그림과 같은 분말헤드를 설치하려고 한다. 정상적으로 소화약제가 방출되도록 알맞게 연결하시오.

Solution 분말헤드의 배관은 토너먼트 방식으로 한다.

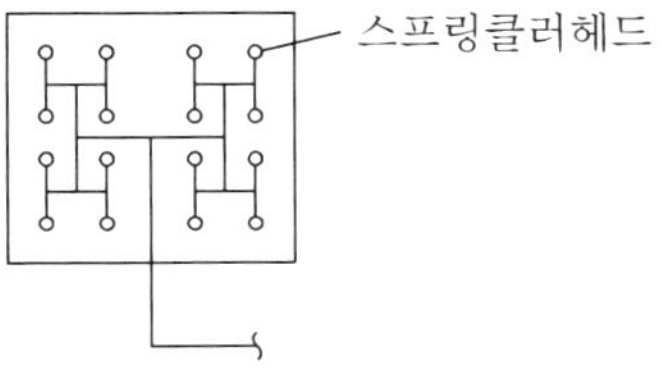

Appendix

부록

소방방염

(1) 개요

① 방염제 : NFPA 기준에서는 가연성 물질과 섞이거나 사용되었을 때, dust를 억제하는 성질을 가진 것이라 정의된다.
② 방염 : 가연성 물품의 연소를 지연시키기 위하여 화학처리를 하는 것이다.

(2) 방염의 원리

① 화염에 의해 비가연성 피막을 형성하여 가연물로의 열전달을 억제한다.
② 연소반응을 방해하는 입자를 생성시켜 열분해를 억제한다.
③ 기상반응을 억제한다(방염제에서 발생된 라디칼이 연쇄반응을 차단).
④ 비가연성 가스를 발생시켜 가연성 혼합기의 형성을 방해한다.
⑤ 방염제의 흡열반응으로 냉각시킨다.

(3) 방염제의 구비조건

① 방염 효과가 우수할 것
② 독성이 없을 것
③ 방염 처리로 인한 대상물의 변형, 변색이 없을 것
④ 침투성, 확대성이 크고 유연성이 있을 것
⑤ 신속히 건조될 것
⑥ pH : 5～9이고, 용기 내에서는 응고되지 않을 것

(4) 방염처리대상

① 근린생활시설(안마시술소, 헬스장), 문화 및 집회시설
② 숙박시설, 노유자시설, 종합병원 등
③ 층수가 11층 이상인 건축물
④ 다중이용업소 : 천장, 벽 면적의 3/10(스프링클러 또는 간이 스프링클러 설치시 5/10)만 방염처리가 가능하다(나머지 부분은 불연 또는 준불연재를 사용해야 한다.).

(5) 방염대상물품

① 종이류, 합성수지류, 섬유류를 원료로 만든 물품
② 합판 또는 목재
③ 실을 구획하기 위한 칸막이
④ 흡음, 방음제
⑤ 커튼류
⑥ 카페트 및 벽지류 (종이 벽지는 제외)
⑦ 전시용, 무대용 합판, 섬유판, 무대막
⑧ 예외 : 붙박이 장롱, 영상기기 케이스 등
→ 숙박시설의 대부분에서는 붙박이 장롱을 사용하는데, 방염에서 제외되어 연소 확대의 우려가 크다.

(6) 방염 성능 시험 방법

① 방염 후 처리한 현장의 벽, 천정 등에 사용된 목재 및 필름을 세로 29cm, 가로 19cm의 크기로 시료를 채취한다.
② 시료의 건조 : 시료 건조는 40 ± 2℃의 항온기에서 24시간 시료 건조 후 실리카겔을 넣은 데시게이터 안에서 2시간 습기를 제거한다.
③ 연소 시험(맥켈버너 법)
- 건조된 시료를 45도 연소 시험기에서 시험을 실시한다.
- 시료를 받침틀에 넣어 고정시킨다.
- 버너의 불꽃 길이를 65mm로 맞춘다.
- 불꽃의 선단이 시료의 중앙 하단부에 접하도록 한다.

- 시료를 120초간 가열한다.
- 가열 시 잔염시간, 잔신시간을 측정한다.
- 가열된 시료를 꺼내서 탄화면적, 탄화길이를 측정한다.

(7) 방염의 성능기준(합판기준)

① 잔염시간 : 10초 이내
② 잔신시간 : 30초 이내
③ 탄화면적 : 50cm^2 이내
④ 탄화길이 : 20cm 이내
⑤ 불꽃에 의하여 완전히 녹을 때까지 불꽃접촉횟수 : 3회 이상

- 잔염시간 : 버너의 불꽃을 제거한 때부터 불꽃을 올리며 연소하는 상태가 그칠 때까지의 시간
- 잔신시간 : 버너의 불꽃을 제거한 때부터 불꽃을 올리지 않으며 연소하는 상태가 그칠 때까지의 시간

(8) 결론

① 화재예방을 위해서는 불연재를 사용하는 것이 원칙이지만, 일부 영업장의 실내장식을 위해 방염을 하게 된다.
② 실내장식의 화재예방과 관련하여 가급적 천장, 벽 부분과 같이 연소의 우려가 높은 부분은 불연재를 사용하고 그 외의 불가피한 부분에만 방염을 하는 것이 바람직하다.
③ 또한, 현행 기준에서는 붙박이 장롱, 영상기기 케이스 등을 방염처리 대상에서 제외하고 있으나, 숙박시설의 대부분에서는 붙박이 장롱을 사용한다. 즉, 주된 가연물이 방염에서 제외되어 연소 확대의 우려가 크므로, 이에 대한 개정이 필요하다.

방염성능기준

[시행 2022. 12. 1.] [소방청고시 제2022-29호, 2022. 12. 1., 타법개정]

제1조(목적) 이 기준은 「소방시설 설치 및 관리에 관한 법률」 제20조 제3항 및 같은 법 시행령(이하 "영"이라 한다.) 제31조 제2항에 따른 방염대상물품의 방염성능 기준에 관하여 필요한 사항을 정함을 목적으로 한다.

제2조(용어의 정리) 이 기준에서 사용하는 용어는 다음과 같다.

1. "얇은 포"란 포지형태의 방염성능검사물품(이하 "방염물품"이라 한다)으로서 $1m^2$의 중량이 450g 이하인 것을 말한다.
2. "두꺼운 포"란 포지형태의 방염물품으로서 $1m^2$의 중량이 450g을 초과하는 것을 말한다.
3. "탄화면적"이란 불꽃에 의하여 탄화된 면적을 말한다.
4. "탄화길이"란 불꽃에 의하여 탄화된 길이를 말한다.
5. "접염횟수"란 불꽃에 의하여 녹을 때까지 불꽃의 접촉횟수를 말한다.
6. "용융하는 물품"이란 불꽃에 의하여 녹는 물품을 말한다.
7. "잔염시간"이란 버너의 불꽃을 제거한 때부터 불꽃을 올리며 연소하는 상태가 그칠 때까지의 시간을 말한다.
8. "잔신시간"이란 버너의 불꽃을 제거한 때부터 불꽃을 올리지 아니하고 연소하는 상태가 그칠 때까지의 시간(잔염이 생기는 동안의 시간은 제외한다)을 말한다.
9. "내세탁성"이란 세탁한 경우에도 제4조의 규정에 의한 기준 이상의 방염성능이 있는 것을 말한다.
10. "선처리물품"이란 소방용품의 품질관리 등에 관한 규칙 제3조 제1항 제1호의 물품을 말한다.
11. "현장방염처리물품"이란 설치현장에서 방염처리된 물품을 말한다.

12. “슬랫”이란 목재 블라인드에 연이어 붙여지는데 쓰이는 널 또는 조각을 말한다.

제3조(방염성능검사의 대상) 방염성능검사의 대상은 다음 각 호와 같다.

1. 카페트 : 마루 또는 바닥 등에 까는 두꺼운 섬유제품을 말하며 직물카페트, 터프트카페트, 자수카페트, 니트카페트, 접착카페트, 니들펀치카페트 등을 말한다.
2. 커텐 : 실내장식 또는 구획을 위하여 창문 등에 치는 천을 말한다.
3. 블라인드 : 햇빛을 가리기 위해 실내 창에 설치하는 천이나 목재 슬랫 등을 말한다.
   가. 포제 블라인드 : 합성수지 등을 주 원료로 하는 천을 말하며 버티칼, 롤 스크린 등을 포함한다.
   나. 목재 블라인드 : 목재를 주 원료로 하는 슬랫을 말한다.
4. 암막 : 빛을 막기 위하여 창문등에 치는 천을 말한다.
5. 무대막 : 무대에 설치하는 천을 말하며 스크린을 포함한다.
6. 벽지류 : 두께가 2mm 미만인 포지로서 벽, 천장 또는 반자 등에 부착하는 것을 말한다.
   가. 비닐벽지 : 합성수지를 주원료로 한 벽지를 말한다.
   나. 벽포지 : 섬유류를 주원료로 한 벽지를 말하며 부직포로 제조된 벽지를 포함한다.
   다. 인테리어필름 : 합성수지에 점착 가공하여 제조된 벽지를 말한다.
   라. 천연재료벽지 : 천연재료(펄프, 식물등)를 주원료로 한 벽지를 말한다.
7. 합판 : 나무 등을 가공하여 제조된 판을 말하며, 중밀도섬유판(MDF), 목재판넬(HDF), 파티클보드(PB)를 포함한다. 이 경우 방염처리 및 장식을 위하여 표면에 0.4mm 이하인 시트를 부착한 것도 합판으로 본다.
8. 목재 : 나무를 재료로 하여 제조된 물품을 말한다.
9. 섬유판 : 합성수지판 또는 합판 등에 섬유류를 부착하거나 섬유류로 제조된 것을 말하며 섬유류로 제조된 흡음재 및 방음재를 포함한다.
10. 합성수지판 : 합성수지를 주원료로 하여 제조된 실내장식물을 말하며 합성수지로 제조된 흡음재 및 방음재를 포함한다.

11. 합성수지 시트 : 합성수지로 제조된 포지를 말한다.
12. 소파・의자 : 섬유류 또는 합성수지류 등을 소재로 제작된 물품을 말한다.
13. 기타물품 : 다중이용업소의 안전관리에 관한 특별법 시행령 제3조의 규정에 의한 실내장식물로서 제1호 내지 제12호에 해당하지 아니하는 물품을 말한다.

제4조(방염성능의 기준) ① 영 제31조 제2항 제1호부터 제4호에 따른 방염성능기준은 제5조부터 제7조, 제7조의2, 제7조의3 및 제9조에 따른 측정기준 및 방법을 적용하여 측정하였을 때 다음 각 호에서 규정하는 기준에 적합하여야 한다. 다만, 접염횟수의 기준은 용융하는 물품에 한하여 적용한다.

1. 카페트의 방염성능기준은 잔염시간이 20초 이내, 탄화길이 10cm 이내 이어야 한다. 이 경우 내세탁성을 측정하는 물품은 세탁전과 세탁후에 이 기준에 적합하여야 한다.
2. 얇은 포의 방염성능기준은 잔염시간 3초 이내, 잔신시간 5초 이내, 탄화면적 $30cm^2$ 이내, 탄화길이 20cm 이내, 접염횟수 3회 이상 이어야 한다. 이 경우 내세탁성을 측정하는 물품은 세탁전과 세탁 후에 이 기준에 적합하여야 한다.
3. 두꺼운 포의 방염성능기준은 잔염시간 5초 이내, 잔신시간 20초 이내, 탄화면적 $40cm^2$ 이내, 탄화길이 20cm 이내, 접염횟수 3회 이상 이어야 한다. 이 경우 내세탁성을 측정하는 물품은 세탁전과 세탁 후에 이 기준에 적합하여야 한다.
4. 합성수지판의 방염성능기준은 잔염시간 5초 이내, 잔신시간 20초 이내, 탄화면적 $40cm^2$ 이내, 탄화길이 20cm 이내 이어야 한다.
5. 합판, 섬유판, 목재 및 기타물품 (이하 "합판등"이라 한다.)의 방염성능기준은 잔염시간 10초 이내, 잔신시간 30초 이내, 탄화면적 $50cm^2$ 이내, 탄화길이 20cm 이내이어야 한다.
6. 소파・의자의 방염성능기준은 다음 각 목에 적합하여야 한다.
   가. 삭제
   나. 버너법에 의한 시험은 잔염시간 및 잔신시간이 각각 120초 이내일 것
   다. 45도 에어믹스버너 철망법에 의한 시험은 탄화길이가 최대

7.0cm 이내, 평균 5.0cm 이내일 것

② 영 제31조 제2항 제5호에 따른 방염성능기준의 최대연기밀도는 제8조에 따른 측정기준 및 방법을 적용하여 측정하였을 경우 다음 각 호에서 규정하는 기준에 적합하여야 하며, 선처리물품에 한하여 적용한다.

1. 카페트, 합성수지판, 소파・의자 등 : 400 이하
2. 얇은 포 및 두꺼운 포 : 200 이하
3. 합판 및 목재 : 신청값 이하(이 경우 신청값은 400이하로 할 것)

제5조(카페트의 방염성능측정기준 및 방법) 카페트의 방염성능 측정기준 및 방법은 다음 각 호의 방법을 적용한다.

1. 연소시험장치는 [별도 1]의 연소시험장, [별도 2]의 시험체눌림틀 및 파레트판, [별도 3]의 전기불꽃발생장치로 하고, [별도 4]의 에어믹스 버너를 사용한다.
2. 시험에 사용하는 연료는 KS M 2150(액화석유가스)에 적합한 것이어야 한다.
3. 시험체는 카페트에서 임의로 절취한 가로 29cm, 세로 19cm의 것으로 한다. 이 경우 시험체는 가로방향으로 2개, 세로방향으로 1개를 각각 만든다.
4. 시험체의 건조는 (50 ± 2) ℃인 항온 건조기 안에서 24시간 건조한 후 실리카겔을 넣은 데시케이터안에 2시간 동안 넣어둔다. 다만, 열에 의한 영향을 받지 아니하는 것은 (105 ± 2) ℃의 항온건조기에서 1시간 건조한 후 실리카겔을 넣은 데시게이터안에 2시간동안 넣어둔 것으로 할 수 있다.
5. 성능시험 측정은 다음의 방법에 따른다.
   가. 시험체는 파레트판에 시험체눌림틀로 고정할 것
   나. 가스압력은 4KPa(0.04kg/cm^2)로 할 것
   다. 버너의 불꽃길이는 24mm 할 것
   라. 버너는 수평으로 하고, 그 선단을 시험체로 중앙 하단 표면에서 1mm 떨어지게 놓을 것
   마. 가열은 각 시험체에 대하여 30초간 실시할 것

제6조(얇은 포 및 두꺼운 포의 방염성능 측정기준 및 방법) ① 얇은 포 및 두꺼운 포의 방염성능측정기준 및 방법은 다음 각 호에 적합하여야 한다.

1. 연소시험장치는 [별도 1]의 연소시험함, [별도 5]의 시험체받침틀 및 [별도 3]의 전기불꽃 발생장치로 하고, 얇은 포의 시험에 있어서는 [별도 6]의 마이크로버너, 두꺼운 포의 시험에 있어서는 [별도 7]의 맥켈버너를 사용한다.
2. 시험에 사용하는 연료는 KS M 2150(액화석유가스)에 적합하여야 한다.
3. 시험체는 $2m^2$ 이상의 측정대상물품에서 임의로 잘라낸 가로 35cm, 세로 25cm의 것으로 3개씩 만든다.
4. 시험체의 건조는 (50 ± 2) ℃인 항온건조기안에서 24시간 건조한 후 실리카겔을 넣은 데시게이터안에 2시간동안 넣어둔다. 다만, 열에 의한 영향을 받지 아니하는 것은 (105 ± 2) ℃의 항온건조기 안에서 1시간 건조한 후 실리카겔을 넣은 데시케이터안에 2시간 동안 넣어둔 것으로 할 수 있다.
5. 성능시험측정은 다음 방법에 의한다.
   가. 시험체는 시험체 받침틀 안에 느슨하지 아니하게 고정할 것. 다만, 용융하는 물품은 가로 263mm, 세로 158mm의 시험체가 가로 250mm, 세로 150mm인 시험체지지틀안에 들어가도록 설치할 것
   나. 버너의 불꽃의 길이는 마이크로버너에 있어서는 45mm, 맥켈버너에 있어서는 65mm로 할 것
   다. 불꽃의 선단이 시험체 중앙 하단에 접하도록 버너를 설치할 것
   라. 탄화길이는 시험체의 탄화부분에 있어서의 최대길이로 할 것
   마. 가열은 각 시험체에 대하여 얇은 포에 있어서는 1분간, 두꺼운 포에 있어서는 2분간 실시하며, 가열시간 중에 착염하는 시험체에 대하여 다시 시험하되, 착염한 후부터 얇은 포에 있어서는 3초 후에, 두꺼운 포에 있어서는 6초후에 버너를 제거할 것

② 용융하는 물품은 다음 방법에 의하여 접염시험을 추가로 실시한다.

1. 연소시험장치는 [별도 1]의 연소시험함, [별도 3]의 전기불꽃 발생장치, [별도 6]의 마이크로버너 및 [별도 8]의 시험체받침코일

을 사용한다.

2. 시험체 받침코일은 KS D 3702(스테인레스강선재)에 적합하고, 직경 0.5mm의 경질 스테인레스 강선으로 내경 10mm, 선의 상호 간격 2mm, 길이 15cm의 것으로 한다.
3. 시험에 사용하는 연료는 KS M 2150(액화석유가스)에 적합하여야 한다.
4. 시험체는 다음의 규정에 적합하여야 한다.
   가. 제1항 제3호에서 절취한 나머지의 측정대상 물품에서 임의로 잘라낸 폭 10cm, 중량 1g의 것. 다만, 폭 10cm 길이 20cm의 것으로서 중량이 1g 미만의 것은 폭 10cm 길이 20cm의 것으로 할 것
   나. 제1항 제4호의 규정에 의하여 처리한 것
5. 성능시험측정은 다음 방법에 의한다.
   가. 시험체는 폭 10cm를 유지되도록 말아서 시험체받침 코일 속에 넣을 것
   나. 버너의 불꽃의 길이는 45mm로 할 것
   다. 버너는 불꽃의 끝이 시험체의 하단에 접하도록 고정시키고 시험체가 용융을 정지할 때까지 가열할 것
   라. 5개의 시험체에 대하여 실시하고, 그 하단부터 9cm 되는 곳이 용융할 때까지 다.목의 가열조작을 반복할 것

제7조(합성수지판, 합판 등의 방염성능측정기준 및 방법) 합성수지판, 합판, 인테리어필름 부착 합판, 목재 블라인드 등의 방염성능측정기준 및 방법은 다음 각 호에 적합하여야 한다.

1. 연소시험장치는 [별도 1]의 연소시험함, [별도 5]의 시험체받침틀, [별도 3]의 전기불꽃발생장치 및 [별도 7]의 맥켈버너를 사용한다.
2. 시험에 사용하는 연료는 KS M 2150(액화석유가스)에 적합한 것이어야 한다.
3. 시험체는 1.6m^2 이상의 측정대상물품에서 임의로 절취한 가로 29cm, 세로 19cm의 것으로 3개씩 만든다.
4. 시험체의 건조는 (40 ± 2) ℃ 항온건조기안에서 24시간 건조한 후 실리카겔을 넣은 데시케이터안에 2시간 동안 넣어둔다. 다만, 열에 영향을 받지 않는 것은 (105 ± 2) ℃의 항온건조기 안에서 1시간 건조

한 후 실리카겔을 넣은 데시케이터 안에 2시간 동안 넣어둔 것으로 할 수 있다.

5. 성능시험측정은 다음의 방법에 의한다.
   가. 시험체는 시험체받침틀에 고정할 것
   나. 버너의 불꽃의 길이는 65mm로 할 것
   다. 불꽃의 선단이 시험체 중앙 하단에 접하도록 버너를 설치할 것
   라. 가열은 각 시험체에 대하여 2분간 실시할 것

제7조의 2(현장방염처리물품의 방염성능측정기준 및 방법) 현장방염처리물품(합판, 목재 등)의 방염성능측정기준 및 방법은 다음 각 호에 적합하여야 한다.

1. 연소시험장치는 [별도 1]의 연소시험함, [별도 5]의 시험체받침틀, [별도 3]의 전기불꽃발생장치 및 [별도 7]의 맥켈버너를 사용한다.
2. 시험에 사용하는 연료는 KS M 2150(액화석유가스)에 적합한 것이어야 한다.
3. 시험체는 특수장소에 설치하는 방염물품의 종류 및 방염처리방법 별로 임의로 절취한 것으로 크기는 가로 29cm, 세로 19cm^{2}로 각각 1개 이상을 만든다.
4. 시험체의 건조는 (40 ± 2) ℃ 항온건조기안에서 24시간 건조한 후 실리카겔을 넣은 데시케이터안에 2시간 동안 넣어둔다. 다만, 열에 영향을 받지 않는 것은 (105± 2) ℃의 항온건조기 안에서 1시간 건조한 후 실리카겔을 넣은 데시케이터 안에 2시간 동안 넣어 둔 것으로 할 수 있다.
5. 성능시험측정은 다음의 방법에 의한다.
   가. 시험체는 시험체받침틀에 고정할 것
   나. 버너의 불꽃의 길이는 65mm로 할 것
   다. 불꽃의 선단이 시험체 중앙 하단에 접하도록 버너를 설치할 것
   라. 가열은 각 시험체에 대하여 2분간 실시할

제7조의 3(소파 · 의자의 방염성능측정기준 및 방법) ① 삭제

② 소파 · 의자는 버너법에 의한 방염성능측정기준 및 방법은 다음 각 호에 적합하여야 한다.

1. 연소시험장치는 [별도 10]의 버너법시험모형, [별도 3]의 전기불꽃발

생장치로 하고, [별도 4]의 에어믹스버너를 사용한다.

2. 시험에 사용하는 연료는 KS M 2150(액화석유가스)에 적합한 것이어야 한다.
3. 시험체는 가로 300mm, 세로 300mm의 크기로 절취하며, 겉감으로 충진재를 감싼 상태의 시료를 수평과 수직으로 조합하여 각각 3개를 제작한다.
4. 시험체의 건조는 (50 ± 2)℃인 항온건조기 안에서 24시간 건조한 후 실리카겔을 넣은 데시케이터안에 2시간 동안 넣어둔다. 다만, 열에 의한 영향을 받지 아니 하는 것은 (105 ± 2)℃의 항온건조기에서 1시간 건조한 후 실리카겔을 넣은 데시케이터안에 2시간 동안 넣어둔 것으로 할 수 있다.
5. 성능시험 측정은 다음 각 목의 방법에 의한다.
   가. 가스압력은 4KPa(0.04kg/cm^2)로 할 것
   나. 버너의 불꽃길이는 24mm로 할 것
   다. 버너의 축은 등받이와 45도 경사의 평면과 좌부와 45도 각도(등받이가 없는 경우에는 시험체에 수직인 평면 내에 45도의 각도)로 가장자리부터 50mm 이상 떨어진 위치에 불꽃의 선단이 시험체에 접하도록 설치할 것
   라. 가열은 각 시험체에 대하여 30초간 실시할 것

③ 소파ㆍ의자에 사용하는 겉감(섬유류 및 합성수지등)은 45도 에어믹스버너 철망법에 의한 방염성능측정기준 및 방법은 다음 각 호에 적합하여야 한다.

1. 연소시험장치는 [별도 1]의 연소시험함의 3. 카페트의 경우, [별도 3]의 전기불꽃발생장치로 하고, [별도 4]의 에어믹스버너 및 [별도 11]의 시험체지지틀을 사용한다.
2. 시험에 사용하는 연료는 KS M 2150(액화석유가스)에 적합한 것이어야 한다.
3. 시험체의 크기는 가로 250mm, 세로 350mm로 3개를 만든다.
4. 시험체의 건조는 (50 ± 2) ℃인 항온 건조기 안에서 24시간 건조한 후 실리카겔을 넣은 데시케이터안에 2시간 동안 넣어둔다. 다만, 열에 의한 영향을 받지 아니 하는 것은 (105 ± 2) ℃의 항온건조기에서 1시간 건조한 후 실리카겔을 넣은 데시게이터안에 2시간동안 넣어둔

것으로 할 수 있다.

5. 성능시험 측정은 다음 각목의 방법에 의한다.
   가. 시험체는 철망을 놓은 시험체눌림틀에 고정할 것
   나. 가스압력은 4KPa(0.04kg/cm^2)로 할 것
   다. 버너의 불꽃길이는 24mm로 할 것
   라. 버너는 수평으로 하고, 그 선단을 시험체로 중앙 하단 표면에서 1mm 떨어지게 놓을 것
   마. 가열은 각 시험체에 대하여 30초간 실시할 것

제8조(방염물품의 연기밀도 측정기준 및 방법) 방염물품의 연기밀도 측정기준 및 방법은 다음 각 호의 방법을 적용한다.

1. 시험장치 및 절차는 ASTM E 662(고체물질에서 발생하는 연기의 비광학밀도를 위한 표준시험방법)에 따른다. 다만 용융하는 물품은 KS M ISO 5659-2(프라스틱-연기발생 제2부 : 단일연소쳄버시험에 의한 연기밀도)에 따른다
2. 가열은 2.5W/cm^2의 방열기와 파이롯트버너(프로판가스 50cm^3/분, 공기 500cm^3/분으로 공급)를 사용한다. 다만 KS M ISO 5659-2의 방법으로 시험하는 경우에는 2.5 W/cm^2의 방열기와 불꽃길이가 30mm인 버너를 사용한다.
3. 최대연기밀도는 다음 계산식으로 산출한다.
4. 최대연기밀도는 보정값을 3회 이상 측정하여 중위수 값으로 한다.
5. 소파 、 의자는 겉감 및 충진재를 구분하여 측정한다.

제9조(방염물품의 내세탁성 측정기준 및 방법) ① 방염처리한 카페트는 진공모터가 1마력 이상인 진공모터가 750W(1마력) 이상인 진공청소기로 카페트 전용세제를 가하면서 12분간씩 4회 세탁 및 건조한 후에도 방염성능을 측정한다.

② 커텐, 암막 및 직물로 제조된 무대막(벨벳류 · 부직포는 제외)은 다음 각 호의 방법으로 5회 세탁 및 건조한 후에도 방염성능을 측정한다.

1. 세탁기는 세탁조가 직경 50cm 이상, 깊이 27cm 이상으로 수평으로 설치된 상업용 세탁기를 사용한다.
2. 세탁하는 동안의 물의 온도를 (40 ± 3) ℃로 유지시켜야 한다.

3. 세제는 중성세제로 하며, 물 1ℓ 당 1 g의 비율로 첨가한다.
4. 세탁은 세탁시간 10분 이상, 헹굼 2회, 탈수를 1회로 한다.
5. 건조는 5회 세탁 완료 후에 텀블건조기로 실시한다.

제10조(표시) 방염물품에는 다음 사항을 보기 쉬운 부위에 잘 지워지지 아니하도록 표시하여야 한다. 다만, 현장방염처리물품에는 이규정을 적용하지 아니하며 제6호는 포장지 또는 사용안내서에 표시할 수 있다.

1. 품명
2. 제조년월 및 제조번호(두루마리번호 또는 포장상자번호등) 또는 로트번호
3. 제조업체명 또는 상호(커텐 및 암막의 경우에는 이면 또는 포장지에 표시하여야 한다.)
4. 소재혼용율
5. 최대연기밀도 신청값
6. 길이 및 폭(포장단위가 두루마리인 경우)
7. 주의사항

제11조(세부사항) 이 기준의 시행에 관하여 필요한 세부사항은 소방청장이 이를 정한다.

제12조(재검토기한) 소방청장은 「훈령・예규 등의 발령 및 관리에 관한 규정」에 따라 이 고시에 대하여 2017년 1월 1일 기준으로 매3년이 되는 시점(매 3년째의 12월 31일까지를 말한다)마다 그 타당성을 검토하여 개선 등의 조치를 하여야 한다.

[부칙]

부칙 <제2008-24호,2008.12.12.>

이 기준은 고시한 날부터 시행한다.

부칙 <제2009-31호,2009.8.24>

제1조(시행일) 이 기준은 고시한 날부터 시행한다.

부칙 <제2013-25호,2013.7.10>

제1조(시행일) 이 고시는 발령한 날부터 시행한다.

제2조(방염성능검사에 관한 일반적 경과조치) 이 기준 시행일 이전에 방염성능검사를 신청한 물품에 대해서는 이 기준 시행일로 부터 1개월까지 종전기준에 의하여 방염성능검사를 실시할 수 있다.

부칙(정부조직개편에 따른 「유・도선의 규격 및 시설・설비 기준」 등의 정비에 관한 고시 제정안) <제2015-1호,2015.1.6.>

제1조(시행일) 이 고시는 발령한 날부터 시행한다.

제2조 생략

제3조 생략

부칙 <제2016-138호,2016.10.20.>

이 고시는 발령한 날부터 시행한다.

부칙(정부조직개편에 따른 복수의무인증제품의 인증방법 및 국가통합인증마트 표시요령 등의 정비에 관한 고시 제정) <제2017-1호,2017.7.26.>

이 고시는 발령한 날부터 시행한다.

부칙 <제2019-2호,2019.1.10.>

이 고시는 발령한 날부터 시행한다.

부칙 <제2021-7호,2021.1.14.>

이 고시는 발령한 날부터 시행한다.

부칙(소방용품 관련 8개 고시 일괄개정) <제2022-29호, 2022.12.01>

이 고시는 2022년 12월 1일부터 시행한다.

[별도1] 연소시험함

1. 얇은 포의 경우(단위 : mm)

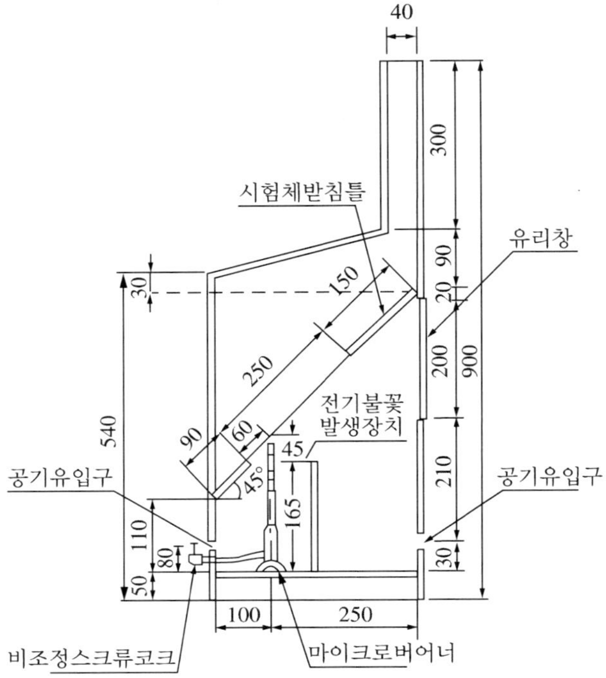

2. 두꺼운 포, 합성수지판 및 합판 등의 경우(단위 : mm)

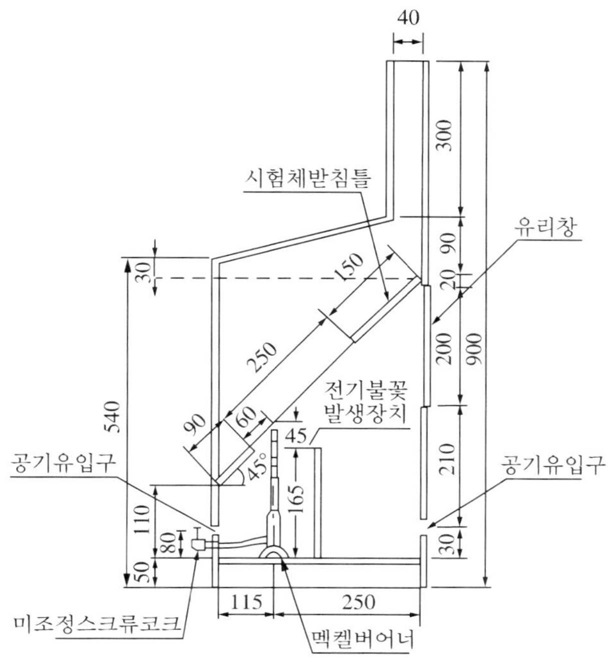

3. 카페트의 경우(단위 : mm)

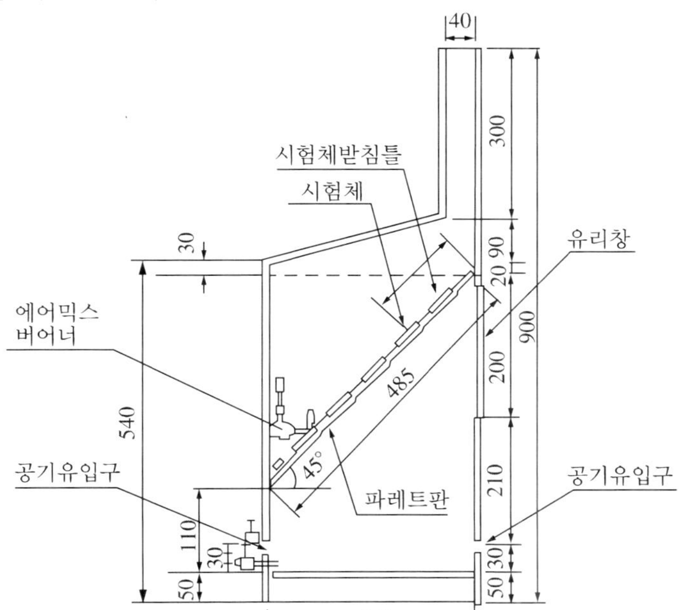

4. 정면(단위 : mm)

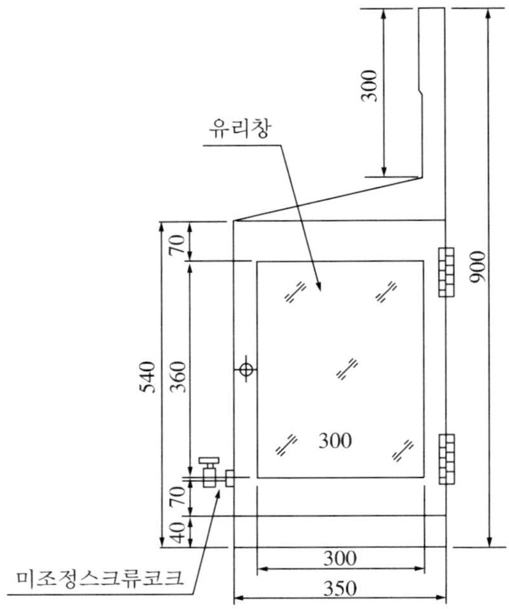

5. 측면(단위 : mm)

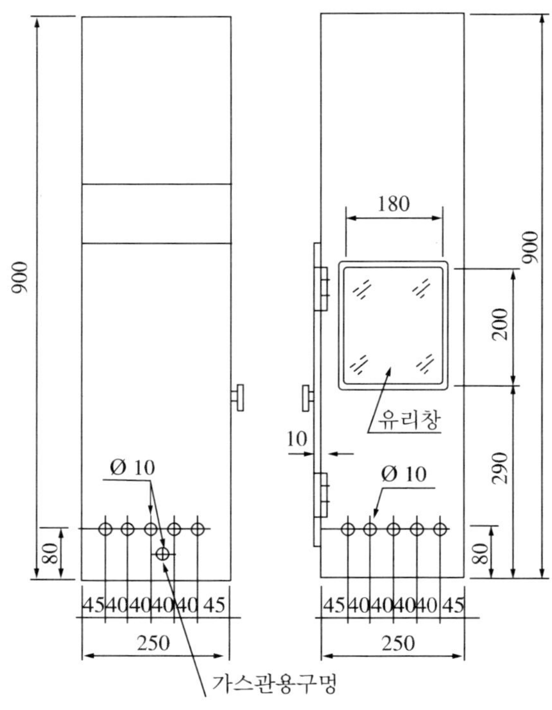

[별도2] 시험체누름물 및 파레트판(단위 : mm)

시험체누름볼

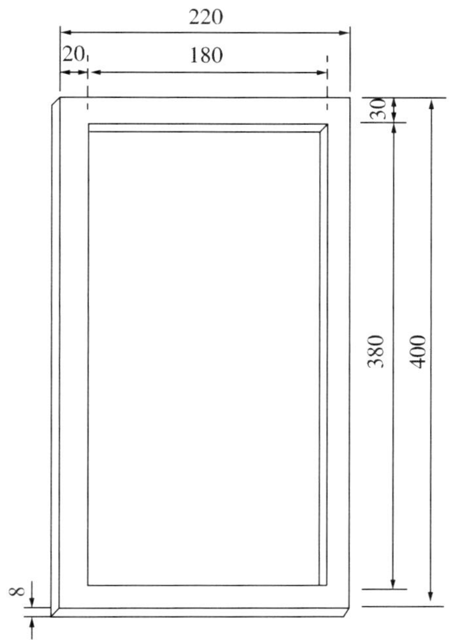

파레트관

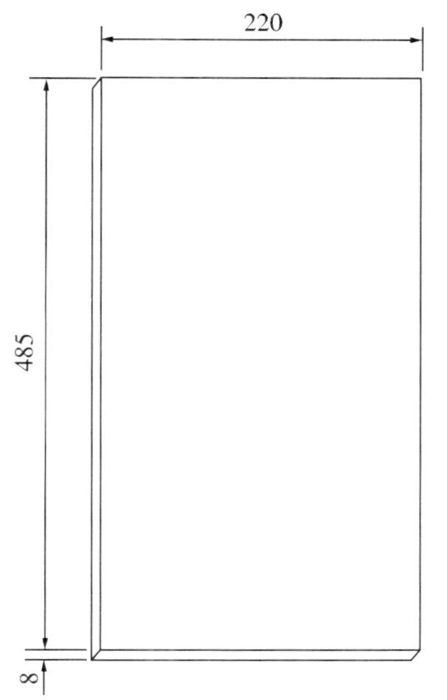

[별도3] 전기불꽃 발생장치

1. 카페트 외의 경우(단위 : mm)

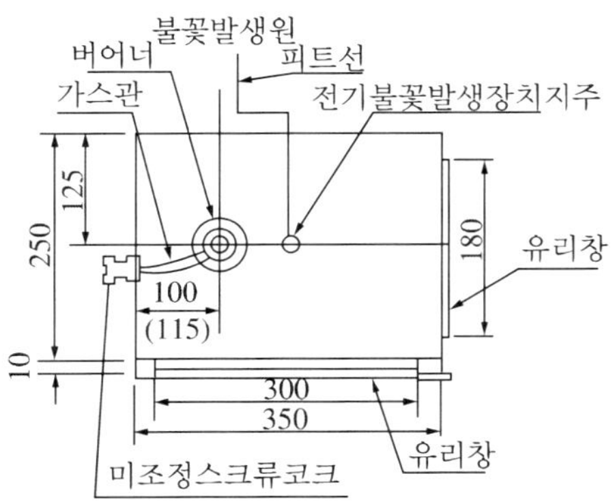

2. 카페트의 경우(단위 : mm)

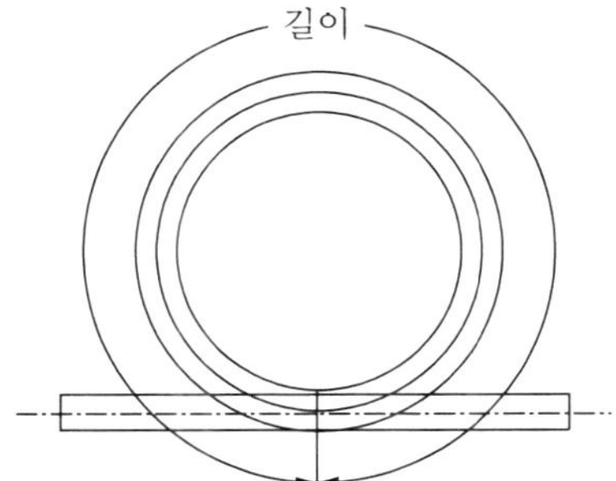

[별표4] 에어믹스버너

1. 조립도(단위 : mm)

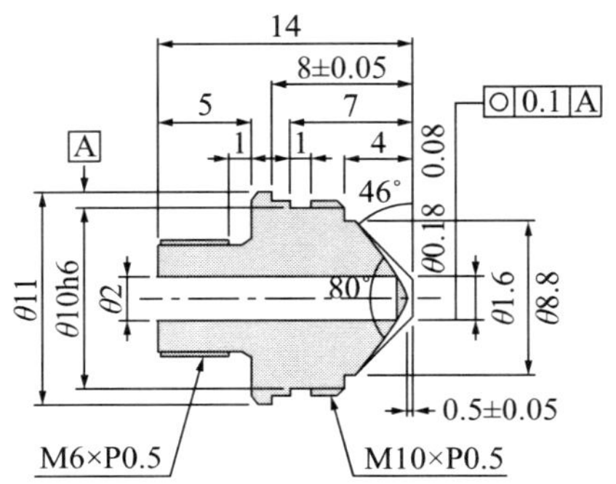

2. 노즐(단위 : mm)

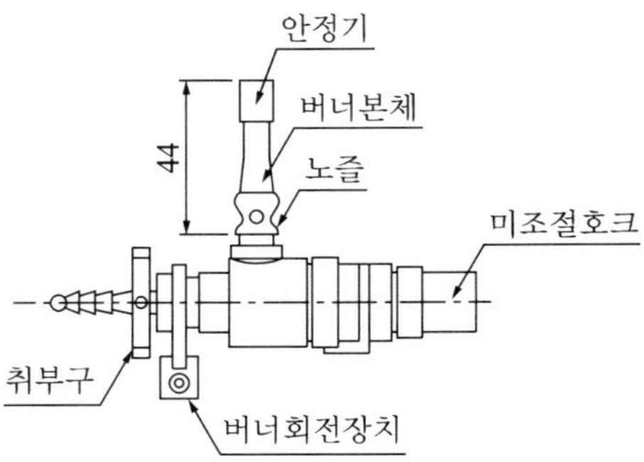

3. 버너 본체(단위 : mm)

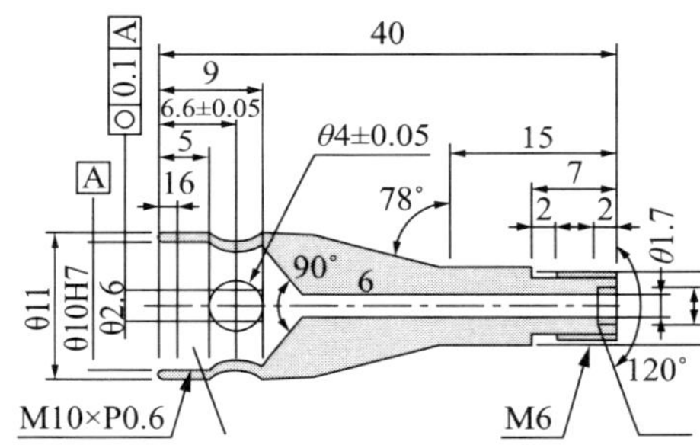

4. 안정기

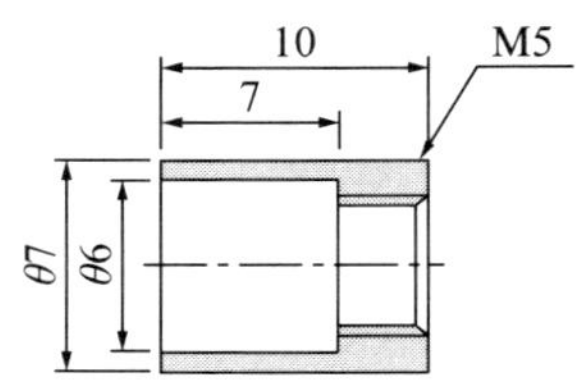

[별도5] 시험체받침물

1. 얇은 포 및 두꺼운 포의 경우(단위 : mm)

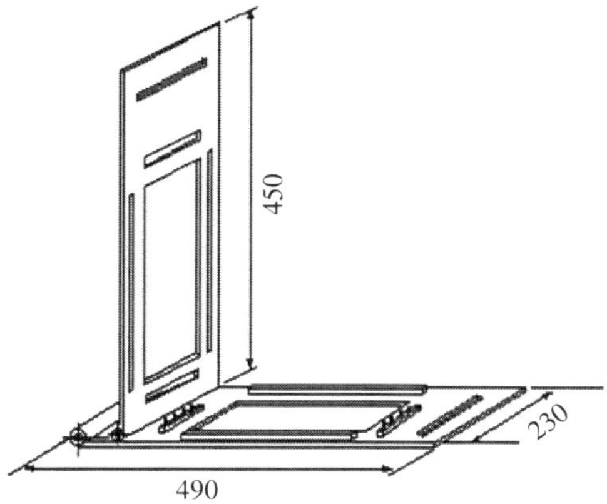

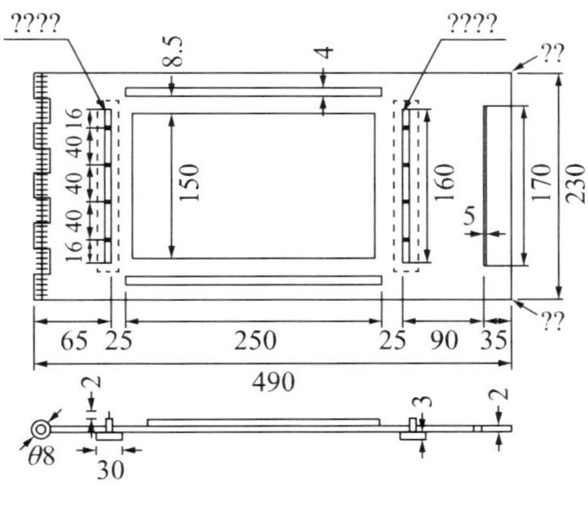

상부(단위 : mm)

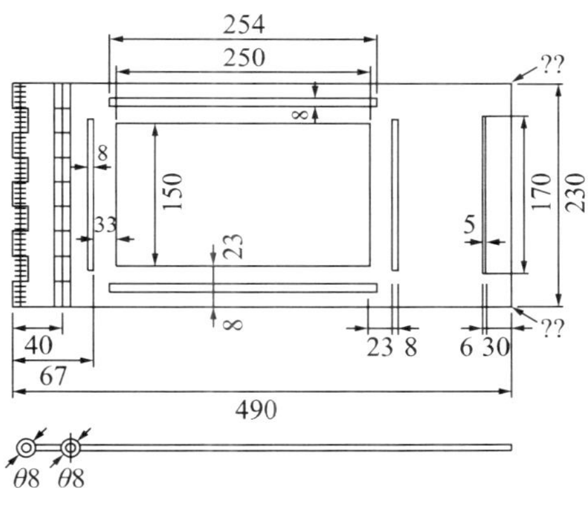

하부(단위 : mm)

2. 침구류의 경우(단위 : mm)

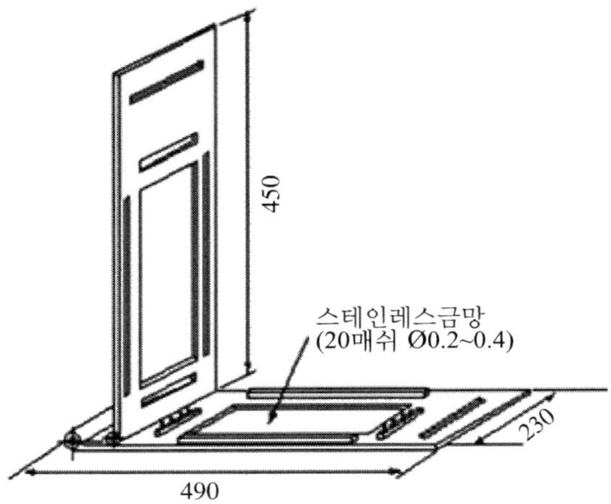

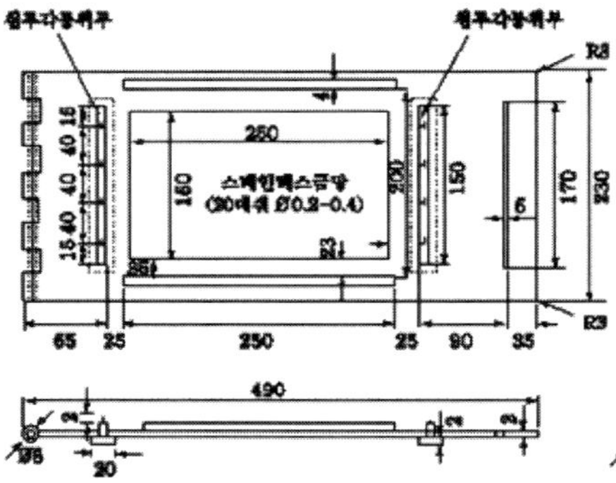

상부(단위 : mm)

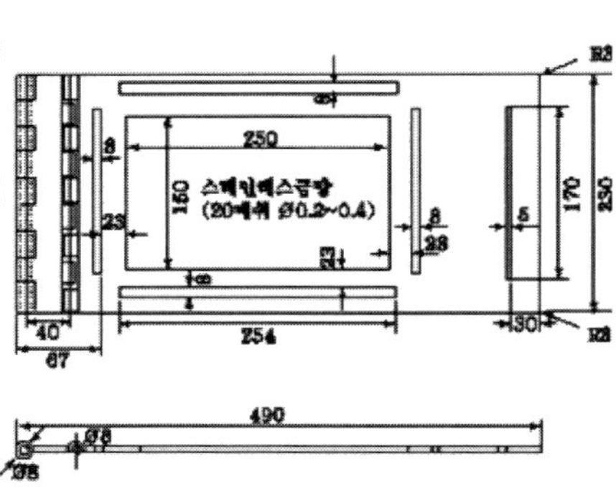

하부(단위 : mm)

[별도6] 마이크로버너(단위 : mm)

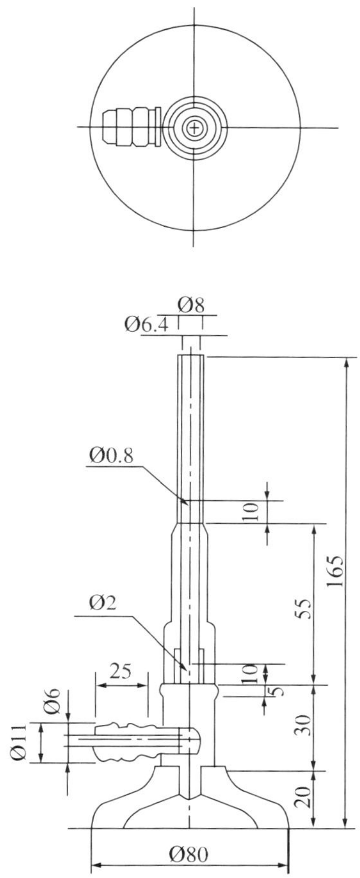

[별도7] 멕켈버너(단위 : mm)

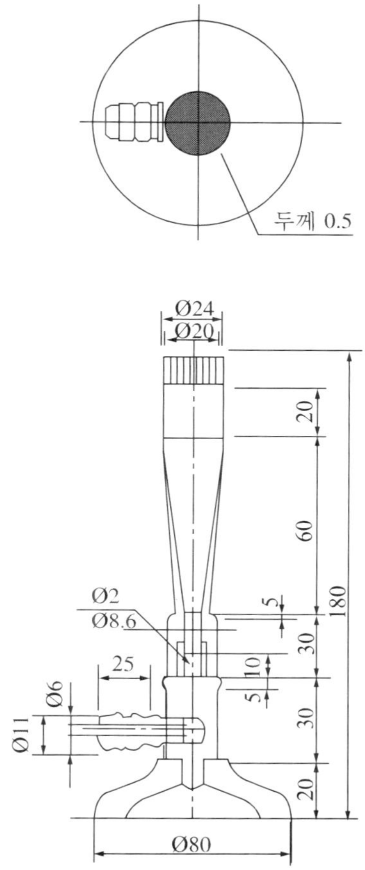

[별도8] 시험체받침코일(단위 : mm)

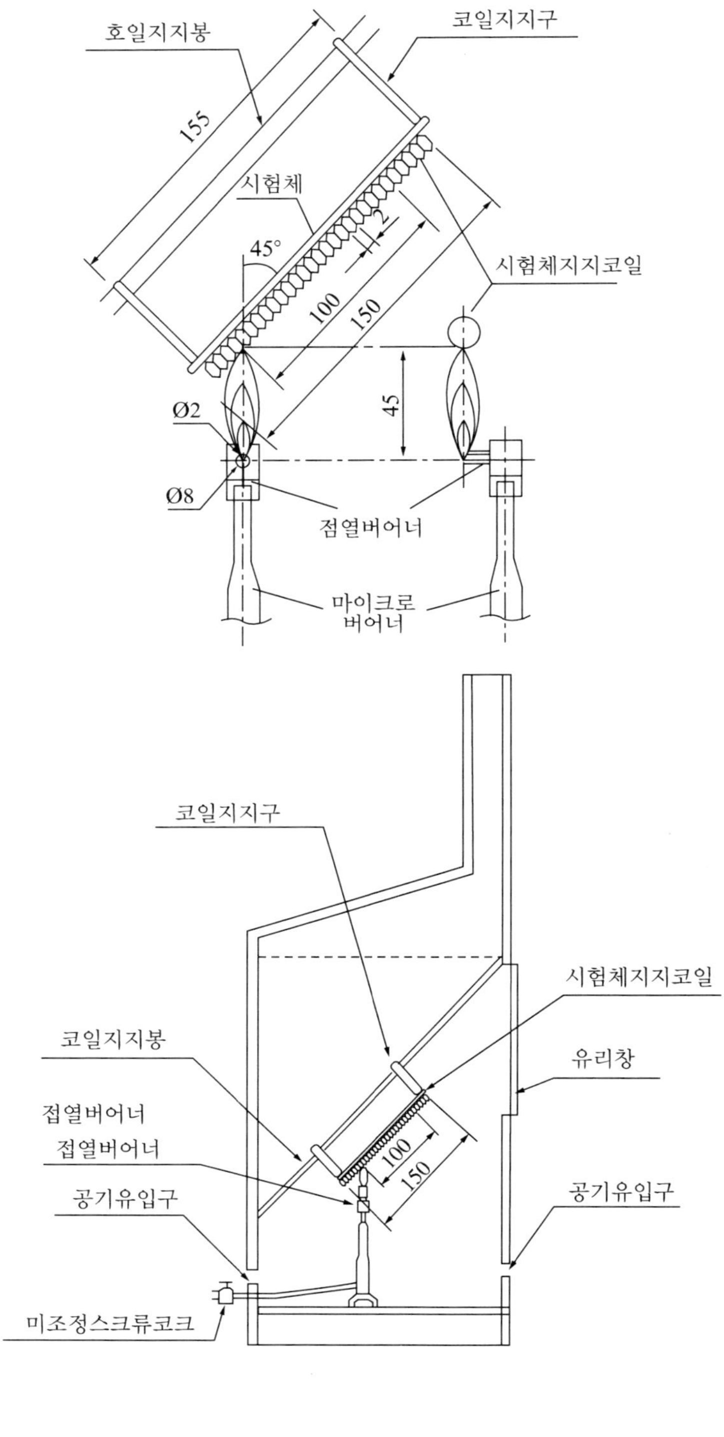

[별도9] 담배법 연소시험장치(단위 : mm)

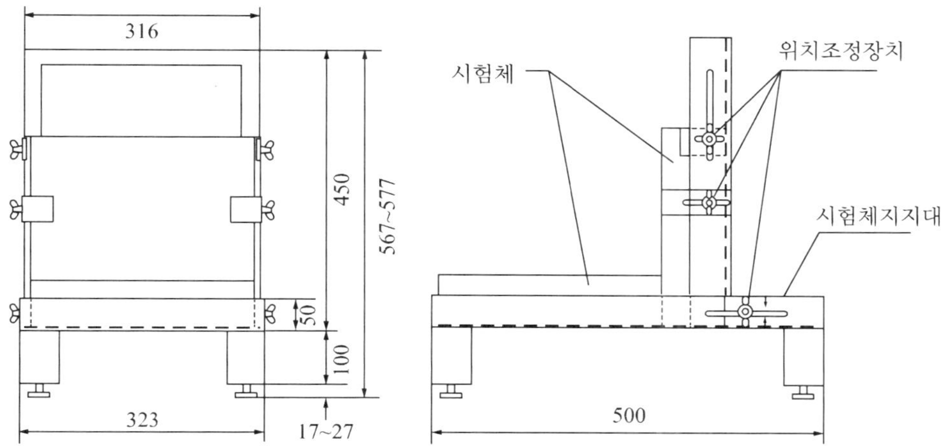

[별도10] 버너법 시험장치

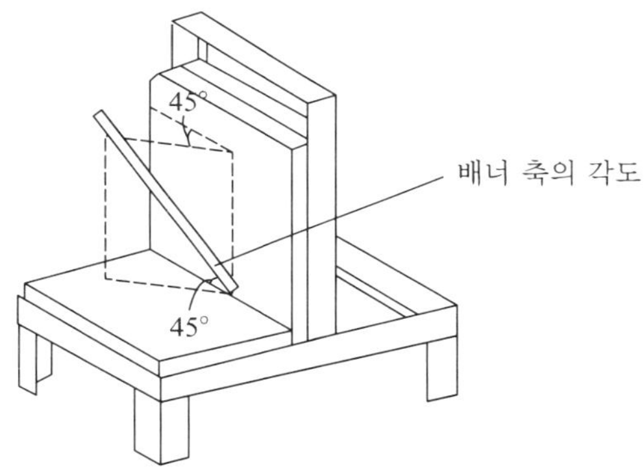

[별도11] 시험체지지틀(단위 : mm)

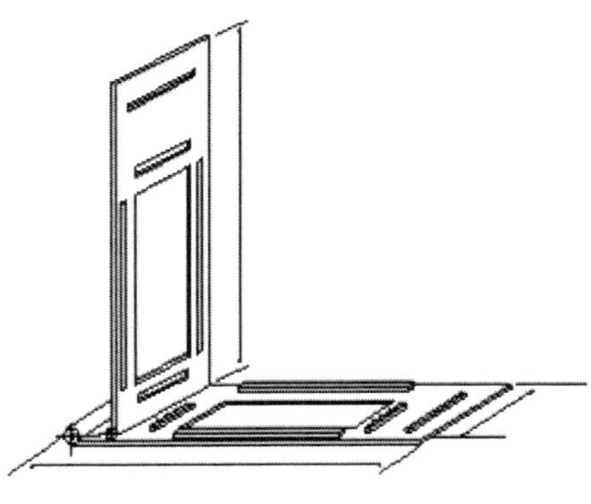

방염시험장비

45도 연소시험기

항온건조기

연소시험기 방염샘플 시험

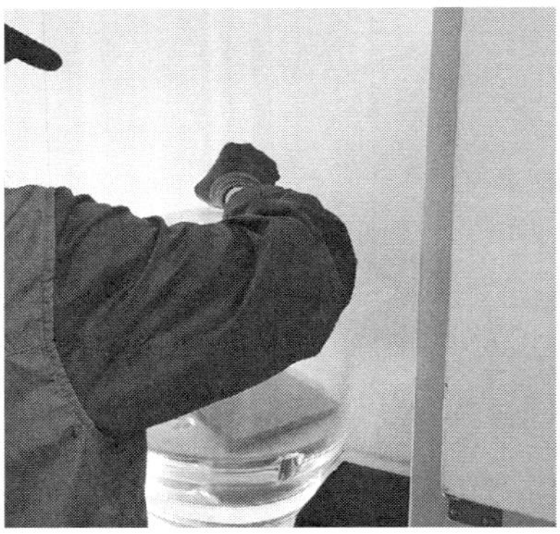

데시케이트 실온상태 유지

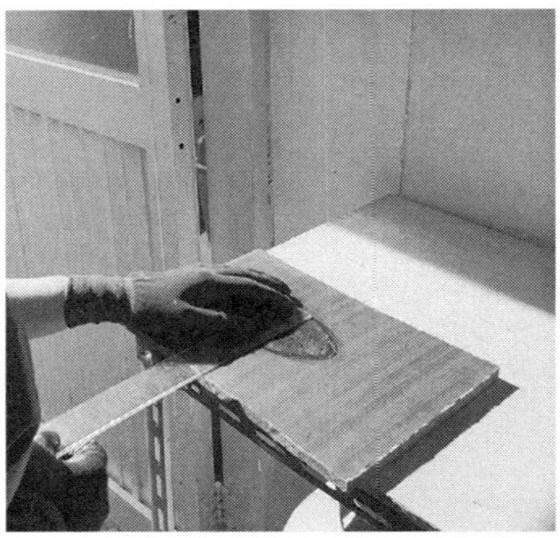

탄화면적측정

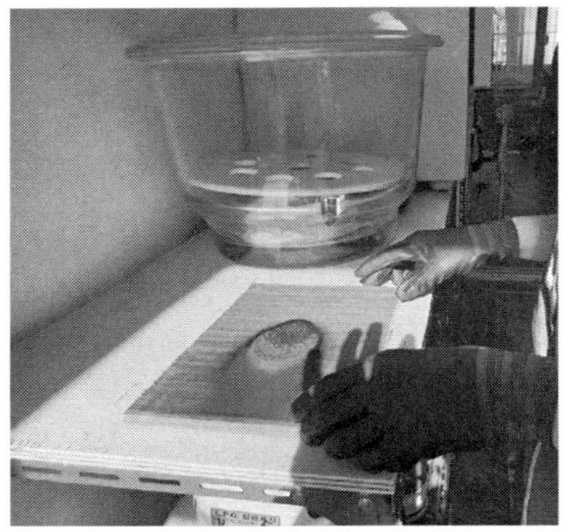

탄화면적확인

탄화 면적기 측정

방염 도료

참고문헌

1. 김명철, 소화약제화학, 동화기술
2. 김명수, 소방기계시스템공학, 동화기술
3. 남상욱, 소방시설의 설계 및 시공, 성안당
4. 미분무소화설비의 화재안전기준
5. 소화약제의 형식승인 및 제품검사의 기술기준
6. 황동환 외, 소화약제화학, 동화기술
7. 공하성, 소방시설관리사, 성안당
8. 이덕수, 위험물기능장, 시대고시기획
9. 강경원 외, 소방기술사특론, 동화기술
10. 네이버, 다음 지식백과
11. 소방방재청고시, 소화약제승인 및 검정기술기준

저 자 : **김 명 수**

- 부산경상대학교 소방행정 안전관리과 교수
- 고려대학교 경영학석사 졸업
- 한국소방시설협회 감사
- 한국소방시설협회 부산시 회장역임
- 부산시 품질검수단 소방분야 전문위원
- 주식회사 고려소방 대표이사

표창 및 자격
- 소방방재청장 표창상 수상
- 행정안전부령 장관상 수상
- 우수교수상 수상
- 소방 특급기술자 자격 취득(전기/기계)

저서
- 소방기계시스템공학, 도서출판 동화기술, 2018

소화약제화학

정가 20,000원

발 행 2025년 3월 10일 2판 1쇄
저 자 김명수
발행인 정우용
발행처 도서출판 동화기술
경기도 파주시 광인사길 201(문발동, 파주출판도시)
Tel (031)955-4211~6 donghwapub@nate.com
Fax (031)955-4217 www.donghwapub.co.kr
(등록) 1977년 12월 19일/9-16호

Printed in Korea

ISBN 978-89-425-9648-5

저자 : **김 명 수**

- 부산경상대학교 소방행정 안전관리과 교수
- 고려대학교 경영학석사 졸업
- 한국소방시설협회 감사
- 한국소방시설협회 부산시 회장역임
- 부산시 품질검수단 소방분야 전문위원
- 주식회사 고려소방 대표이사

표창 및 자격
- 소방방재청장 표창상 수상
- 행정안전부령 장관상 수상
- 우수교수상 수상
- 소방 특급기술자 자격 취득(전기/기계)

저서
- 소방기계시스템공학, 도서출판 동화기술, 2018

소화약제화학 정가 20,000원

발 행 2025년 3월 10일 2판 1쇄
저 자 김명수
발행인 정우용
발행처 도서출판 **동 화 기 술**
경기도 파주시 광인사길 201(문발동, 파주출판도시)
Tel (031)955-4211~6 donghwapub@nate.com
Fax (031)955-4217 www.donghwapub.co.kr
(등록) 1977년 12월 19일/9-16호

Printed in Korea
ISBN 978-89-425-9648-5

참고문헌

1. 김명철, 소화약제화학, 동화기술
2. 김명수, 소방기계시스템공학, 동화기술
3. 남상욱, 소방시설의 설계 및 시공, 성안당
4. 미분무소화설비의 화재안전기준
5. 소화약제의 형식승인 및 제품검사의 기술기준
6. 황동환 외, 소화약제화학, 동화기술
7. 공하성, 소방시설관리사, 성안당
8. 이덕수, 위험물기능장, 시대고시기획
9. 강경원 외, 소방기술사특론, 동화기술
10. 네이버, 다음 지식백과
11. 소방방재청고시, 소화약제승인 및 검정기술기준